Hesse/Schrader

Das große Testtraining der Allgemeinbildung

So erweitern Sie Ihr Wissen

berufsstrategie

Eichborn

Die Autoren

Jürgen Hesse, Jahrgang 1951, Diplompsychologe und Geschäftsführer im Büro für Berufsstrategie, Berlin.
Hans Christian Schrader, Jahrgang 1952, Diplompsychologe in Berlin.

Für die besondere Unterstützung danken wir Willi Bongartz, Marion Hartig, Mailin Hesse, Dr. Peter Hutter, Günter Irmscher, Donatella Locci, Verena Letzner, Johanna Schrader, Rainer Schubert, Hermann Tempelhof, Frank Villalobo

Anschrift der Autoren
Hesse/Schrader
Büro für Berufsstrategie
Oranienburger Straße 4–5
10178 Berlin
Tel. 030 / 28 88 57-0
Fax 030 / 28 88 57-36
www.berufsstrategie.de

1 2 3 4 10 09

Umschlaggestaltung: Cristina Hucke
Gesamtherstellung: Fuldaer Verlagsanstalt, Fulda
ISBN 978-3-8218-5982-8

Eichborn Verlag, Kaiserstraße 66, D-60329 Frankfurt am Main
Mehr Informationen zu Büchern und Hörbüchern aus dem Eichborn Verlag finden Sie unter www.eichborn.de

Inhalt

Allgemeinbildung – zur Einführung

Fragen zur Allgemeinbildung gehören zum Standartrepertoire, wenn Sie es mit einer testgesteuerten Personalauswahl zu tun haben. Manchmal sind es »nur« Aufgaben, um die erste Spannung abzubauen, oftmals wird jedoch versucht herauszufinden, ob Sie auf dem Wissensstand sind, den sich der Auswähler wünscht. Sie tun gut daran, sich darauf vorzubereiten!

Sicher, ein Bankkaufmann muss sich nicht unbedingt so gut in Sport auskennen wie der zukünftige Mitarbeiter eines Sportartikelherstellers, und kein potenzieller Mitarbeiter eines Abgeordnetenbüros muss fundiertes Wissen in der Chemie nachweisen, aber schaden kann es nicht. Ob Sie sich nun beim Staat, in der Verwaltung, in der Industrie, im Handel oder beim Handwerk bewerben: Wer Karriere machen will, kann einem Auswahltestverfahren begegnen. Diese sehen sehr häufig auch die Rubrik Allgemeinbildung als wichtigen Testgegenstand an.

Was bleibt übrig? Übung macht den Meister – und wer etwas weiß, darf sich stolz dazu bekennen. Jeder weiß schließlich etwas, niemand weiß alles, jeder weiß etwas anderes, und alle zusammen wissen wir viel zu wenig.

Die Idee der Allgemeinbildung – in Abgrenzung zu beruflicher Bildung – fußt auf den Ideen Wilhelm Freiherr von Humboldts, eines Philosophen und Sprachforschers, der Anfang des 19. Jahrhunderts das preußische Bildungswesen reformierte. Allgemeinbildung sollte ihm zufolge gewährleisten, dass jeder Mensch in seiner unverfälschten Eigentümlichkeit hervortritt. »Sich in sich zu bilden«, schreibt Humboldt, sei »Zweck des Menschen im Menschen«.

Hier zeigt sich das Doppelgesicht der Bildung: Einerseits ist sie zweckgerichtet, weil sie die Einzelnen dazu befähigen soll, sich vernünftig und selbstbestimmt in der Gemeinschaft zu bewähren. Das heißt, Verantwortung für das eigene Tun und für das gemeinsame Leben zu übernehmen, einen Beruf zu ergreifen, die Welt zu gestalten. Erfolgreich aber kann sie nur sein, wenn sie nicht ausnahmslos zweckgerichtet ist und auch das Wesen des Menschen formt. »Was hülfen uns denn Wissensriesen, wenn sie die Gemüter von Zwergen hätten?« So hat es Hubert Markl, der Präsident der Max-Planck-Gesellschaft, einmal sehr anschaulich formuliert. Und ob Schulen und Universitäten eine nützliche Ausbildung oder eher allgemeine Menschenbildung leisten sollen – an dieser Frage entzünden sich die Bildungsdebatten bis heute.

Für das europäische Bürgertum in der Zeit vom späten 17. bis ins 20. Jahrhundert bedeutete Bildung viel mehr als Wissen: Bildung war das Gut, mit dem sich die aufsteigenden Klassen von den Feudalitäten abgrenzen konnten, Bildung hatte ihnen zu Erfolg in Wirtschaft und Verwaltung verholfen, Bildung versprach Status und Freiheit. In ihrer Funktion als Prestigeobjekt verkam sie aber bald zu einem erstarrten, hohlen Gebilde, gegen das Schriftsteller und Philosophen erbittert zu wettern begannen – von Gustave Flaubert und Theodor Fontane über Friedrich Nietzsche bis zu Theodor W. Adorno. Der warnte in seiner »Theorie der Halbbildung« vor einem schematischen Faktenwissen, das blind mache, weil es die Möglichkeit verstelle, die Realität aus eigener Erfahrung zu begreifen, und damit die Kritikfähigkeit des Menschen untergrabe.

Wohl wahr, aber geht es ohne Faktenwissen? Wie könnten wir – ohne das Wissen über bestimmte Tatsachen aus Geschichte, Wirtschaft, Politik und Wissenschaft – verstehen, was täglich um uns herum vorgeht?

Hier setzt unser Buch an. Es möchte Ihnen einen Ausgangspunkt in die Welt des Wissens anbieten. Es möchte Ihnen Fakten liefern, die Sie ermutigen, weiter zu forschen, Ihr Wissen zu erweitern, Erfahrungen und wesentliche Einsichten zu gewinnen. Denn auf dieser Grundlage bildet sich reflektierende Urteilskraft im Sinne Kants, die Sie erst in die Lage versetzt, einzelne Fakten prüfen, werten und einordnen zu können. Bei der täglichen Überflutung mit Fakten, Daten und Berichten aus aller Welt verfügen Sie damit über einen Filter, mit dessen Hilfe Sie die Qualität solcher Informationen besser einschätzen können (so Bildungswissenschaftler Manfred Lehrke). Mit anderen Worten: Richtig verstandenes Allgemeinwissen kann dazu dienen, Wichtiges von Unwichtigem, Richtiges von Falschem zu unterscheiden und schließlich den Ordnungsrahmen dieses Wissenskanons selbst kritisch überprüfen zu können.

Was sollten Sie also wissen? Die Gelehrten streiten, ob Bildung eher in die Breite gehen oder mehr in die Tiefe reichen sollte. Ein Mensch kann heute ohnehin nicht mehr über ein »Gesamtwissen« verfügen, wie es für das 16. Jahrhundert angenommen wird. Weil sich der Verstand durch die sorgfältige und gründliche Erforschung von Themen und Dingen schärft, hat zum Beispiel Humboldt das Vielwissen verworfen und stattdessen empfohlen, seine »Kraft in einer möglichst geringen Anzahl von Gegenständen an, so viel wie möglich, allen Seiten (zu) üben und alle Kenntnisse dem Gemüt so einzupflanzen, dass das Verstehen, Wissen und geistige Schaffen nicht durch äußere Umstände, sondern durch seine innere Präzision, Harmonie und Schönheit Reiz gewinnt«.

Umgekehrt bietet ein breit angelegtes Wissen aber auch eine stabile Grundlage für den Aufbau weiterer Wissensschwerpunkte. Die Möglichkeit, neue Spezialkenntnisse in einen bestehenden Gesamtrahmen einordnen zu können, erleichtert das Lernen ganz erheblich. Vergleichen lässt sich dies am einfachsten mit einem Puzzle: Je mehr Teile Sie identifiziert und eingepasst haben, desto leichter wird es Ihnen fallen, sich ein Bild von den noch vorhandenen Lücken vorzustellen. Natürlich setzt dieses Bild voraus, dass es heute so etwas wie vollständiges Wissen geben könnte. Und das gibt es natürlich nicht mehr. Wir können die Welt nicht mehr als Ganze denken.

Dennoch existiert auch heute noch eine gängige Vorstellung davon, was Sie wissen sollten. Deshalb haben wir geforscht und uns sachkundig gemacht, was einschlägige Werke und Prüfverfahren an so genanntem Allgemeinwissen voraussetzen, haben uns mit Wissensexperten auseinandergesetzt und getestet, wer was weiß. Uns ging es dabei nicht nur um verblüffende Spezialkenntnisse, die Ihre Quiztauglichkeit optimieren, sondern um einen fundierten, aber soliden Allgemeinwissensschatz. Nicht alle Fragen haben die gleiche Relevanz (die Entdeckung der DNA hat natürlich eine andere historische Tragweite als die Reihenfolge der James-Bond-Darsteller), und einige Antworten sind unter Fachleuten durchaus strittig. In diesen Fällen haben wir uns auf die jeweils vorherrschende Meinung gestützt. Das hier versammelte Allgemeinwissen präsentiert schließlich keine ewigen Wahrheiten, sondern einen Ausschnitt des hier und jetzt gültigen Wissens.

Dieses Wissen bieten wir Ihnen in praktischer, komprimierter Form an, aufgeteilt in 23 Sachgebiete mit insgesamt knapp 1400 Fragen zu Themen und Dingen, die wirklich wichtig sind und eine Art Basiswissen darstellen. Kaum jemand wird alle Fragen beantworten können, aber schon mit 40 bis 50 Prozent richtig beantworteter Fragen liegen Sie gar nicht schlecht, sondern im guten Durchschnitt. Mit jeweils 10 weiteren Prozent verbessern Sie sich und Ihre Allgemeinbildung rapide – von »ordentlich« über »gut« bis hin zu »sehr gut« und »exzellent«.

Damit Sie nicht nur die richtige Antwort kennen lernen, haben wir uns bemüht, jede Lösung zu erklären (zum Teil prägnant in wenigen Worten, wenn notwendig und sinnvoll, auch ausführlicher).

Allgemeinwissen stellt die Basis für jede Art von kompetenter Kommunikation dar, und wir sind uns sicher, dass Sie nach der Lektüre dieses Buches die Fähigkeit erworben haben, mehr als nur Fragen beantworten zu können.

»Der, die, das,
wer, wie, was,
wieso, weshalb, warum,
wer nicht fragt, bleibt dumm ...«
Sesamstraße

Zum Aufbau dieses Buches

In diesem Buch finden Sie 1390 Fragen aus 23 unterschiedlichen Themengebieten. Zu jeder Einzelfrage gibt es vier Antwortmöglichkeiten, von denen *nur eine* richtig ist. Diese Testform wird als »Multiple-Choice-Verfahren« bezeichnet. In den gängigen Testverfahren ist es die Norm, da es die Auswertung erleichtert (die Auswerter müssen dabei nicht einmal selber Experten sein). Die Lösungen zu den Fragen finden Sie ab Seite 299.

Ausschließlich aus Gründen der Vereinfachung haben wir bei unseren Formulierungen zumeist auf die Hinzufügung der jeweiligen weiblichen Form verzichtet (wie z.B. der/die Erfinder/in).

Bei der Bearbeitung der Fragen sollten Sie zunächst ohne Zeitdruck vorgehen. Zu Ihrer groben Orientierung:

- 150 Fragen (das große Kapitel) sollten nicht mehr als 90 Minuten Zeit beanspruchen,
- 100 Fragen etwa 60 Minuten,
- 50 Fragen etwa 30 Minuten,
- 30 Fragen etwa 20 Minuten.

Die CD-ROM

Mit der dem Buch beiliegenden CD-ROM für Windows haben Sie die Möglichkeit, Tests aus 15 Gebieten der Allgemeinbildung am Bildschirm zu üben.

Im **Übungsmodus** gehen Sie der Reihe nach alle Aufgaben durch und bekommen direkt ein Feedback, ob Ihre Lösung richtig ist. Im **Testmodus** bekommen Sie keine inhaltliche Rückmeldung, sondern am Ende des Tests eine Auswertung. Der Testmodus läuft zeitgesteuert, Sie können damit also das reale Testverfahren »in Echtzeit« simulieren.

Zur Einschätzung Ihrer Leistung

Da Allgemeinbildung zumeist von Alter und Schulbildung abhängt, zeigen wir hier ein Schema, mit dem Sie Ihren Wissensstand selbst einordnen können. Bei erstmaliger Bearbeitung der 1390 Fragen (ohne Hilfsmittel!) sollten Sie sich für ein ordentliches Ergebnis ungefähr im folgenden Rahmen bewegen (für jede richtige Antwort gibt es 1 Punkt, falsche Antworten oder Auslassungen spielen keine Rolle):

Für ein ordentliches Ergebnis sollten Sie richtig beantwortet haben:

Alter	Schulbildung		
	Sonstiges	Abitur	Hochschulabschluss
unter 20	30–35% (425 Antworten)	40–50% (625 Antworten)	——
20 bis 39	40–50% (625 Antworten)	50–60% (765 Antworten)	60–70% (900 Antworten)
40 und älter	45–55% (695 Antworten)	60–70% (900 Antworten)	70–80% (1045 Antworten)

Für ein gutes Ergebnis addieren Sie etwa 10 Prozent auf den obigen Wert.

Ein sehr gutes Ergebnis liegt vor, wenn Sie mehr als 15 Prozent über dem obigen Wert liegen.

Visualisieren Sie sich Ihr Ergebnis im jeweiligen Sachgebiet und vergleichen Sie. Wie viel Prozent richtig beantworteter Aufgaben haben Sie erreicht?

- Bei 150 Fragen entspricht 1 richtige Antwort 0,66 Prozent.
- Bei 100 Fragen entspricht 1 richtige Antwort 1 Prozent.
- Bei 50 Fragen entspricht 1 richtige Antwort 2 Prozent.
- Bei 30 Fragen entspricht 1 richtige Antwort 3,33 Prozent.

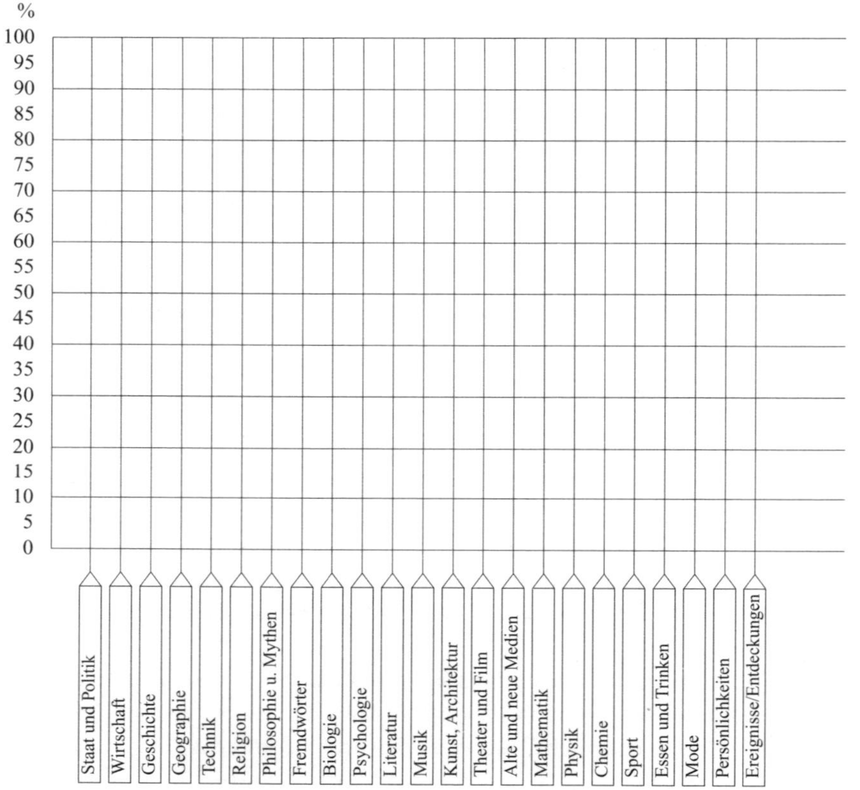

Tipps für das Training

Um den Lerneffekt zu verstärken, empfiehlt es sich, die Themengebiete mehrmals zu bearbeiten. Machen Sie sich Notizen zu den Fragen, deren Beantwortung Ihnen Schwierigkeiten bereitet. Schauen Sie in Fachbüchern oder Nachschlagewerken nach, versuchen Sie, Zusammenhänge herzustellen, und sprechen Sie mit Ihren Freunden darüber. Vielleicht ist ja jemand Biologe oder Mathematiker? Sie werden feststellen, dass sich auf diese Weise Wissenslücken schließen lassen. (Gleichzeitig tauchen natürlich neue Fragen auf, denn je mehr

Sie wissen, desto besser wissen Sie auch, was Sie nicht wissen. Aber davon sollten Sie sich nicht erschrecken lassen ...)

Wenn Sie denken, dass Ihre Allgemeinbildung ausreichend stabil sein könnte, empfehlen wir Ihnen, einen Test unter wirklichkeitsnahen Bedingungen durchzuführen – und dazu gehört als allererstes Stress: eine Testbearbeitung unter Zeitdruck. Sicherlich wird es nicht möglich sein, den Stress, dem Sie in einer wirklichen Prüfungssituation ausgesetzt sein werden, künstlich zu Hause zu simulieren. Doch auch hierfür gibt es ein paar Tricks:

- Nehmen Sie Ihren persönlichen Test ernst.
- Setzen Sie sich unter Druck, indem Sie einen ungünstigen Zeitpunkt für Ihren persönlichen Test auswählen, besser noch von jemand anderem vorschreiben lassen (ungünstig können Übermüdung, gedankliche Konzentration auf für Sie momentan wichtigere Dinge oder Ähnliches sein). Bedenken Sie, dass Sie den Zeitpunkt eines realen Tests meist auch nicht selbst wählen können.
- Verwenden Sie keine Hilfsmittel, und sehen Sie nicht ins Lösungsverzeichnis. Das wäre in diesem Falle auch Selbstbetrug.
- Halten Sie eine strengere Zeitvorgabe strikt ein. 45 Minuten für 100 Fragen sollten reichen (60 Minuten für 150 Fragen, 20 Minuten für 50 Fragen, 10 Minuten für 30 Fragen).
- Setzen Sie sich ein hoch gestecktes Ziel und sprechen mit jemandem darüber. Besser noch, Sie wetten darauf.
- Lassen Sie das Ergebnis, wenn möglich, von einer zweiten Person auswerten, sodass die Möglichkeit besteht, sich blamieren zu können.

»Der Worte sind genug gewechselt, nun lasst uns endlich Taten sehen!«
In diesem Sinne: Viel Erfolg!

Sie können uns helfen

Haben Sie bei dem ein oder anderen Wissensgebiet eine fundamental wichtige Frage vermisst? Fehlt ein spezielles Thema, oder kommt etwas zu kurz? Was meinen Sie, was würden Sie empfehlen? Wir freuen uns, wenn Sie sich brieflich oder per E-Mail an uns wenden. Machen Sie uns Vorschläge, geben Sie uns Anregungen und sparen Sie nicht mit Kritik. Auf Ihre Reaktion sehr gespannt, werden wir Ihre Hinweise aufgreifen. Schon jetzt vielen Dank.

1. Staat und Politik

1 Von wem wird der Bundespräsident der Bundesrepublik Deutschland gewählt?

a vom Bundestag
b vom Bundesrat
c von der Bundesversammlung
d direkt vom Volk

2 Wofür wurde das Schengener Abkommen geschlossen?

a ethische Kontrollinstanz bei Genversuchen
b Einführung des Euro
c Abbau der Grenzkontrollen innerhalb der EU
d Koordinierung der Funkfrequenzen im Flugverkehr

3 Die Staatsform der Bundesrepublik Deutschland nennt man …

a bundesstaatliche Präsidialdemokratie
b Volksdemokratie
c föderale Präsidialrepublik
d demokratisch-parlamentarischen Bundesstaat

4 Von wem werden in Deutschland Gesetze verabschiedet?

a vom Bundespräsidenten
b vom Bundestag
c vom Bundesrat
d vom Bundeskanzler

5 Wer löste Ludwig Erhard als Bundeskanzler ab?

a Willy Brandt
b Helmut Kohl
c Kurt-Georg Kiesinger
d Helmut Schmidt

6 Wie war die Abkürzung der Vorläuferorganisation der EU?

a ETA
b EFTA
c EG
d COMECON

7 Wie lautet die Bezeichnung für das Parlament der USA?

a Senat
b Kongress
c Oberhaus
d Duma

8 Wie lange dauert im Normalfall eine Legislaturperiode in Deutschland?

a 3 Jahre
b 4 Jahre
c 5 Jahre
d 7 Jahre

9 Welches Gericht übt keine Strafjustiz aus?

a Landgericht
b Amtsgericht
c Oberlandgericht
d Bundesverfassungsgericht

10 Welcher Staat ist nicht NATO-Mitglied?

a Schweiz
b Luxemburg
c Türkei
d Portugal

11 Wer wählt den amerikanischen Präsidenten?

a das amerikanische Volk direkt
b das Wahlmännergremium
c die Kongressabgeordneten
d die Senatoren

12 Wer diskutiert und verabschiedet den Haushalt in der Bundesrepublik Deutschland?

a der Bundestag
b das Finanzministerium
c der Bundesrat
d das Bundeskabinett

13 Was ist ein konstruktives Misstrauensvotum?

a Abwahl des Bundespräsidenten durch Zweidrittelmehrheit der Bundesversammlung
b Abbruch der diplomatischen Beziehungen zu einem Staat
c Abwahl des Bundeskanzlers bei gleichzeitiger Neuwahl seines Nachfolgers durch den Bundestag
d Verweigerung der Zustimmung zu einer Gesetzesvorlage durch ein Regierungsmitglied

14 Wann trat das Grundgesetz der Bundesrepublik Deutschland in Kraft?

a Mai 1949
b Mai 1945
c Mai 1948
d Mai 1955

15 Was ist die ILO?

a ein internationaler Ölkonzern
b ein Militärbündnis
c eine Wirtschaftsorganisation
d eine internationale Arbeitsorganisation

16 Wo ist der Sitz des Bundesverfassungsgerichts?

a in Bonn
b in Karlsruhe
c in Heidelberg
d in Berlin

17 Welches Ministerium ist in Deutschland nicht auf Bundesebene vertreten?

a Wirtschaft
b Verkehr
c Kultur
d Verteidigung

18 Wie lautet der Name des Parlaments Israels?

a Talmut
b Sanhedrin
c Medinat
d Knesset

19 Von wem wird die erste Bundestagssitzung einer Legislaturperiode eröffnet?

a vom Bundespräsidenten
b vom Fraktionsvorsitzenden der größten Partei
c wird per Los ermittelt
d vom Alterspräsidenten

20 Wie viele Bundesländer hat die Bundesrepublik Deutschland?

a 10
b 12
c 16
d 18

21 Wie bezeichnet man den Zusammenschluss von Abgeordneten einer im Parlament vertretenen Partei?

a Koalition
b Fraktion
c Opposition
d Kabinett

22 Wofür steht die Abkürzung »KSZE«?

a Kommunistisch-Sozialistisches Zentralorgan / Einheitspresse
b Kinderschutzzentrum in Europa

c Konferenz für Sicherheit und Zusammenarbeit in Europa
d Kommission zur Sicherstellung von Zielen der Ethik

23 Bei welchem Amt wird ein neugeborenes Kind angemeldet?
a Standesamt
b Ordnungsamt
c Einwohnermeldeamt
d Regierungspräsidium

24 In welchem Jahr wurde die DM eingeführt?
a 1945
b 1948
c 1950
d 1949

25 Was bedeutet die Abkürzung »ai«?
a amnesty international
b anything illegal
c automatisch intervenieren
d airmail

26 Wie heißt das höchste Organ der Rechtsprechung in Deutschland?
a Bundesverwaltungsgericht
b Bundesgerichtshof
c Bundesverfassungsgericht
d Generalstaatsanwaltschaft

27 Was versteht man unter »Gewaltenteilung«?
a Trennung der Funktionen von Gesetzgebung, Rechtsprechung und Verwaltung in einem Staat oder Gemeinwesen
b Einteilung einer Armee in verschiedene Waffengattungen
c einen Begriff aus dem Eherecht
d die Prozedur bei Tarifverhandlungen

28 Was versteht man unter einem »Hammelsprung«?

a Aufkündigung einer Koalition
b Übergabe der Entlassungsurkunde für einen Minister durch den Bundespräsidenten
c parlamentarisches Abstimmungsverfahren mit Hilfe von drei gekennzeichneten Türen (»Ja« / »Nein« / »Enthaltung«)
d Unterbrechung einer Bundestagsrede durch Zwischenruf

29 Welches Merkmal ist mit einer demokratischen Grundordnung unvereinbar?

a Teilung der Staatsgewalt
b unabhängige Gerichtsbarkeit
c Recht auf Notwehr
d Pressezensur

30 Wer wählt den Bundestagspräsidenten?

a Bundesrat
b Bundesversammlung
c Bundestag
d Bundesverfassungsgericht

31 Welcher deutsche Bundeskanzler erhielt den Friedensnobelpreis?

a Konrad Adenauer
b Helmut Schmidt
c Kurt-Georg Kiesinger
d Willy Brandt

32 Wo befindet sich der Sitz des Europarats?

a Brüssel
b Straßburg
c Luxemburg
d Amsterdam

33 In welchem Jahr wurde die Bundeswehr aufgestellt?

a 1949
b 1950

c 1956
d 1960

34 Wie bezeichnet man das Bündnis mehrerer Parteien zur Regierungsbildung?
a Koalition
b Fraktion
c Lobby
d Sektion

35 Welche Auflage, Bedingung, Gesetz oder Grundgesetznorm behandelt mit aktueller Gültigkeit das Thema Rassismus?
a eine Auflage der Nürnberger Prozesse nach dem 2. Weltkrieg
b eine Bedingung der UNO zur Zustimmung der Wiedervereinigung
c ein gemeinsames Gesetz zwischen Kirche und Staat
d Artikel 3 (3) des Grundgesetzes

36 Was verbinden Sie mit dem »Schloß Bellevue« in Berlin?
a den Amtssitz des Bundeskanzlers
b den Amtssitz des Bundesratspräsidenten
c den Amtssitz des Bundestagspräsidenten
d den Amtssitz des Bundespräsidenten

37 Wie nennt man die totalitäre Überbetonung nationalen Denkens?
a Patriotismus
b Chauvinismus
c Populismus
d Fundamentalismus

38 Wie viele offizielle Amtssprachen gelten in der Schweiz?
a 4
b 2
c 3
d 1

39 Was bedeutet »Föderalismus«?

- **a** zentrale Regierungsgewalt
- **b** staatliche Eingriffe in einzelne Wirtschaftssektoren
- **c** Zusammenfassung einzelner Staaten zu einem Bundesstaat
- **d** Wirtschaftsbündnis souveräner Staaten

40 Was versteht man unter dem »passiven Wahlrecht«?

- **a** die Möglichkeit der Briefwahl
- **b** die Möglichkeit, selbst gewählt zu werden
- **c** die Möglichkeit, im Ausland wählen zu können
- **d** die Wahlausübung durch einen Vormund

41 Wie heißt die Verpflichtung zur einheitlichen Stimmabgabe innerhalb einer Fraktion?

- **a** Politkonsens
- **b** Fraktionsprotektionismus
- **c** Parteisolidarität
- **d** Fraktionszwang

42 Welcher Staat ist eine parlamentarische Monarchie?

- **a** Irland
- **b** Spanien
- **c** Estland
- **d** Tschechien

43 Wo liegt das Hauptbetätigungsfeld eines Kommunalpolitikers?

- **a** in seiner Gemeinde, Stadt oder Kreis
- **b** in seinem Bundesland
- **c** in seinem Regierungsbezirk
- **d** bundesweit

44 Wer war Kandidat der republikanischen Partei bei der Wahl zum US-Präsidenten im Jahr 2008?

- **a** Hillary Clinton
- **b** John McCain
- **c** Barack Obama
- **d** Dick Cheney

45 Die Grundrechte der Verfassung Deutschlands sind …

a mittelbar geltend
b unverbindlich geltend
c sozial geltend
d unmittelbar geltend

46 Welches Bundesministerium wurde Ende 1997 ersatzlos aufgelöst?

a Auswärtiges Amt
b Bundesministerium für Gesundheit
c Bundesministerium für Post und Telekommunikation
d Bundesministerium für Verkehr

47 Was versteht man unter einer »politischen Lobby«?

a Interessensgruppe zur Beeinflussung von Abgeordneten
b ein parteipolitisches Organ
c das höchste Gremium einer Partei
d die turnusmäßige Zusammenkunft der Fraktionsvorsitzenden

48 Wer hat in den USA die höchste Gerichtsbarkeit inne?

a der Präsident
b der Kongress
c der Supreme Court
d das Pentagon

49 Was versteht man unter einer Parlaments-»Sperrklausel« bei Wahlen?

a Nichtwählbarkeit von vorbestraften Kandidaten
b Mindestprozentzahl von Wahlstimmen, um ins Parlament zu gelangen
c Mindestanteil von Frauen in Wählerlisten von Parteien
d Mindestanteil von Wirtschaftsfachleuten im Parlament

50 Was bedeutet »Jurisdiktion«?

a Kulturhoheit an Universitäten
b Gesetzgebung
c Verwaltung
d Rechtsprechung

51 Wo befindet sich der Sitz der Deutschen Bundesbank?

a Stuttgart
b Dresden
c Frankfurt am Main
d Düsseldorf

52 Was versteht man unter »Populismus«?

a hohe Beliebtheit
b opportunistisch-vereinfachender Politikstil
c durch Volksbegehren erzwungene Politik
d Basisdemokratie

53 Was ist die Immunität eines Abgeordneten?

a hohe Widerstandskraft gegen Denunzierungsversuche
b Weisungsunabhängigkeit
c verfassungsrechtlich garantierte Einschränkung der Strafverfolgung
d Nichtteilnahme an einer Vertrauensabstimmung im Parlament, wenn diese im Widerspruch von Parteiloyalität und Gewissen stehen würde

54 Wann erlangt man in Deutschland das aktive Wahlrecht?

a vom vollendeten 18. Lebensjahr an
b vom vollendeten 21. Lebensjahr an
c vom vollendeten 16. Lebensjahr an
d automatisch ab der Geburt

55 Wie lautet die Inschrift über dem Portal des Reichstagsgebäudes in Berlin?

a »Die Diener des Volkes«
b »Einigkeit und Recht und Freiheit«
c »Dem Deutschen Volke«
d »Auferstanden aus Ruinen«

56 Die Gegenzeichnung des … ist für das In-Kraft-Treten eines Gesetzes unbedingt erforderlich

a Fachministers
b Vorsitzenden des Bundesverfassungsgerichtes
c Bundeskanzlers
d Bundespräsidenten

57 Was sind Schöffen?

a juristische Berater bei der Gesetzgebung
b Mitarbeiter im Justizministerium
c ehrenamtliche Laienrichter in der Strafgerichtsbarkeit
d Vorsitzende in Kommunalparlamenten

58 Welches Bundesorgan setzt sich ausschließlich aus Vertretern der Länderregierungen zusammen?

a der Bundestag
b die Bundesversammlung
c der Bundesrat
d die Bundesregierung

59 Was ist die WHO?

a Welthandelsorganisation
b Weltgesundheitsorganisation
c Organisation zum Schutz der Wale
d Internationale Wohnungsbauorganisation

60 Wofür dient bei der Bundestagswahl die Zweitstimme?

a Wahl der Landesliste einer Partei
b Wahlvollmacht für Ehemann/-frau

c Wahl des Kandidaten aus dem Wahlkreis
d Koalitionsvorschlag zur Erststimme

61 Wofür steht die Bezeichnung »House of Lords«?
a gesamtbritisches Parlament
b englisches Oberhaus
c Sitz des Premierministers
d gemeinsames Gremium von Krone und Regierung

62 Was ist das Pentagon?
a UN-Gremium zur Erteilung von Militäreinsätzen
b die amerikanische Regierung
c NATO-Oberbefehl
d US-Verteidigungsministerium

63 Die Verbindung mehrerer Gesetzesvorlagen im Parlament, die einander bedingen, nennt man …
a Fusion
b Junktim
c Courtage
d Consensus

64 Welches Recht gilt als Grundrecht?
a Recht auf Arbeit
b Recht auf Wohnung
c Bürger- und Menschenrechte
d Recht auf Ehe

65 Wer hat in Deutschland die oberste Befehlsgewalt über die Polizei?
a die Innenminister der jeweiligen Bundesländer
b der Bundeskanzler
c der Verteidigungsminister
d der Bundesratspräsident

66 Was sind die Aufgaben des Bundesrates?

- **a** Verabschiedung des Haushalts
- **b** Wahl der Bundesminister
- **c** Vertretungsgremium Deutschlands bei der UNO
- **d** Mitwirkung der Länder bei Gesetzgebung und Verwaltung des Bundes

67 Welche Bundesländer bezeichnen sich als »Freistaat«?

- **a** Bayern, Bremen, Sachsen
- **b** Thüringen, Sachsen-Anhalt, Hamburg
- **c** Sachsen, Bayern, Thüringen
- **d** Preußen, Bremen, Bayern

68 Wo befindet sich der Sitz des Internationalen Gerichtshofes?

- **a** Den Haag
- **b** New York
- **c** Wien
- **d** Rom

69 Was versteht man unter »Imperialismus«?

- **a** Globalisierung der Weltwirtschaft unter der Führung von einzelnen internationalen Konzernen
- **b** Militäraktion eines Staates gegen einen zweiten
- **c** Bestrebung eines Staates, seinen Machtbereich ökonomisch und politisch auszudehnen, ohne dabei auf die Belange anderer Staaten Rücksicht zu nehmen
- **d** Einschränkung der Grundrechte in einem Staat

70 Wem gegenüber ist in Deutschland laut Gesetz ein Abgeordneter verantwortlich?

- **a** seiner Partei
- **b** dem Regierungschef
- **c** dem Bundespräsidenten
- **d** seinem Gewissen

71 Was ist die UNESCO?

- **a** UN-Organisation für Erziehung, Wissenschaft und Kultur
- **b** UN-Organisation für industrielle Entwicklung
- **c** Weltpostverein
- **d** UN-Organisation zum Artenschutz

72 Welche Steuer muss ein Arbeitnehmer in Deutschland auf jeden Fall entrichten?

- **a** Umsatzsteuer
- **b** Lohnsteuer
- **c** Quellensteuer
- **d** Gewerbesteuer

73 Welches Amt ist in einer Kommunalverwaltung unerläßlich?

- **a** Ordnungsamt
- **b** Pfarramt
- **c** Postamt
- **d** Auswärtiges Amt

74 Was bedeutet »bilateral«?

- **a** vom Vatikan beschlossen
- **b** wirtschaftliche Neutralität
- **c** wechselseitige Beziehungen zweier Staaten zueinander
- **d** Zahlungsunfähigkeit eines Staates

75 Was besagt der Artikel 1 Nr.1 des Grundgesetzes der Bundesrepublik Deutschland?

- **a** »Das deutsche Gemeinwesen ist höchstes zu schützendes Gut. Dafür einzutreten ist oberste Pflicht aller Deutschen.«
- **b** »Das Deutsche Volk verpflichtet sich stets zum Frieden in der Welt.«
- **c** »Die Bundesrepublik Deutschland ist ein demokratischer Staat.«
- **d** »Die Würde des Menschen ist unantastbar. Sie zu achten und zu schützen ist Verpflichtung aller staatlichen Gewalt.«

76 Welches ist das flächenmäßig größte Bundesland?
a Mecklenburg-Vorpommern
b Niedersachsen
c Bayern
d Nordrhein-Westfalen

77 Was ist die Aufgabe der Bundesversammlung?
a Wahl des Bundespräsidenten
b Ernennung des Bundeskanzlers
c Entlassung der Regierung
d Entscheidung über Einsätze des Bundesgrenzschutzes

78 Was bedeutet »CIA«?
a Center for International Affairs
b Central Intelligence Agency
c Capability to International Access
d Chicago International Airport

79 Was ist die UNICEF?
a UN-Entwicklungsfond für Frauen
b Welthandelsorganisation
c Weltgesundheitsorganisation
d Weltkinderhilfswerk

80 Wer sind die Tories?
a Angehörige des spanischen Parlaments
b Mitglieder der britischen konservativen Partei
c UN-Kontrolleure in Krisengebieten
d volkstümliche Bezeichnung für die Regierung der USA

81 Wozu ist man als Staatsangehöriger der Bundesrepublik Deutschland nicht verpflichtet?
a zu wählen
b zum Schulbesuch
c sich beim Einwohneramt registrieren zu lassen
d ein Schöffenamt wahrzunehmen

82 Wie viele Einwohner hat ungefähr die Bundesrepublik Deutschland?

a 110 Millionen
b 80 Millionen
c 50 Millionen
d 60 Millionen

83 Wie nennt man den Grundsatz der Nichteinmischung in fremde Angelegenheiten?

a Pazifismus
b Pluralismus
c Neutralismus
d Generalismus

84 Hat man in der Bundesrepublik Deutschland durch den Besitz von Eigentum auch soziale Pflichten?

a Nein, diese sind durch das Zahlen von Steuern beglichen.
b Ja, denn Artikel 14 (2) des Grundgesetzes besagt, dass Eigentum verpflichtet. Sein Gebrauch soll zugleich dem Wohle der Allgemeinheit dienen.
c Ja, ab einer gewissen Größe wird der Staat Teilhaber des Eigentums.
d Nein, dies würde dem Gedanken der freien Entfaltung widersprechen.

85 In welchem Land wurde ein Gesellschaftswandel mit dem Begriff »Kulturrevolution« etikettiert?

a Sowjetunion
b Frankreich
c Kuba
d Volksrepublik China

86 Wie hießen die ersten drei Bundeskanzler der Bundesrepublik Deutschland?

a Theodor Heuss, Konrad Adenauer, Willy Brandt
b Ludwig Erhard, Kurt-Georg Kiesinger, Konrad Adenauer

c Kurt-Georg Kiesinger, Ludwig Erhard, Willy Brandt
d Willy Brandt, Konrad Adenauer, Ludwig Erhard

87 Was wird am 3. Oktober in Deutschland gefeiert?
a Reformationstag
b Mauerfall
c Wiedervereinigung Deutschlands
d Volkstrauertag

88 Von wem wird der Bundeskanzler gewählt?
a vom Bundestag
b vom Bundesrat
c von der Bundesversammlung
d vom Volk direkt

89 Wie lange dauert eine Amtsperiode des Bundespräsidenten?
a 4 Jahre
b 5 Jahre
c 3 Jahre
d Kein Lösungsvorschlag ist richtig.

90 Welche Partei ist in Deutschland die älteste?
a die CDU
b die FDP
c die SPD
d die Grünen

91 Wie heißen die beiden großen amerikanischen Parteien?
a die Liberalen und die Konservativen
b die Republikaner und die Tories
c die Demokraten und die Liberalen
d die Republikaner und die Demokraten

92 In welcher Stadt befinden sich wichtige Einrichtungen der Europäischen Union (EU)?

a Berlin
b Brüssel
c Salzburg
d Paris

93 Wer wählt den französischen Staatspräsidenten?

a das Volk direkt
b die Abgeordneten
c spezielle Wahlmänner und -frauen
d Kein Lösungsvorschlag ist richtig.

94 Was versteht man unter dem Begriff »Antisemitismus«?

a eine politisch-kulturelle Strömung in den 20er Jahren
b Abneigung oder Feindseligkeit gegenüber Juden
c Ausgrenzung der Farbigen in Südafrika
d Kein Lösungsvorschlag ist richtig

95 Worin unterscheidet sich die Staatsform der Demokratie von der einer Diktatur?

a durch freie Meinungsäußerung
b durch unabhängige Gerichte und freie Presse
c durch freie Meinungsäußerung und Presse, geheime Wahlen, unabhängige Gerichte
d durch freie Presse, geheime Wahlen, soziale Marktwirtschaft

96 In welchem Zeitraum stand die Berliner Mauer?

a 13.8.1960–3.10.1989
b 13.8.1961–1.11.1989
c 3.11.1962–9.11.1989
d 13.8.1961–9.11.1989

97 Was wurde 1992 in den Maastrichter Verträgen geregelt?

a eine Erweiterung der Mitgliedsstaaten der EU nach Osteuropa
b eine Wirtschafts- und Währungsunion mit gemeinsamer Währung
c das Wechselkursverhältnis des Euros gegenüber den nationalen Währungen
d Kein Lösungsvorschlag ist richtig.

98 Welche Bereiche umfasst die Sozialversicherung in Deutschland?

a Kranken-, Invaliden-, Renten- und Arbeitslosenversicherung
b Pflege-, Kranken-, Renten- und Lebensversicherung
c Renten-, Pflege-, Arbeitslosen- und Krankenversicherung
d Arbeitsunfähigkeits-, Kranken-, Pflege- und Rentenversicherung

99 Wann wurden die Grünen erstmals in den Bundestag gewählt?

a 1962
b 1971
c 1980
d 1983

100 Wann wurde die UNO gegründet?

a Anfang des 20. Jahrhunderts
b nach Beendigung des 2.Weltkriegs
c nach Beendigung des 1. Weltkriegs
d Anfang der 50er Jahre

101 Wie hieß der Generalsekretär der Vereinten Nationen an der Schwelle zum neuen Jahrtausend?

a Butros Ghali
b Perez de Cuellar
c Kurt Waldheim
d Kofi Annan

102 Seit wann gibt es in Deutschland das Frauenwahlrecht?
- **a** 1898
- **b** 1900
- **c** 1919
- **d** 1920

103 Was ist unter einem »Plebiszit« zu verstehen?
- **a** ein Volksbegehren
- **b** eine Volksabstimmung
- **c** eine Volksversammlung
- **d** eine Volksherrschaft

104 Wie hießen die ersten drei Bundespräsidenten der Bundesrepublik Deutschland (ohne Berücksichtigung der Abfolge)?
- **a** Heinrich Lübke, Gustav Heinemann, Theodor Heuss
- **b** Theodor Heuss, Konrad Adenauer, Heinrich Lübke
- **c** Konrad Adenauer, Friedrich Ebert, Heinrich Lübke
- **d** Kurt-Georg Kiesinger, Ludwig Erhard, Willy Brandt

105 Was war die Funktion des Ermächtigungsgesetzes von 1933?
- **a** die verfassungsmäßige Übertragung von geringfügigen zusätzlichen Befugnissen auf den Reichskanzler
- **b** die Ermächtigung der Regierung, Gesetze und Verordnungen ohne das Parlament zu erlassen
- **c** ein Gesetz, mit dessen Hilfe die Opposition ein konstruktives Misstrauensvotum durchsetzen konnte
- **d** ein Gesetz zur Ausschaltung der Opposition

106 Wovon hängt die Zahl der Bundesratsstimmen eines Bundeslandes ab?
- **a** von der Flächengröße des Bundeslandes
- **b** von den Ergebnissen der Landtagswahlen
- **c** von der Einwohnerzahl des Bundeslandes
- **d** Kein Lösungsvorschlag ist richtig.

107 Was ist unter dem »Kommentar zu einem Gesetz« zu verstehen?

a eine Erläuterung
b eine Einleitung
c eine Abgrenzung
d ein Anhang

108 Über welchen Zeitraum war Helmut Kohl Bundeskanzler?

a 1980–1996
b 1979–1998
c 1985–1998
d 1982–1998

109 Welche der folgenden Aufgaben hat der Bundestag nicht?

a Öffentlichkeitsarbeit für die Bundesregierung
b Mitwirkung bei der Gesetzgebung
c Unterstützung der Regierungsarbeit
d Kontrolle der Regierungsarbeit

110 Welche Partei wurde durch Gustav Stresemann gegründet?

a die Sozialdemokratische Partei
b die Deutsche Vaterlandspartei
c die Kommunistische Partei
d die Deutsche Volkspartei

111 Der Bundestag kann aufgelöst werden durch …

a den Bundespräsidenten
b den Bundeskanzler
c den Bundesrat
d den Bundestag selbst

112 Wer stellt die Mitglieder der Bundesversammlung?

a zu 50% die Abgeordneten des Bundestages und zu 50% die gewählten Mitglieder der Landtage
b jeweils zur Hälfte die Mitglieder des Bundesrates und des Bundesverfassungsgerichtes

c gleiche Teile von Bundestags- und Bundesratsmitgliedern
d Kein Lösungsvorschlag ist richtig.

113 Wer wird als Gründer der Volksrepublik China bezeichnet?
a Tschou En-lai
b Tschiang Kai-shek
c Deng Xiaopeng
d Mao Tse-tung

114 Seit wann sind die deutschen Nationalfarben Schwarz-Rot-Gold?
a nach Beendigung des 1. Weltkriegs
b nach Beendigung des 2. Weltkriegs
c seit 1898
d seit 1848/49

115 Wo hatte der Völkerbund seinen Sitz?
a Brüssel
b New York
c Genf
d London

116 Wer wurde nach der Ermordung von John F. Kennedy Präsident der USA?
a Nixon
b Johnson
c Eisenhower
d Carter

117 Welche Aufgabe nimmt der Petitionsausschuss des Deutschen Bundestages wahr?
a die Überprüfung von Bundesverfassungsurteilen
b die Behandlung von Beschwerden und Bittgesuchen aus der Bevölkerung
c die Vermittlung zwischen Bundesrat und Bundesversammlung
d die Vermittlung zwischen den Länderparlamenten und dem Bundestag

118 Wer trat 1988 nach einer Rede als Bundestagspräsident(in) zurück?

a Karl Carstens
b Annemarie Renger
c Rita Süssmuth
d Philipp Jenninger

119 Was ist der Reichsapfel?

a ein hoher politischer Orden in Österreich
b ein Symbol monarchischer Herrschaft
c Teil eines Emblems im deutschen Wappen unter Bismarck
d ein Symbol für eine christliche Grundordnung politischer Werte

120 Was verbindet man mit dem Begriff »Prohibition«?

a ein staatliches Verbot bestimmter Religionspraktiken
b eine öffentliche Anhörung politisch Verfolgter
c eine staatliche Reglementierung der Lohneinkommen
d ei[...]hängtes Alkoholverbot

121 [...]egriff »Legislative«?

[...]omenklatura«?

[...]olitisch zu besetzenden
[...]at, Gesellschaft und Wirtschaft in
[...]nistischen Staaten
[...]itischen Führungskaders zur Einfluss-
[...]n kommunistischen Staaten

c Pe[...] kommunistischen Staaten, die von den herrschend[...]litischen Grundsätzen abgewichen sind
d ein System von politologischen Fachausdrücken

123 Was bedeutet das Wort »Bolschewik« seiner Übersetzung nach?

a Kommunist
b Arbeiter
c Revolutionär
d Mehrheitler

124 Bei der Bundestagswahl hat man zwei Stimmen. Was wählt man mit ihnen?

a Die Erststimme ist für den Kandidaten aus einem Wahlkreis, die Zweitstimme für die Landesliste einer Partei.
b Die Erststimme ist für die Partei, die den Bundeskanzler stellen soll, die Zweitstimme für den Direktkandidaten in den Bundestag.
c Die Erststimme ist für den Bundeskanzlerkandidaten, die Zweitstimme für die Partei des Bundeskanzlerkandidaten.
d Die Erststimme ist für die Landesliste einer Partei, die Zweitstimme für den Kandidaten aus einem Wahlkreis.

125 In welcher Stadt fand 1970 das erste innerdeutsche Gespräch zwischen Willy Brandt und Willi Stoph statt?

a in Bonn
b in Berlin
c in Weimar
d in Erfurt

126 Was versteht man unter einem »imperativen Mandat«?

a Der Abgeordnete ist frei und nur seinem Gewissen verpflichtet.
b Der Abgeordnete unterliegt den Weisungen seiner Partei bzw. Wähler.
c Der Abgeordnete ist vor Strafverfolgung geschützt.
d Der Abgeordnete vertritt eine klare ideologische Haltung.

127 Welche Institutionen kontrollieren die Verwaltungsausgaben des Bundes und der Länder?

a das Finanzministerium und die Finanzämter
b das Wirtschaftsministerium
c der Bundesrechnungshof und die Landesrechnungshöfe
d der Bund der Steuerzahler

128 In welcher Stadt befindet sich das Europäische Parlament?

a Brüssel
b Genf
c Straßburg
d Paris

129 Welche Rolle sah der Morgenthauplan für Deutschland nach dem 2. Weltkrieg vor?

a Entmilitarisierung und Verkleinerung
b Aufteilung in vier politische und wirtschaftliche Zonen
c Auf- und Ausbau der Schwerindustrie an Rhein und Ruhr
d Reorganisation zum Agrarland

130 In welchem der beiden Parlamente Englands ist der Adel vertreten?

a in beiden
b in keinem
c im Unterhaus
d im Oberhaus

131 Was versteht man im Ursprung unter einer »Persona non grata«?

a eine wenig anerkannte und beliebte Person
b einen Diplomaten, der im Gastland unerwünscht ist
c einen Diplomaten, der kriminell geworden ist
d einen Diplomaten, dem der Auftrag im Gastland entzogen wurde

132 Wofür steht das Camp-David-Abkommen?

a Friedensvertrag zwischen Syrien und Saudi-Arabien
b Festlegung der Ölfördermenge der OPEC

c Friedensabkommen zwischen Israel und Ägypten
d Friedensabkommen der vier Weltmächte nach dem 2. Weltkrieg

133 Wie nennt man das russische Parlament?
a Duma
b Volkskammer
c Bundestag
d Kongress

134 Welche Aufgabe und Bedeutung hat ein Schöffe in der deutschen Rechtsprechung?
a Er unterstützt den Berufsrichter ohne besondere Befugnisse.
b Er hat volle richterliche Unabhängigkeit und gleiches Stimmrecht wie die Berufsrichter.
c Er entscheidet allein über die Höhe der Strafe, wird aber vom Berufsrichter beraten.
d Er hilft bei der Klärung der Schuldfrage, ohne bei der Urteilsfindung beteiligt zu sein.

135 Worauf beruht – verkürzt und formelhaft – der Grundgedanke des Kommunismus?
a Gleichheit, Brüderlichkeit, Freiheit
b kein Privateigentum, allen alles gemeinsam
c jeder nach seiner Fasson
d jedem das Seine

136 Wofür steht die Bezeichnung »GUS«?
a generelle Unabhängigkeit sozialistischer Staaten
b Gründer unabhängiger Staatsbetriebe
c gemeinsame Unternehmensstrategie
d Gemeinschaft unabhängiger Staaten

137 Was versteht man unter einem »Referendum«?
a einen Volksentscheid
b eine Direktwahl

c eine Berichterstattung
d eine Umgestaltung

138 Wohin fließt die Lohnsteuer?
a an den Bund
b an die Länder
c an die Gemeinden
d Kein Lösungsvorschlag ist richtig.

139 Was versteht man unter einer »Amnestie«?
a einen Gnadenakt des Bundeskanzlers
b eine Strafminderung
c eine Aktion von Amnesty International
d Kein Lösungsvorschlag ist richtig.

140 Was ist das oberste Bundesorgan in der Bundesrepublik Deutschland?
a der Bundespräsident
b der Bundestag
c die Bundesregierung
d der Bundesverfassungsschutz

141 Was versteht man nach Montesquieu unter »Grundlagen des modernen Rechtsstaates«?
a die freien Wahlen
b das aktive und passive Wahlrecht
c die Gewaltenteilung in Legislative, Exekutive und Judikative
d den Gleichheitsgrundsatz

142 Wie heißt die Organisation, in der sich die führenden westlichen Industrieländer zusammengeschlossen haben?
a Commonwealth
b OPEC
c OSZE
d OECD

143 Wer war der erste demokratisch gewählte Präsident Russlands?

- **a** Gorbatschow
- **b** Jelzin
- **c** Putin
- **d** Lenin

144 Wo leben in Deutschland die Sorben?

- **a** im Norden an der dänischen Grenze
- **b** in Ostdeutschland an der Ober- und Niederlausitz
- **c** in Süddeutschland an der Grenze zum Elsass
- **d** In Deutschland leben keine Sorben.

145 Welcher Ministerpräsident Bayerns gehörte zu den charismatischsten, aber auch umstrittensten Politikern in Deutschland?

- **a** Goppel
- **b** Stoiber
- **c** Waigel
- **d** Strauß

146 Was versteht man unter »Totalitarismus«?

- **a** eine Regierungsform, bei der alle Macht vom Volk aus geht
- **b** eine Regierungsform, bei der allein ein Monarch entscheidet
- **c** eine Regierungsform, in der alle Bereiche des öffentlichen und privaten Lebens durch das Diktat einer Partei- bzw. einer Staatsführung bestimmt werden
- **d** eine Regierungsform, bei der sowohl ein Monarch als auch ein frei gewähltes Parlament die Geschicke eines Landes lenken

147 Wie hieß das Parlament der DDR?

- **a** Bundeskammer
- **b** Volksparlament
- **c** Volkskammer
- **d** Deutsches Demokratisches Parlament

148 Wo befindet sich der Hauptsitz der UNO?

a New York
b Genf
c Wien
d Washington

149 Nach welchem Wahlsystem werden die Bundestagsabgeordneten gewählt?

a nach dem Mehrheitswahlrecht
b nach dem Verhältniswahlrecht
c nach dem Gleichheitswahlrecht
d nach dem Proporzwahlrecht

150 Welches Recht regelt Rechte und Pflichten von Staaten untereinander?

a das Völkerrecht
b das Staatsrecht
c das internationale Recht
d Kein Lösungsvorschlag ist richtig.

Lösungen siehe Seite 299.

2. Wirtschaft

1 Wie nennt man die Kennziffer für die Entwicklung des Kursdurchschnittes der bedeutendsten Aktiengesellschaften?

a Aktiva
b Skala
c Aktienindex
d Currenta

2 Was versteht man unter dem Begriff »Hausse«?

a Steigen der Börsenkurse wegen starker Nachfrage
b starker Kurseinbruch in Asien
c Staatsbankrott wegen Zahlungsunfähigkeit
d hausgemachte Inflation

3 Wie lautet der Name für das Wirtschaftssystem der Bundesrepublik Deutschland?

a demokratische Volkswirtschaft
b verbrauchsorientierte Staatswirtschaft
c kontrollierter Wirtschaftsliberalismus
d soziale Marktwirtschaft

4 Was ist ein Pfandbrief?

a eine festverzinsliche Schuldverschreibung
b Abtretungserklärung von Wertpapieren
c Bankhypothek
d Überlassungsurkunde eines Pfandleihhauses

5 Was versteht man unter dem »Bruttosozialprodukt«?

a Ausdruck aus der Wirtschaftspsychologie
b Messgröße für das Steueraufkommen
c Etat des Ministeriums für Arbeit
d Messgröße für die Gesamtleistung einer Volkswirtschaft

6 Wofür steht die Bezeichnung »IWF«?

a Interessenverband für weltweiten Freihandel
b Industrial Wealth Foundation
c Internationaler Währungsfonds
d Internationale Wirtschaftsföderation

7 Was ist das Gemeinsame von Mineralöl-, Branntwein- und Versicherungssteuer?

a Ökoabgaben
b Vergnügungssteuern
c Konsolidierungsabgaben
d reine Bundessteuern

8 Was versteht man unter »Dividende«?

a ein Störmanöver am Aktienmarkt
b den jährlich anfallenden Anteil vom Reingewinn einer Aktie
c die Zinsen, die bei einem Sparkonto anfallen
d den Höchststeuersatz in Deutschland

9 Wie bezeichnet man die Provision eines Börsenmaklers?

a Courtage
b Obligation
c Meritum
d Salär

10 Was sind Subventionen?

a Schutzzölle
b indirekte Steuern
c staatliche Zuschüsse
d Unternehmenssteuern

11 Was versteht man unter »Mobbing«?

a übertriebenen Sauberkeitswahn am Arbeitsplatz
b stark karriereorientiertes Handeln
c ruinösen Verdrängungswettbewerb
d Psychoterror gegenüber Mitarbeitern und Arbeitskollegen

12 Wie werden die Wechselkurse unterschiedlicher Währungen zueinander bezeichnet?

- **a** Kursiva
- **b** Parität
- **c** Compositae
- **d** Devisen

13 Was ist die OPEC?

- **a** Organisation Erdöl exportierender Länder
- **b** Gremium zur Festsetzung der Wechselkurse innerhalb des EWS
- **c** Organisation für wirtschaftliche Zusammenarbeit
- **d** lateinamerikanisches Wirtschaftsbündnis

14 Was versteht man unter »Investition«?

- **a** staatlichen Eingriff in Wirtschaftsvorgänge
- **b** einen zinsgünstigen Kredit
- **c** starke Geldentwertung
- **d** Überführung von Finanzkapital in Sachkapital

15 Was ist ein Trust?

- **a** US-amerikanische Aktieneinheit
- **b** Zusammenschluss von Unternehmen zum Zweck der Marktbeherrschung
- **c** Überlassung von Kapital auf Vertrauensbasis
- **d** erwartete Kapitalsteigerung

16 Wofür steht die Bezeichnung »Xetra«?

- **a** Bonuszuschlag auf die Dividende
- **b** die Tokioter Börse
- **c** ein elektronisches Börsenhandelssystem
- **d** Abschlagszahlung im Devisenhandel

17 Was versteht man unter der »Liquidität eines Unternehmens«?

- **a** seine Zahlungsfähigkeit
- **b** seine Auflösung

c seine hohe Flexibilität am Markt
d seine Kreditwürdigkeit

18 Wie heißt die bekannteste Straße im Finanzzentrum New Yorks?
a Union Street
b Wall Street
c Piccadilly Circus
d Regent Street

19 Wie nennt man das Gewicht der Verpackung einer Ware?
a Tara
b Netto
c Brutto
d Kollo

20 Was versteht man unter »Autarkie«?
a Echtheit von Wertpapieren
b wirtschaftliche Unabhängigkeit
c Erreichen einer Rekordmarke am Aktienindex
d Börsenkollaps

21 Der Überschuss auf der Soll- oder Habenseite eines Kontos heißt …
a Insolvenz
b Manko
c Profit
d Saldo

22 Wann wird eine Währung als »frei konvertierbar« bezeichnet?
a wenn man weltweit damit bezahlen kann
b wenn sie ohne Beschränkung in andere Währungen überführt werden kann
c wenn sie straffrei außer Landes gebracht werden darf
d wenn die Banknoten leicht zu fälschen sind

23 Der Eigentümer einer Aktie hat ein Anrecht auf …
- **a** seine Tantiemen
- **b** seine Provision
- **c** seine Zinsen
- **d** seine Dividende

24 Was versteht man unter »Rendite«?
- **a** die Relation von Gewinn zu Einsatz in der Wirtschaft
- **b** den Gewinn im Devisenhandel
- **c** den tatsächlichen, auf das Jahr bezogenen Ertrag einer Anlage
- **d** ein risikofreies Bankgeschäft

25 Die Einziehung fälliger Finanzforderungen nennt man …
- **a** Inkasso
- **b** Injunktion
- **c** Income
- **d** Effektivität

26 Wie heißt ein bereits unterschriebener, aber noch nicht ausgefüllter Scheck?
- **a** Euroscheck
- **b** Blankoscheck
- **c** Verrechnungsscheck
- **d** ungedeckter Scheck

27 Wie wird in der Buchführung ein Schuldner bezeichnet?
- **a** Cunctator
- **b** Debitor
- **c** Säumer
- **d** Insolventor

28 Eine gesetzlich definierte Handlungsvollmacht nennt man …
- **a** Validität
- **b** Fiskus
- **c** Omnipotenz
- **d** Prokura

29 Was sind die Pflichten eines Betriebsrates?

a den Betrieb nach außen zu repräsentieren

b die Geschäftsleitung vor Wirtschaftsentscheidungen zu beraten

c die Anliegen der Belegschaft zu vertreten

d die Firmenleitung vor dem Arbeitsgericht zu unterstützen

30 Die gleichberechtigte wirtschaftliche und rechtliche Verschmelzung von Unternehmen nennt man …

a Fusion

b Conclusion

c Union

d Konzentration

31 Was ist das besondere Merkmal einer Inflation?

a Das Preis-Leistungs-Verhältnis von Gütern entwickelt sich positiv.

b deutliche Erhöhung der umlaufenden Geldmenge gegenüber dem äquivalenten Warenumlauf

c sehr günstige Zinsen am Rentenmarkt

d äußerst stabile Lohnentwicklung

32 Unter welche Bezeichnung fallen die frei ausgehandelten Lohnabschlüsse zwischen Arbeitgebern und Gewerkschaften?

a Normativa

b Sozialausgleich

c Karenzverträge

d Tarifautonomie

33 Wofür steht »ASEAN«?

a größtes Telekommunikationsunternehmen Asiens

b Bezeichnung für aus Asien importierte Waren

c Verband Südostasiatischer Staaten

d gemeinsame Währung in Indochina

34 Was ist der Lombardsatz?

a Zinsfuß, den eine Notenbank bei der Übernahme von Wechseln fordert

b von der Notenbank festgesetzter Zinssatz bei der Verpfändung von Wertpapieren

c Schlussdeklaration des ersten europäischen Wirtschaftsgipfels nach dem 2. Weltkrieg in der Lombardei

d Gebühr, die eine Bank für Devisengeschäfte verlangt

35 Die Erklärung eines ohne Erfolg gepfändeten Schuldners über den Bestand seines Vermögens nennt man …

a Gütertrennung

b Konkurs

c Vergleich

d eidesstattliche Versicherung

36 Wie heißt die Interessenvertretung der Wirtschaft gegenüber der Politik?

a Deutscher Industrie- und Handelstag

b Berliner Wirtschaftsforum

c Deutsche Wirtschafts- und Handelskammer

d Deutsches Unternehmensgremium

37 Was ist das Nettogewicht einer Ware?

a das Gewicht zum Zeitpunkt der Verpackung

b das Gesamtgewicht

c das Gewicht ohne Verpackung

d das Gewicht ohne jeglichen Wasseranteil

38 Was versteht man unter »Rezession«?

a staatliche Einflüsse auf Unternehmensentscheidungen

b die Verschlechterung der wirtschaftlichen Lage

c starke Geldentwertung

d Kapitalflucht ins Ausland

39 Was ist die hauptsächliche Aufgabe des Bundeskartellamts

a Vergabe von Frequenzen für TV-Sender
b Verurteilung von Steuersündern
c die Einziehung von Zollgebühren
d die Unterbindung wettbewerbsverzerrender Absprachen oder Zusammenschlüsse von Unternehmen

40 Wie nennt man das Verhältnis des Wertes einer Währungseinheit zum Goldwert?

a Wechselkurs
b Diskont
c Goldparität
d Floating

41 Was versteht man unter »Skonto«?

a den prozentualen Abschlag vom Preis für eine Dienstleistung oder Ware bei sofortiger (oder in Kürze erfolgender) Zahlung
b den Zinssatz bei einem Bankkredit
c die Zahlungsunfähigkeitserklärung eines Schuldners
d einen Begriff aus dem Börsenwesen

42 Was versteht man unter einer »Hypothek«?

a einen Kredit
b ein Grundpfandrecht, mit dem ein Grundstück belastet wird
c die Filiale eines großen deutschen Bankhauses
d eine Aktienoption

43 Wer schrieb »Das Kapital«?

a Karl Liebknecht
b Clara Zetkin
c Karl Marx
d Friedrich Engels

44 Was ist das Kennzeichen eines Erbhofes?

a Er kann nicht verpachtet werden.
b Er wird nach dem Tod des Eigentümers Staatsbesitz.

c Er ist unteilbar.
d Er ist unverkäuflich.

45 Was versteht man unter einer »konzertierten Aktion«?
a die Gründung eines Konzerns
b eine abgestimmte Vorgehensweise unterschiedlicher Gremien in Wirtschaft und Politik
c die Konzentration von Konzernen gleicher Branchen in einer Region
d die Vergabe einer Konzession für ein Gewerbe

46 Wie nennt man den land- und forstwirtschaftlichen Besitz des Staates?
a Agrarzone
b Latifundien
c öffentlich-rechtliche Güter
d Domäne

47 Was ist der Club of Rome?
a lockere Verbindung von Industriellen und Wissenschaftlern zur Darstellung der Lage der Menschheit
b in Rom gegründete Kommission zur Bekämpfung der Mafia
c das turnusmäßige Treffen der EU-Wirtschaftsminister in Rom
d der Zusammenschluss der größten Medienanstalten Europas mit Sitz in Rom

48 Wie lautet der Fachbegriff für Zwangsverwaltung?
a Expropriation
b Formalismus
c Sequestration
d formale Exekutive

49 Was versteht man unter »Protektionismus«?
a freiwillige Verpflichtung der Tarifpartner für moderate Lohnsteigerungen
b außenhandelspolitisches Instrumentarium zum Schutz der heimischen Wirtschaft gegen ausländische Konkurrenz

c Schirmherrschaft des Staates über ein Unternehmen
d staatlich angeordneter Einsatz eines Treuhänders

50 Wofür steht die Bezeichnung »GATT«?
a Allgemeines Zoll- und Handelsabkommen zum Abbau von Handelsbeschränkungen
b Generelles Abkommen für treuhänderische Tätigkeiten
c Vertrag zur Regulierung der Fangquoten im internationalen Fischfang
d grundsätzliche und allgemeine Testamentsteuer-Taxierung

51 Wer sind die »Fünf Weisen«?
a je ein Mitglied der 5 führenden Wirtschaftsinstitute Deutschlands
b die Wirtschaftsrepräsentanten der 5 Kontinente bei der UNO
c die 5 weltweit anerkanntesten Wirtschaftswissenschaftler
d 5 Professoren des Sachverständigenrats in Deutschland zur Begutachtung der gesamtwirtschaftlichen Entwicklung

52 Was versteht man unter der »Friedenspflicht«?
a der Verzicht von Staaten auf einen Handelskrieg bei wirtschaftlichen Differenzen
b das Streikverbot für bestimmte Berufsgruppen
c die Verpflichtung der Tarifparteien, während laufender Tarifverhandlungen keine Arbeitskampfmaßnahmen durchzuführen
d ein Abkommen, das bestimmten Konzernen untersagt, Rüstungsgüter zu produzieren

53 Wer ist berechtigt, Banknoten zu drucken und in Umlauf zu bringen?
a die Deutsche Bank
b der Zentralbankrat
c die Europäische Zentralbank
d die Landeszentralbank

54 Wie nennt man den bargeldlosen Zahlungsverkehr von Banken?

a Rententransfer
b Giroverkehr
c Aktienmarkt
d Wechselverkehr

55 Wann ist der Eigentumserwerb einer Immobilie rechtswirksam?

a bei Eintrag ins Grundbuch
b nach Abzahlung der vollen Erwerbssumme
c mit dem Zahlungsbeginn der Grundstückssteuer
d mit der Kaufunterschrift

56 Wofür steht »Dow Jones«?

a für einen explosionshaften Kursanstieg des US-Dollars
b für den Namen der Londoner Börse
c für die amerikanische Brokervereinigung
d für den Aktienindex von 30 ausgewählten Wertpapieren an der New Yorker Börse

57 Die von einem Kreditnehmer zu zahlenden Kosten für einen Kredit nennt man …

a Dividende
b Zinsen
c Hypothek
d Prämie

58 Was versteht man unter »Wirtschaftsliberalismus«?

a den generellen Markt in Freihandelszonen
b einen weltweiten Buchhandel ohne jegliche Zensur
c die Idee, dass sich der Markt vollkommen frei und ohne staatliche Eingriffe entwickeln sollte
d ein Konsumverhalten, das sich ausschließlich an persönlichen Begierden orientiert

59 Wo befindet sich der Sitz der Weltbank?

a Paris
b New York
c Rio de Janeiro
d Washington D. C.

60 Unter einem »Konsortium« versteht man …

a einen temporären Zweckverband von eigenständigen Unternehmen zur Durchführung risikoreicher Geschäfte
b eine staatliche Kommission, die das Abfließen von Kapital in Steueroasen verhindern soll
c die Zusammenarbeit verschiedener Mafiagruppierungen zum Zwecke der globalen Marktbeherrschung
d das Wirtschaftsgremium der Kardinäle unter Vorsitz des Papstes zur Regelung der finanziellen Angelegenheiten des Vatikans

61 Was bedeutet »Copyright«?

a britisches und US-amerikanisches Urheberrecht auf Sachen und geistige Produkte
b das Recht, Schriften ohne Konzessionszahlungen kopieren zu dürfen
c die Lizenz, die notwendig ist, um einen Kopierladen zu betreiben
d die Genehmigung der Plattenindustrie zum »Sampeln« bestimmter Musikstücke

62 Was versteht man unter »Akkordlohn«?

a die Entlohnung nach der Netto-Arbeitszeit, also ohne Pausen
b einen Lohn, der sich an Leistung bzw. Stückzahlen orientiert
c eine flexible, an Alter und Berufserfahrung angelehnte Entlohnung
d jede übertariflich bezahlte Arbeit

63 Was ist die paritätische Mitbestimmung?

a das Mitbestimmungsrecht von Gewerkschaften und Arbeitgeberorganisationen am Finanz- und Sozialhaushalt der Bundesregierung

b die gleiche Anzahl von Mitgliedern der Gewerkschaften und Arbeitgeber in Tarifkommissionen

c das Mitbestimmungsrecht von Eltern- und Lehrervertretungen an Lehrplänen

d die zahlenmäßig gleich starken Vertretungen von Arbeitgebern und Arbeitnehmern in Aufsichtsratgremien in Kohle und Stahl verarbeitenden Unternehmen mit mehr als 1000 Mitarbeitern

64 Was versteht man unter »Brainstorming«?

a die sehr rasche Abwanderung von Wissenschaftlern und Forschern ins Ausland

b eine Vorgehensweise, bei der spontane Einfälle zu einer Problemlösung führen sollen

c die Beratung eines Unternehmens durch spezielle Innovationstrainer

d ein Verfahren, womit durch Ausschluss aller äußeren Reize höchste Kreativität erzeugt werden soll

65 Wer legt die Höhe der Aufwandsentschädigungen (Diäten) der Abgeordneten in deutschen Parlamenten fest?

a die Bundesbank

b ein gemeinsamer Ausschuss aller Parteivorsitzenden

c die Abgeordneten selbst durch Mehrheitsbeschluss

d das Bundesfinanzministerium

66 Wofür steht im Finanzbereich der Begriff »Arbitrage«?

a Kontoführungskosten

b Maklergebühr

c Gratisaktie

d Ausnutzen von Kursdifferenzen

67 Was ist mit »Dumping« gemeint?

a Vernichtung von Lebensmitteln zur Preisstabilisierung

b Eine Außenhandelsstrategie, bei der die Exportpreise niedriger sind als die vergleichbaren Inlandspreise

c Schlussverkäufe

d Entlassung von Mitarbeitern

68 Was bedeutet »Hedging«?

a unfaires Verhalten gegenüber Kollegen

b Ausnutzen von Insider-Informationen an der Börse

c Absicherung von Devisengeschäften

d rasanter Karriereverlauf

69 Wofür steht der Begriff »Incentives«?

a engagierte Mitarbeiter

b illoyales Verhalten gegenüber dem Arbeitgeber

c Abmahnungen

d Anreize für Verkäufer

70 Was versteht man unter dem Begriff »Cash-cows«?

a Rinder, die von den Produzenten direkt vermarktet werden

b sehr wohlhabende Käufer von Luxusprodukten

c Produkte mit hohem Marktanteil

d englische Bezeichnung für Geldautomaten

71 Was meint man im Personalmanagement mit »innerer Kündigung«?

a stille, mentale Arbeitsverweigerung

b Versetzung von Mitarbeitern in eine andere Abteilung

c Betriebsbedingte Entlassungen werden erst sehr spät bekannt gegeben.

d Über bevorstehende Kündigungen wird nur innerhalb des Unternehmens gesprochen.

72 In welchem dieser Länder heißt die Landeswährung nicht »Dollar«?
- **a** Australien
- **b** Südafrika
- **c** Kanada
- **d** Neuseeland

73 Was ist das »Kanban-System«?
- **a** Verfahren zur Aktienanalyse
- **b** Entlohnungssystem
- **c** System zur Unternehmensbewertung
- **d** System zur flexiblen Produktionssteuerung

74 Welches der folgenden Merkmale ist nicht charakteristisch für den Kapitalismus?
- **a** Kapital befindet sich im Wesentlichen in Privathand.
- **b** Leistung des Einzelnen wird belohnt.
- **c** Gleichheit zwischen allen Menschen soll erhöht werden.
- **d** Streben nach Rentabilität.

75 Was versteht man unter »Key-Account-Management«?
- **a** bevorzugte Behandlung von wichtigen Kunden
- **b** Verwaltung von Bankkonten
- **c** Zur Bewältigung von Aufgaben werden Schlüssel (keys) eingesetzt.
- **d** Berücksichtigung der gesamtwirtschaftlichen Lage bei der betrieblichen Planung

76 Wodurch zeichnet sich ein Kommanditist aus?
- **a** Er lebt in einer Kommune.
- **b** Er ist Anhänger der kommunistischen Lehre.
- **c** Er haftet mit seiner Einlage in einer KG.
- **d** Er ist Leiter eines Unternehmens, gibt die Kommandos.

77 Was versteht man unter »Bonität«?
- **a** Qualität von Lebensmitteln
- **b** Status eines Angestellten im Unternehmen

c Bezeichnung für Wirtschaftsaufschwung
d Aussage über die Zahlungsfähigkeit einer Person

78 Was versteht man unter »Kostenremanenz«?
a In sozialistischen Ländern bleiben die Preise für Grundnahrungsmittel unverändert.
b Verbraucher kaufen bestimmte Produkte, ohne sich an hohen Preisen zu stören.
c Kosten können nicht parallel zum wirtschaftlichen Abschwung reduziert werden.
d Einnahmen eines Unternehmens dürfen einen bestimmten Wert nicht unterschreiten.

79 Was ist gemeint, wenn Wirtschaftswissenschaftler von »Laissez-faire« sprechen?
a In einem Unternehmen gilt die Gleitzeitregelung.
b Der Staat greift nicht ins Wirtschaftsgeschehen ein.
c Vorgesetzte lassen ihren Mitarbeitern Freiraum für eigene Ideen.
d Gewerkschaften verhalten sich den Arbeitgebern gegenüber moderat.

80 Was bedeutet der Begriff »Shareholder-Value«?
a dem Aktionär auszuzahlender Anteil vom Gewinn
b Mitspracherecht der Anteilseigner auf Hauptversammlungen
c Kursentwicklung einer Aktie im Laufe eines Jahres
d ausschließliche Orientierung an steigenden Aktienkursen

81 Von wem stammt das bedeutende volkswirtschaftliche Werk »Allgemeine Theorie der Beschäftigung, des Zinses und des Geldes«?
a Paul Samuelson
b John Maynard Keynes
c Adam Smith
d Milton Friedman

82 Was ist ein Mischkonzern?

- **a** Zementfabrik von internationaler Bedeutung
- **b** Die Konzernleitung berücksichtigt verschiedene Ideen der Mitarbeiter.
- **c** Wirtschaftlicher Zusammenschluss von Betrieben aus verschiedenen Branchen
- **d** Menschen verschiedener Nationalitäten arbeiten hier zusammen.

83 Was sind Me-too-Produkte?

- **a** Billigprodukte aus Asien
- **b** Imitationen von am Markt bereits vorhandenen Produkten
- **c** In den Supermärkten stehen Produkte verschiedener Hersteller nebeneinander.
- **d** Luxusprodukte, die der Selbstdarstellung bestimmter Verbraucher dienen

84 Worum geht es beim Operations Research?

- **a** Entwicklung neuer wirtschaftlicher Behandlungsmethoden in Krankenhäusern
- **b** optimale Ausnutzung der Produktionsanlagen
- **c** bedarfsorientierte Personalentwicklung
- **d** Durchspielen einer Entscheidung mit verschiedenen mathematischen Modellen

85 Was versteht man unter »Outsourcing«?

- **a** Ausnutzung der besonderen Fähigkeiten der einzelnen Mitarbeiter
- **b** Verlagerung einzelner Aktivitäten auf Zulieferer
- **c** Reduzierung des Sortiments im Einzelhandel
- **d** Entlassung von Mitarbeitern

86 Was ist ein »Relaunch«?

- **a** Wiedereinführung eines modifizierten Produkts
- **b** Eröffnung eines neuen Geschäfts

c Fortbestehen eines Unternehmens unter neuer Leitung
d Rückkehr eines Mitarbeiters in seinen alten Betrieb

87 Was ist mit »tertiärer Sektor« gemeint?
a Schwarzarbeit von Handwerkern
b Non-Profit-Organisationen
c Unternehmen, die ökologische Aspekte in den Mittelpunkt stellen
d das Dienstleistungs- und Handelsgewerbe

88 Was bedeutet »Unique Selling Proposition«?
a Ein Einzelhandelsgeschäft befindet sich in bester Lauflage.
b Dem Verbraucher werden außergewöhnliche Produktqualitäten versprochen.
c Alleinvertrieb der Produkte einer bestimmten Firma
d Ein Unternehmen ist in einer bestimmten Region ohne Konkurrenz.

89 Was versteht man in der Wirtschaft unter »Thesaurierung«?
a zentral gesteuerte Warenwirtschaft
b Rechnungswesen nach den Grundsätzen ordnungsgemäßer Buchführung
c Gestaltung von Werbetexten
d Ansammeln oder Horten von Geld

90 Was meint der Volkswirt, wenn er vom »Warenkorb« spricht?
a für den Preisindex ausgesuchte Waren und Dienstleistungen
b alle in einem Land produzierte Produkte
c die bundesweit meistgekauften Erzeugnisse
d alles, was eine Durchschnittsfamilie im Monat einkauft

91 Was sind Weiße Produkte?
a Milchprodukte
b Küchengeräte
c Produkte ohne Markennamen
d Sportgeräte für den Wintersport

92 Was ist mit »Floating« gemeint?

- **a** Unternehmen verzichten auf konkrete Planung.
- **b** freies Einpendeln von Wechselkursen
- **c** Arbeitnehmer wechseln häufig das Unternehmen.
- **d** Oberbegriff für sämtliche Schifffahrtsbetriebe

93 Was sind Blue Chips?

- **a** hochwertige Kartoffelchips
- **b** Plastikscheiben für Einkaufswagen
- **c** Arbeitnehmer, die sich mit Vorliebe montags krankmelden
- **d** Standardwerte an der Börse

94 Was bedeutet »Flatrate«?

- **a** Höhe der Monatsmiete
- **b** Pauschalgebühr für die Internetnutzung
- **c** Betrag, der bei einem Kredit monatlich zurückzuzahlen ist
- **d** niedriger Zinssatz

95 Was verbirgt sich hinter dem Begriff »Agio«?

- **a** spezielle Zahlungsform im Außenhandel
- **b** Spanne zwischen Kurs- und Nennwert einer Aktie
- **c** Preisnachlass bei sofortiger Zahlung
- **d** Vermögen, das als Sicherheit für eine Forderung dient

96 Wodurch zeichnen sich Betriebsstoffe aus?

- **a** Sie treiben Maschinen an.
- **b** Es handelt sich um Fertigungsstoffe, die zur Herstellung von Produkten dienen, ohne direkt in diese einzugehen.
- **c** Oberbegriff für alle Textilien, mit denen Betriebe ausgestattet werden
- **d** Aus ihnen werden Produkte gefertigt.

97 Was ist untypisch für Hochkonjunktur?

- **a** abnehmende Arbeitslosigkeit
- **b** sinkende Preise

c verstärkte Investitionen der Unternehmen
d steigende Gewinne

98 Worum handelt es sich bei einer Emission im Wirtschaftsbereich?
a Entlassung von Mitarbeitern
b Schadstoffausstoß
c Ausgabe von Wertpapieren
d Versenden der Geschäftskorrespondenz

99 Was ist ein Hebesatz?
a Regelung über zulässiges Gewicht, das Arbeiter maximal heben dürfen
b internationale Regelung zur Anhebung von Zöllen
c Geldansprüche an Dritte
d Prozentsatz zur Steuerberechnung

100 Was bedeutet »Franchising«?
a Verkauf von Lebensmitteln
b französische Einflüsse auf das internationale Wirtschaftsgeschehen
c Kooperationsform im Handel und bei Dienstleistungen
d Methode der Kostenrechnung

Lösungen siehe Seite 309.

3. Geschichte

1 Von wann bis wann existierte die DDR?

a 1945–1989
b 1950–1990
c 1948–1989
d 1949–1990

2 Welches Geschehen leitete den Niedergang des spanischen Weltreiches ein?

a die Vernichtung der spanischen Flotte 1588
b die Unabhängigkeitserklärung Kolumbiens
c Erbstreitigkeiten im spanischen Herrscherhaus
d die Schlacht bei Waterloo

3 Wer war der erste Bundeskanzler der BR Deutschland?

a Theodor Heuss
b Gustav Stresemann
c Otto Grotewohl
d Konrad Adenauer

4 Was bezeichnet man mit dem Begriff »Suffragetten«?

a aufständische Bauernverbände im Elsass
b Frauenrechtlerinnen in Großbritannien, die Anfang des 20. Jahrhunderts für die Gleichberechtigung der Frauen kämpften
c ein Frauenbündnis, das das staatliche Verbot der Herstellung und des Verkaufs von Alkohol in den USA erwirkte
d spezielle Segelschiffe, mit denen der britische Seefahrer James Cook seine Weltumsegelungen durchführte

5 Welcher römische Kaiser trat als erster zum Christentum über?

a Marcus Aurelius
b Konstantin
c Diokletian
d Augustinus

6 Was waren die Konföderierten Staaten von Amerika?

a Bund der 11 von den USA abgefallenen Südstaaten
b lockerer Zusammenschluss der USA, Kanadas und Mexikos im 19. Jahrhundert
c Staatenbund der lateinamerikanischen Staaten 1918–1931
d ursprüngliche Bezeichnung Kanadas nach der Unabhängigkeitserklärung

7 Wie hießen die Angehörigen der Oberschicht in der Gründerzeit des Königreichs in Rom?

a Welfen
b Senatoren
c Patrizier
d Medici

8 Wie hieß der General, der Spanien von 1939 bis 1975 als Diktator regierte?

a Benito Mussolini
b Francisco Franco
c Gamal Abd el-Nasser
d Primo de Rivera

9 Wann fand die offizielle Abkehr vom Stalinismus in der damaligen UdSSR statt?

a 1956
b 1949
c 1988
d 1961

10 Welches österreichische Adelsgeschlecht stellte von 1438 bis zum Untergang des Heiligen Römischen Reiches im Jahre 1806 mit einer Ausnahme alle Könige und Kaiser?

a Wittelsbacher
b Habsburger
c Staufer
d Ottonen

11 Wie hieß der erste Präsident der USA?

a Abraham Lincoln
b Theodore Roosevelt
c George Washington
d Thomas Jefferson

12 Welcher Nationalität war Christoph Kolumbus?

a Portugiese
b Italiener
c Spanier
d Franzose

13 Was war der Gang nach Canossa?

a der Protestmarsch Ciceros mit weiteren Senatoren in Norditalien um auf die Justizwillkür im römischen Reich aufmerksam zu machen
b die Wanderung Johannes des Täufers durch die Wüste Sinai
c die Alpenüberquerung von Hannibal 217 v. Chr. nach Cannae
d der Bußgang Heinrich IV., bei dem er durch persönliche Erniedrigung 1077 die Lossprechung vom päpstlichen Bann erreichte

14 Wann endete in Europa der 2. Weltkrieg?

a Dezember 1945
b August 1945
c Mai 1945
d Januar 1946

15 Wie hieß die Widerstandsgruppe, deren Mitglieder in München Flugblätter gegen das NS-Regime verbreiteten und zu der die Geschwister Hans und Sophie Scholl gehörten?

a Stauffenbergfreunde
b Rote Kapelle
c Weiße Rose
d Kraisauer Kreis

16 Wer zerstörte Karthago 146 v. Chr.?

a die Araber
b die Römer
c die Phöniker
d die Griechen

17 Wann fand der 1. Weltkrieg statt?

a 1911–1917
b 1905–1909
c 1913–1919
d 1914–1918

18 Wie hieß der mongolische Führer, der im 13. Jahrhundert ein Großreich schuf?

a Attila
b Alexander der Große
c Iwan, der Schreckliche
d Dschingis Khan

19 Wer sagte »veni, vidi, vici«, was übersetzt heißt »ich kam, ich sah, ich siegte«?

a Gaius Julius Caesar
b Marcus Iunius Brutus
c Gnaeus Pompeius
d Marcus Antonius

20 Wie nannte man die Verfolgung von Ketzern durch kirchliche Behörden mit staatlicher Unterstützung, die vor allem im 13.–17. Jahrhundert stattfand?

a Prohibition
b Säkularisation
c Inkarnation
d Inquisition

21 In welchem Jahrhundert fand die Reformation statt?

a im 18. Jahrhundert
b im 16. Jahrhundert
c im 14. Jahrhundert
d im 15. Jahrhundert

22 Wie heißt die Urkunde, mit der 1215 in England dem Königtum zugunsten des Klerus, des Adels und nichtfeudaler Gruppen Vorrechte abgenötigt wurden?

a Declaration of Human Rights
b Common Order
c Magna Charta
d Bill of Rights

23 In welchem Jahr erfolgte die Unabhängigkeitserklärung der USA?

a 1815
b 1798
c 1785
d 1776

24 Wann endete der Vietnamkrieg?

a April 1975
b Februar 1974
c September 1978
d Dezember 1977

25 Wie hieß der skrupellose spanische Konquistador, der 1521 die Aztekenhauptstadt Tenochtitlán (Mexiko) eroberte?

a Hernando Cortés
b Emiliano Zapata
c Francisco Pizarro
d Simón Bolívar

26 Die Entente cordiale wurde 1904 geschlossen zwischen …

a Deutschland und Österreich-Ungarn
b Frankreich und Großbritannien

c Russland und Frankreich
d Großbritannien und Russland

27 Welche deutschen Politiker wurden 1919 nach dem Spartakusaufstand ermordet?

a Käthe Niederkirchner und Friedrich Meineke
b Ernst Bebel und Clara Zetkin
c Franz Mehring und Ernst Thälmann
d Rosa Luxemburg und Karl Liebknecht

28 Wie hieß der letzte russische Zar?

a Iwan IV.
b Nikolaus II.
c Alexander I.
d Peter der Große

29 Wann war der Bau der Mauer in Berlin?

a 13. 8. 1961
b 4. 4. 1963
c 17. 6. 1953
d 3. 10. 1961

30 Wie lautete der offizielle Name des 1. Deutschen Reiches?

a Imperium Germanicum
b Deutsches Kaiserreich
c Heiliges Römisches Reich (Deutscher Nation)
d Großdeutsches Reich

31 Wer wurde nach dem Mord von John F. Kennedy Präsident der USA?

a Richard Nixon
b Lyndon B. Johnson
c Jimmy Carter
d Gerald R. Ford

32 Der von Friedrich List 1819 gegründete »Deutsche Handels- und Gewerbeverein« war der Vorläufer für …

- **a** das deutsche Gewerkschaftswesen
- **b** den Deutschen Zollverein
- **c** das deutsche Kolonialwesen
- **d** den deutschen Sparkassenverein

33 In welchem Jahr entdeckte Kolumbus Amerika?

- **a** 1503
- **b** 1498
- **c** 1458
- **d** 1492

34 Was versteht man unter der »Hanse«?

- **a** eine 1834 gegründete wirtschaftspolitische Vereinigung, der unter der Führung Preußens fast alle deutschen Staaten angehörten
- **b** ein um 1350 entstandener genossenschaftlicher Bund von Kaufleuten und Reedern im Nord- und Ostseeraum
- **c** Genossenschaften der selbstständigen Handwerker, denen alle Meister angehören mussten
- **d** vorindustrielle Gewerbebetriebe mit vorwiegender Handarbeit und innerbetrieblicher Arbeitsteilung

35 Wofür steht die Bezeichnung »Märzrevolution«?

- **a** für die mexikanische Revolution, die 1910 ausbrach
- **b** für eine bürgerliche Revolution in Österreich 1918, durch welche die Monarchie beseitigt wurde
- **c** für revolutionäre Vorgänge in deutschen Staaten und in Österreich zur Durchsetzung bürgerlicher Grundrechte und Bauernbefreiung 1848
- **d** für die erste Phase der französischen Revolution 1789

36 Welcher deutsche Kaiser erhielt seinen Beinamen wegen seines Bartes?

a Otto II., der Rote
b Friedrich III., der Schöne
c Ruprecht von der Pfalz
d Friedrich I., Barbarossa

37 Was war die Reconquista?

a die Rückeroberung der von den Mauren besetzten Iberischen Halbinsel durch christliche Heere
b die katholische Gegenbewegung auf die Reformation
c die Eroberung Mittel- und Südamerikas durch die Spanier
d die Krönung der deutschen Kaiser im Mittelalter

38 Welche Infektionskrankheit, die auch als der »Schwarze Tod« bezeichnet wurde, kostete im 14. Jahrhundert vermutlich über 20 Millionen Menschen das Leben?

a Cholera
b Pest
c Pocken
d Skorbut

39 Was geschah in der Schlacht am Little Big Horn?

a vernichtende Niederlage der Engländer gegen das amerikanische Unabhängigkeitsheer 1786
b Vernichtung der US-Kavallerie unter General Custer durch von Crazy Horse und Sitting Bull geführte Indianerarmeen 1876
c Sieg der Engländer gegen die Spanier 1773, was die Abtretung von Texas und Kalifornien an England zur Folge hatte
d letzte Schlacht zwischen Indianern und der US-Armee 1890, die zu einer verheerenden Niederlage der Indianer führte und deren Freiheitskampf beendete

40 Wann fand in Russland die Oktoberrevolution statt?

a 1917
b 1914

c 1919
d 1901

41 Wer war der Initiator zur Gründung des Deutschen Reiches 1871?
a Bülow
b Hindenburg
c Bismarck
d Stresemann

42 Was war »der lange Marsch«?
a Migration der Westgoten von Italien zur Iberischen Halbinsel während der Völkerwanderung im 4. und 5. Jahrhundert
b Auszug der Israeliten aus Ägypten um 1200 v. Chr.
c Zug der chinesischen Roten Armee unter Mao Tse-tung nach Shensi 1934/35
d Deportation der Indianer in den USA in Reservate Ende des 19. Jahrhunderts

43 Unter welchem Namen ging der Ehemann von Nofretete, Amenophis IV., in die Geschichtsannalen ein?
a Imhotep
b Echnaton
c Ramses
d Tutanchamun

44 Wie hieß die von den Phöniziern um 750 v. Chr. im heutigen Tunesien gegründete Stadt, die sich zur wichtigsten Handelsmacht in der Antike entwickelte?
a Sparta
b Ostia
c Karthago
d Ephesos

45 Bei welcher Seeschlacht besiegte der englische Admiral Horatio Nelson am 21. Oktober 1805 die vereinigte französisch-spanische Flotte?

a Seeschlacht am Kap Horn
b Seeschlacht von Trafalgar
c Seeschlacht von Malta
d Seeschlacht von Korfu

46 Von wem ist der Satz überliefert, Politik sei die Kunst des Möglichen?

a Otto Fürst von Bismarck
b Harry S. Truman
c Konrad Adenauer
d Winston Churchill

47 Welcher Präsident der USA musste 1974 wegen der Watergate-Affäre zurücktreten?

a Gerald Ford
b Lyndon B. Johnson
c Richard Nixon
d Jimmy Carter

48 Wie hieß der Kolonialkrieg, den Großbritannien 1982 im Südatlantik führte?

a Falklandkrieg
b Südgeorgienkrieg
c Patagonienkrieg
d Feuerlandkrieg

49 Wer initiierte den gescheiterten Attentatsversuch gegen Hitler am 20. Juli 1944?

a Claus Graf Schenk von Stauffenberg
b Carl Friedrich Goerdeler
c die Geschwister Sophie und Hans Scholl
d Phillipp Scheidemann

50 Wann erfolgte die Proklamation der Menschen- und Bürgerrechte in Frankreich?

a 1776
b 1789
c 1815
d 1871

51 Wann wurde das Attentat auf John F. Kennedy in Dallas verübt?
a 22. November 1963
b 11. Oktober 1965
c 13. September 1961
d 30. November 1964

52 Wie hieß der Führer der Jakobiner, einer radikalen politischen Gruppierung der Französischen Revolution?
a Charles de Montesquieu
b Jean-Jacques Rousseau
c Maximilien de Robespierre
d Jean-Baptiste Colbert

53 Was war der »Prager Frühling«?
a der Vertrag zur friedlichen Auflösung der Tschechoslowakei am 1. Januar 1993
b Bezeichnung für den Versuch Alexander Dubceks 1968, in der damaligen CSSR einen »menschlichen Sozialismus« aufzubauen
c die Gründung der Tschechoslowakei im Oktober 1918
d die Ereignisse zum Beginn des Böhmischen Aufstandes 1618

54 Wie starb Gaius Julius Caesar 44 v. Chr.?
a Er fiel auf seinem letzten Feldzug gegen die Gallier bei Lutetia.
b Er ertrank im Nil während eines Besuches bei Kleopatra in Ägypten.
c Er fiel einer Verschwörung zum Opfer und wurde im römischen Senat ermordet.
d Er kam beim Ausbruch des Vesuvs in Pompeji ums Leben.

55 Welcher Präsident der USA beendete den amerikanischen Sezessionskrieg zugunsten der Nordstaaten und schaffte die Sklaverei weitestgehend ab?

a Thomas Jefferson
b Abraham Lincoln
c George Washington
d Theodore Roosevelt

56 Die Forderungen der französischen Revolution hießen …
a Freiheit, Gleichheit, Brüderlichkeit
b Frieden, Freiheit, Gerechtigkeit
c Demokratie, Frieden, Gerechtigkeit
d Einigkeit und Recht und Freiheit

57 Wie wurden die Abgrenzungsmethoden der Ostblockländer gegenüber dem Westen von Winston Churchill bezeichnet?
a »Stählerne Brücke«
b »Polnischer Korridor«
c »Kalter Krieg«
d »Eiserner Vorhang«

58 Wie hieß der 1968 ermordete amerikanische Bürgerrechtler, der mit seiner Vision von einer friedlichen Rassenintegration (»I have a dream«) von sich reden machte?
a Malcolm X
b Sun Ra
c Elija Muhammad
d Martin Luther King

59 Wann und wo wurde Karl der Große zum Kaiser gekrönt?
a 814 in Aachen
b 796 in Konstantinopel
c 800 in Rom
d 802 in Ravenna

60 Was war der »Sechs-Tage-Krieg«?
a die Invasion der USA auf der Karibikinsel Grenada 1983
b 3. Israelisch-Arabischer Krieg im Juni 1967, den Israel sieg-

reich beendete

c der Überfall deutscher Truppen auf die Benelux-Staaten im 2. Weltkrieg

d die Besetzung Äthiopiens durch die italienische Armee 1936

61 Wie hieß der indische Freiheitskämpfer, der mit der Methode des gewaltlosen Widerstandes 1947 wesentlich zur Unabhängigkeit Indiens beigetragen hat?

a Jawaharlal »Pandit« Nehru

b Roy »Swami« Shankara

c Mohandas Karamchand »Mahatma« Gandhi

d Achmed Sukarno

62 Wann fand der Wiener Kongress zur politischen Neuordnung Europas statt?

a 1815

b 1945

c 1871

d 1918

63 Was war die Schlacht bei Waterloo?

a Niederlage Preußens gegen die Schweden im Dreißigjährigen Krieg 1633

b letzte Schlacht im amerikanischen Bürgerkrieg im April 1865, die mit der Niederlage der Südstaatenarmee unter General Lee endete

c dreijähriger Stellungskampf im 1. Weltkrieg zwischen Frankreich und Deutschland ohne nennenswerte Geländegewinne 1915–1918

d Entscheidungsschlacht der Befreiungskriege am 18. 6. 1815, in der Napoleon von den Koalitionsarmeen endgültig besiegt wurde

64 Welcher der folgenden Sachverhalte war keine Auswirkung des 1. Weltkriegs?

a Deutschland musste große Reparationen zahlen.

b Österreich-Ungarn zerfiel in mehrere Staaten.

c In der Türkei und Russland wurde die Monarchie gestürzt.
d Durch das Potsdamer Abkommen wurde die Zwangsaussiedlung der Deutschen aus den osteuropäischen Staaten vereinbart.

65 Welcher europäische Staat hat seit 1815 keinen Krieg geführt?
a Finnland
b Schweiz
c Österreich
d Dänemark

66 Wie war die Bezeichnung des obersten Feldherren Japans, der jahrhundertelang anstelle des machtlosen Kaisers die Regierung leitete?
a Shogun
b Tenno
c Großmogul
d Samurai

67 Wofür steht die Bezeichnung »Killing Fields«?
a für die Minenfelder, die nach dem Bürgerkrieg in Angola zurückblieben
b für den Ort am Wounded Knee Creek, an dem 1890 mehr als 400 Sioux-Indianer einem Massaker der US-Armee zum Opfer fielen
c für die Massengräber im Kambodscha, wo während der Schreckensherrschaft Pol Pots 1975–77 ca. 1 Million Menschen durch Hunger und Exekutionen ums Leben kamen
d für die englische Bezeichnung der ehemaligen innerdeutschen Grenzanlagen

68 Wann fiel die Berliner Mauer?
a 3. Oktober 1990
b 9. November 1989
c 1. Juli 1990
d 7. Oktober 1989

69 Wer krönte sich 1804 selbst zum Kaiser und wurde später auf die Insel Elba verbannt?

a Napoleon I.
b Ludwig XVI.
c Napoleon III.
d Ludwig XIV.

70 Wie hieß der Anführer der Nationalisten und Gegner Mao Tse-tung im chinesischen Bürgerkrieg 1945–1949?

a Chou En-lai
b Kuo-min-tang
c Deng Xiaoping
d Tschiang Kai-shek

71 Welche beiden Länder standen sich von 1840–1842 im sog. Opiumkrieg gegenüber?

a Afghanistan und Persien
b Siam und China
c England und China
d England und Afghanistan

72 Er zerstörte 587 v. Chr. Jerusalem, deportierte die jüdische Bevölkerung, baute das Mardukheiligtum wieder auf und vollendete seinen Stufenturm. Wer ist gemeint?

a der Perserkönig Darius I., der Große
b der assyrische Fürst Sanherib
c der ägyptische Herrscher Ramses III.
d der babylonische König Nebukadnezar II.

73 Wie hieß der Seefahrer und Freibeuter, der am Untergang der spanischen Armada 1588 maßgeblich beteiligt war?

a John Cabot
b Sir Francis Drake
c Admiral Horatio Nelson

d Heinrich der Seefahrer

74 Was war die »Weimarer Republik?«

a Name des Thüringischen Staates 1868–1871

b inoffizielle Bezeichnung der in Weimar gegründeten DDR, im Gegensatz zur »Bonner Republik« BRD

c die nach der Stadt Weimar als ersten Sitz der Nationalversammlung benannte Epoche in Deutschland von 1919 bis 1933

d von Goethe in Weimar erdachte Vision eines idealen Sozialstaates

75 Was versteht man unter dem Begriff »Pogrom«?

a einen Umsturzversuch zur Übernahme der Staatsgewalt

b mit Plünderungen und Gewalttaten verbundene Ausschreitungen gegen Juden, die von den Behörden gebilligt oder organisiert wurden

c die Vernichtung der Juden in den nationalsozialistischen Konzentrationslagern in den Jahren 1941–1945

d das wichtigste Verfassungsgesetz des Deutschen Reiches bis 1806

76 Was hatte der Versailler Vertrag vom 28.6.1919 zum Inhalt?

a die Charta zur Gründung eines Völkerbundes

b die Bedingungen für Deutschland zur Beendigung des 1. Weltkriegs und Definition verschiedener Regressforderungen zur deutschen Kriegsschuld

c die Verabschiedung der Statuten des Internationalen Roten Kreuzes

d die Erklärung zum deutsch-französischen Aussöhnungsabkommen

77 Wo begann die industrielle Revolution in der zweiten Hälfte des 18. Jahrhunderts?

a in den USA

b in Frankreich

c in England

d in Deutschland

78 Welcher amerikanische Präsident vermittelte 1978 im amerikanischen Camp David einen Friedensvertrag zwischen Israel und Ägypten?

a Jimmy Carter
b Ronald Reagan
c Gerald Ford
d Richard Nixon

79 Wann begann mit dem Überfall Deutschlands auf Polen der 2. Weltkrieg?

a 14. März 1939
b 4. Dezember 1938
c 10. Mai 1940
d 1. September 1939

80 Welches politische Amt nahm Friedrich Ebert ein?

a Er war der zweite deutsche Bundespräsident.
b Er war von 1946–1952 Vorsitzender der SPD.
c Er war erster Reichspräsident von 1919–1925.
d Er war von 1920–1925 Oberbürgermeister von Kassel.

81 Wer hatte in seinen Staatsreformplänen die Idee der kommunalen Selbstverwaltung?

a Gerhard Johann David von Scharnhorst
b Franziska Reichsgräfin von Hohenheim
c Heinrich Friedrich Karl Reichsfreiherr vom und zum Stein
d Karl Wenzeslaus Rodecker von Rotteck

82 Welches Ereignis ging als »Kubakrise« in die Geschichte ein?

a die Vernichtung der spanischen Flotte vor Santiago de Cuba 1898 durch die USA als Reaktion auf die Explosion des US-Kriegsschiffes »Maine«
b die den Weltfrieden gefährdende Krise nach der Reaktion auf die Stationierung sowjetischer Mittelstreckenraketen auf

Kuba 1962

c die gescheiterte Landung von Exilkubanern mit Unterstützung des CIA in der Schweinebucht auf Kuba 1961

d der Einzug der Armee Fidel Castros in Havanna am 1. Januar 1959

83 Wann fand der Dreißigjährige Krieg statt?

a 1707–1737

b 1534–1564

c 1682–1712

d 1618–1648

84 Wie nennt man die unumschränkte Herrschaftsform, die mit Ludwig XIV. (1638–1715) von Frankreich in Beziehung gebracht werden kann?

a Absolutismus

b Imperialismus

c Merkantilismus

d Feudalismus

85 Welche Politiker handelten das Potsdamer Abkommen aus?

a Churchill, de Gaulle, Truman

b de Gaulle, Roosevelt, Stalin

c Churchill, Stalin, Truman

d de Gaulle, Molotow, Roosevelt

86 Was war der Auslöser für den Kriegseintritt der USA gegen Japan im 2. Weltkrieg?

a die japanische Invasion in China 1940/41

b die Besetzung Hongkongs durch die japanische Armee am 25. Dezember 1941

c der japanische Überfall auf den amerikanischen Flottenstützpunkt Pearl Harbor am 7. Dezember 1941 ohne vorherige

Kriegserklärung
d die Unterzeichnung des deutsch-japanischen Beistandsabkommens 1940

87 Zu welchem Zweck trat die Frankfurter Nationalversammlung am 18. Mai 1848 in der Paulskirche zu Frankfurt am Main zusammen?

a zur Wahl des Deutschen Kaisers
b um die Reaktionen auf die Märzrevolution zu beschließen
c zur Begrüßung des Papstes bei dessen Besuch in Deutschland
d um eine gesamtdeutsche Verfassung zu entwerfen und einen deutschen Nationalstaat zu schaffen

88 Welche Stadt wurde im Spanischen Bürgerkrieg am 26. April 1937 durch die deutsche Fliegerstaffel Legion Condor mit einem Bombenangriff zerstört?

a Madrid
b Sevilla
c Valencia
d Guernica

89 Was geschah am 7.5.1915 mit dem britischen Passagierschiff »Lusitania?«

a Es erlitt durch einen technischen Defekt Schiffbruch und ging unter.
b Es wurde von einem deutschen U-Boot versenkt.
c Es rammte einen Eisberg und ging unter.
d Es kollidierte mit dem schwedischen Schiff »Stockholm«.

90 Welche Zuordnung von Kolonialmacht und afrikanischer Kolonie um 1913 ist nicht richtig?

a Frankreich – Tschad
b Portugal – Angola
c Deutschland – Namibia
d Italien – Algerien

91 Wer sprach der Welt im Berliner Sportpalast den totalen Krieg aus?

a Hermann Göring
b Joseph Goebbels
c Adolf Hitler
d Heinrich Himmler

92 Welches der genannten Aspekte ist kein Merkmal der industriellen Revolution des 19. Jahrhunderts?

a verstärkte handwerkliche Produktionen verbunden mit dem Ausbau von Manufakturen
b Anwachsen der Städte
c Herstellung neuer Verkehrsmittel und Ausbau der Verkehrswege
d Umwälzungen der Arbeitswelt und der Gesellschaft

93 Welcher israelische Politiker wurde 1995 bei einer Kundgebung in Tel Aviv von einem religiösen Fanatiker erschossen?

a Menachem Begin
b Yitzak Rabin
c Anwar al Sadat
d Ephraim Katzir

94 Welche der angegebenen Entdeckungen ist die jüngste?

a Landweg nach China durch Marco Polo
b Entdeckung des Nordatlantiks durch die Wikinger
c Erforschung des Inneren Afrikas durch David Livingstone
d Seeweg nach Indien durch Vasco da Gama

95 Wer prägte als Wirtschaftsminister von 1949–1963 entscheidend die Wirtschaftspolitik der BR Deutschland?

a Konrad Adenauer
b Ludwig Erhard
c Gustav Heinemann
d Theodor Heuss

96 Wo befand sich die bedeutendste Bibliothek der Antike?
a in Alexandria
b in Damascus
c in Korinth
d in Byzanz

97 Wie hieß die Grenzanlage, die die Römer seit dem 1. Jahrhundert nach Chr. gegen die Germanen errichteten?
a Hadrianswall
b Arminiuswall
c Gallonides
d Limes

98 Wer zählte nicht zu den 11 jüdischen Nobelpreisträgern in der Zeit von 1901–1933?
a Albert Einstein
b Fritz Haber
c Paul Ehrlich
d Robert Koch

99 Wie nannte man den Entwurf, der 1944 von dem gleichnamigen amerikanischen Finanzminister aufgestellt wurde?
a Marschallplan
b Morgenthauplan
c Monroedoktrin
d McCarthykonzept

100 Unter welchem Herrscher, der auch das Schloss Sanssouci in Potsdam baute, stieg Preußen zur europäischen Großmacht auf?
a Friedrich II., dem Großen
b Friedrich Wilhelm, dem Großen Kurfürsten
c Friedrich I.
d Friedrich Wilhelm II.

Lösungen siehe Seite 319.

4. Geographie

1 Wie heißt die Hauptstadt der Schweiz?

a Schwyz
b Bern
c Zürich
d Genf

2 Welcher Kontinent hat die meisten Bewohner?

a Afrika
b Europa
c Asien
d Amerika

3 Welcher Gebirgszug trennt Asien von Europa?

a der Ural
b die Karpaten
c der Kaukasus
d das Pamir-Gebirge

4 Welcher Staat gehört nicht zur Arabischen Halbinsel?

a Jemen
b Iran
c Oman
d Kuwait

5 Wie heißt die Hauptstadt von Lettland?

a Wilna
b Minsk
c Riga
d Tallin

6 Im Jahr 1971 wurde nach einem indisch-pakistanischen Krieg der damalige Ostteil vom Westteil Pakistans politisch getrennt. Unter welchem Namen wurde Ostpakistan ein souveräner Staat?

a Myanmar
b Sri Lanka
c Bangladesh
d Kaschmir

7 Was ist ein Stalaktit?

a Zeitabschnitt in der Entstehungsgeschichte der Erde
b ein Tropfstein, der von oben nach unten wächst
c ein schneckenartiges Fossil aus der Kreidezeit
d ein Tropfstein, der von unten nach oben wächst

8 Das geschichtlich bedeutende Zweistromland zwischen Euphrat und Tigris heißt …

a Sinai
b Mazedonien
c Katalanien
d Mesopotamien

9 Wie ist der Name für die Südspitze Südamerikas?

a Cape Canaveral
b Kap der guten Hoffnung
c Kap Hoorn
d Südkap

10 Welcher der folgenden Aspekte wird nicht in der geologischen Wissenschaft untersucht?

a die Zusammensetzung und der Bau der Erdkruste
b die historische Entwicklung der Erdkruste
c die geographischen Verhältnisse der Vorzeit
d die Eigenschaften, Vorkommen und Verbreitung von stehenden und fließenden oberirdischen und unterirdischen Gewässern

11 Wie heißt das dunkle Ergussgestein, das aus dünnflüssiger Lava entsteht und oft sechseckig-säulenförmig abgesondert ist?

a Granit
b Sandstein
c Basalt
d Gabbro

12 Welcher ist der längste Fluss der Erde?

a der Nil
b der Amazonas
c der Mississippi
d der Jangtsekiang

13 Wie heißt die zwischen 1903 und 1914 erbaute Wasserstraße, die den Atlantischen und den Pazifischen Ozean miteinander verbindet?

a Suezkanal
b Transamerikakanal
c Canal du Midi
d Panamakanal

14 Welcher der folgenden Staaten grenzt nicht ans Schwarze Meer?

a Bulgarien
b Russland
c Tschechien
d Türkei

15 Bei welcher Stadt fließt die Elbe in die Nordsee?

a Hamburg
b Cuxhaven
c Heiligenhafen
d Bremerhaven

16 Was ist die Tundra?

a eine Eiswüstenlandschaft, die ganzjährig von Schnee und Eis bedeckt ist
b eine Hochgebirgslandschaft, die oberhalb der Baumgrenze liegt

c eine baumlose Kältesteppenlandschaft
d eine Sandwüstenlandschaft, die von Wanderdünen durchzogen wird

17 Was sind die Hauptmerkmale von Tiefdruckwetterlagen?
a niedrige Schäfchenwolken, trockene Luft, gute Fernsicht
b niedriger Luftdruck, in gemäßigten Regionen mit feuchtkühlem Wetter
c in Mitteleuropa Wetterlagen mit vorherrschender Windrichtung aus Südost
d starker, als drückend empfundener Luftdruck, der sich in psychischen Tiefs bemerkbar machen kann

18 Welches Stadt-Fluss-Paar ist falsch?
a Hamburg – Alster
b Regensburg – Isar
c Halle – Saale
d Berlin – Spree

19 Welches ist die größte Insel der Erde?
a Kalimantan (Borneo)
b Madagaskar
c Grönland
d Neuguinea

20 Von wem wurde der Mount Everest (Chomolungma) erstmalig bestiegen?
a Heinrich Harrer / Fritz Bechthold, 1941
b Reinhold Messner / Arved Fuchs, 1974
c Maurice Herzog / Louis Lachenal, 1950
d Tensing Norgay / Edmund Hillary, 1953

21 Wie heißt das Gebirge, das am Rhein dem Taunus gegenüberliegt?
a Harz
b Eifel

c Teutoburger Wald
d Hunsrück

22 Von wem wurde die Theorie der Kontinentalverschiebung begründet?
a Alexander von Humboldt
b Carl Ritter
c Alfred Wegener
d Sven Hedin

23 Wie hoch ist der prozentuale Anteil des Festlandes an der Erdoberfläche?
a 52 %
b 29 %
c 71 %
d 43 %

24 Welcher der folgenden Staaten grenzt nicht an die BR Deutschland?
a Slowenien
b Tschechien
c Belgien
d Luxemburg

25 An welchem See liegt Lausanne?
a am Genfer See
b am Gardasee
c am Comer See
d am Tegernsee

26 Was ist der Golfstrom?
a eine reißende Meeresströmung im Persischen Golf auf Grund der großen Schwankungen des Meeresspiegels durch die Gezeitenunterschiede
b eine starke Luftströmung in Höhen zwischen 8000 und 12 000 Metern, die im interkontinentalen Flugverkehr von großer Bedeutung ist

c eine warme Meeresströmung, die vor dem Golf von Mexiko entspringt und den Atlantik in nordöstlicher Richtung überquert

d die Elektrizität, die im Golf von Bengalen durch die Energie des hier ins Meer mündenden Ganges in großen Wasserkraftwerken gewonnen wird

27 Welcher Staat hat nicht die Farbe Rot in seiner Flagge?

a Japan
b Nigeria
c Kanada
d Bahrain

28 Wie heißt die Hauptstadt der USA?

a Chicago
b Los Angeles
c Washington D. C.
d New York

29 Welcher ist Europas längster Fluss?

a der Rhein
b die Rhône
c die Wolga
d die Donau

30 Welcher Staat liegt auf der Apenninenhalbinsel?

a Portugal
b Italien
c Griechenland
d Dänemark

31 Welche Zwischenstation würde sich auf dem Weg von New Orleans nach Tokio anbieten?

a Kuba
b die Antillen

c Hawaii
d Neuseeland

32 Wie heißt der lang gestreckte See im Zentralafrikanischen Graben?
a Titisee
b Victoriasee
c Tanganjikasee
d Titicacasee

33 Wie heißt die Hauptstadt Australiens?
a Canberra
b Melbourne
c Adelaide
d Sydney

34 Die Stadt Istanbul wird durch eine Meerenge in einen europäischen und einen asiatischen Teil getrennt, wie lautet der Name dieser Meerenge?
a Dardanellen
b Isthmus von Byzanz
c Kalmar-Sund
d Bosporus

35 In welchem deutschen Bundesland befindet sich der Wilseder Berg?
a Bayern
b Niedersachsen
c Baden-Württemberg
d Sachsen

36 Was sind Tsunamis?
a sehr regelmäßig wehende trockene Sommerwinde über dem östlichen Mittelmeer
b tropische Wirbelstürme

c eigenartige Verwitterungsformen, die vor allem in den Granitfelsen von Korsika vorkommen
d am Meeresboden ausgelöste, große Wellen, die durch Vulkanausbrüche verursacht werden können

37 Welche Zuordnung von Stadt und deutschem Bundesland ist falsch?
a Kassel – Hessen
b Münster – Nordrhein-Westfalen
c Hof – Thüringen
d Stuttgart – Baden-Württemberg

38 Welche Insel gehört nicht zu den Antillen?
a Martinique
b St. Vincent und die Grenadinen
c Seychellen
d Barbados

39 Wie heißt der Gebirgszug im Osten der USA?
a Sierra Madre
b Appalachen
c Sierra Nevada
d Macdonnelkette

40 Wie nennt man die während der Eiszeit von Gletschern geprägte Küstenform, die aus tief eingeschnittenen, steilen und lang gestreckten Buchten besteht?
a Schärenküste
b Boddenküste
c Fjordküste
d Fördenküste

41 Wie heißt der einheitliche Urkontinent, von dem die Kontinentalverschiebungstheorie ausgeht?
a Gondwanaland
b Pangaea

c Kambrium
d Ruapehu

42 Welche norddeutsche Stadt hat das Holstentor als Wahrzeichen?
a Bremen
b Kiel
c Rostock
d Lübeck

43 Welcher Begriff gehört nicht zur glazialen Serie, d.h. zum gesetzmäßig angeordneten Formenschatz, der beim Abschmelzen eines Gletschers oder einer Inlandeismasse hinterlassen wird?
a Urstromtal
b Grundmoräne
c Doline
d Sander

44 Wer besiedelte zuerst Neuseeland?
a die Berber
b die Maoris
c die Aborigines
d die Mormonen

45 Welche Zuordnung von Bundesland und Landeshauptstadt ist falsch?
a Rheinland-Pfalz – Mainz
b Thüringen – Erfurt
c Sachsen-Anhalt – Halle
d Hessen – Wiesbaden

46 Von wo bis wo führt die Strecke der Transsibirischen Eisenbahn?
a von Moskau nach Wladiwostok
b von Moskau nach Nowosibirsk
c von Sankt Petersburg nach Nowosibirsk
d von Omsk nach Irkutsk

47 Welcher Staat grenzt nicht an die südamerikanische Küstenlinie?

a Chile
b Bolivien
c Uruguay
d Peru

48 Welche Gemeinsamkeit haben die Flaggen der Staaten Ghana, Kamerun, Guinea und Mali?

a Längsstreifen
b einen Stern
c die Farben Gelb, Rot und Blau
d die Farben Gelb, Rot und Grün

49 Was versteht man unter »Podsol«?

a einen sauren nährstoffarmen Boden
b einen fruchtbaren Lößlehmboden
c eine Gesteinsart, die zu den Tiefengesteinen gehört
d eine Sammelbezeichnung für plastische tropische und subtropische Böden

50 Welches Gebirge befindet sich im Norden der Türkei?

a Elburs
b Pontisches Gebirge
c Kaukasus
d Dinarisches Gebirge

51 Wie heißt die Meerenge zwischen Alaska und Russland?

a Davisstraße
b Drakestraße
c Beringstraße
d Cabotstraße

52 Welcher europäische Staat grenzt sowohl an Spanien als auch an Frankreich?

a San Marino
b Monaco

c Albanien
d Andorra

53 Wenn es in Mitteleuropa 12.00 Uhr (Mitteleuropäische Zeit) ist, ist es in Toronto …
a 2.00 Uhr
b 6.00 Uhr
c 16.00 Uhr
d 19.00 Uhr

54 Wie heißt die Hauptstadt der Vereinigten Arabischen Emirate?
a Abu Dhabi
b Dubai
c Doha
d Maskat

55 Bei welchem See vollzieht sich folgende ökologische Katastrophe: erhebliche Schrumpfung seines Volumens und ständig steigender Salzgehalt, sodass statt des Sees eine Salzwüste entstehen könnte?
a Aralsee
b Baikalsee
c Lop Nur
d Onegasee

56 Wie heißt der höchste Berg Alaskas?
a Mount St. Helens
b Mount McKinley
c Mount Mitchell
d Mount Cook

57 Welche Sehenswürdigkeit befindet sich nicht in der Stadt München?
a der Englische Garten
b das Deutsche Museum
c Schloß Nymphenburg
d der Zwinger

58 Was verbirgt sich hinter dem Namen »Vatnajökull«?

a ein Gletscher in Norwegen
b ein Gebirge auf Grönland
c ein Gletscher auf Island
d ein Fluss in Norwegen

59 An welchem Fluss liegt die deutsche Stadt Gießen?

a an der Fulda
b an der Lahn
c an der Werra
d am Neckar

60 Wo befindet sich die Insel Mauritius?

a im Indischen Ozean
b im Südatlantischen Ozean
c in der Tasmansee
d im Südpazifischen Ozean

61 Welche deutsche Stadt ist als Edelsteinstadt bekannt?

a Idar-Oberstein
b Selb
c Kaiserslautern
d Fürth

62 Welcher Staat gehört nicht zu Mittelamerika?

a Honduras
b Ecuador
c Guatemala
d Costa Rica

63 Wofür steht das Wort »Geysir«?

a einen Prozess der Eisen- und Manganumlagerung durch Grundwasser in Böden
b einen Fluss auf Island

c eine Springquelle, die in zum Teil regelmäßigen Abständen Wasserfontänen mit hohem Druck ausstößt

d eine Sammelbezeichnung für alle Ergussgesteine, die über eine dichte und feinkörnige Grundmasse verfügen

64 In welcher deutschen Stadt kann man Hagenbecks Tierpark besuchen?

a Berlin
b Hamburg
c Köln
d Frankfurt am Main

65 Wie nennt man alle Überreste vorzeitlicher Lebewesen?

a Amphibien
b Ammoniten
c Fossilien
d Aleuten

66 Welche amerikanische Stadt liegt nicht im zugeordneten US-Bundesstaat?

a Little Rock – Arizona
b Rapid City – South Dakota
c San Francisco – Kalifornien
d Des Moines – Iowa

67 Wie heißt das Gebirge, das das deutsche Bundesland Sachsen von der Tschechischen Republik trennt und in dem Holzfiguren hergestellt werden, die besonders zu Weihnachten gekauft werden?

a Erzgebirge
b Böhmerwald
c Steigerwald
d Fichtelgebirge

68 Von welchem Staat ist Ulan-Bator die Hauptstadt?

a Georgien
b Armenien

c Mongolei
d Aserbaidschan

69 Zu welchem europäischen Staat gehört die Halbinsel Peloponnes?
a Griechenland
b Italien
c Spanien
d Bulgarien

70 Welcher Staat ist der größte Kakaoproduzent der Erde?
a Brasilien
b Côte D'Ivoire
c Ghana
a Malaysia

71 Wo kann man mit dem Schnellzug Shinkansen fahren?
a in den USA
b in Australien
c in Japan
d in Frankreich

72 Wie nennt man eine flache Insel im Wattenmeer vor der Westküste Schleswig-Holsteins?
a Rundling
b Sund
c Polje
d Hallig

73 Welches ist der geographische Fachausdruck für Vermessungskunde?
a Photogrammetrie
b Geodäsie
c Geophysik
d Paläontologie

74 Welche Natursehenswürdigkeit liegt nicht in Australien?
a das Great Barrier Riff
b der Monolith Ayers Rock
c die Ebene Nullarbor Plain
d der Berg Agung

75 Wie heißt die Hauptstadt von Nicaragua?
a Tegucigalpa
b La Paz
c Managua
d Caracas

76 In welchem Land befindet sich der Vulkan Fudschijama?
a Japan
b Korea
c Nepal
d Buthan

77 Wie nennt man den Landschaftstyp in Norddeutschland, der die höher gelegenen, sandigen und demzufolge wenig fruchtbaren Ablagerungen des Pleistozäns umfasst?
a Börde
b Moor
c Geest
d Marsch

78 In welcher deutschen Stadt kann man die Porta Nigra besichtigen?
a Heidelberg
b Trier
c Freiburg
d Karlsruhe

79 Wie heißt die Hauptstadt von Rumänien?
a Bukarest
b Prag

c Budapest
d Warschau

80 Wie heißt der Straßenverlauf von Chicago bis nach Los Angeles in Kalifornien, der mit einem Mythos verbunden ist?
a Panamericana
b Route 44
c Route 66
c Road Chicago – Los Angeles

81 Welches Bauwerk verbindet seit 2000 die Länder Dänemark und Schweden?
a die Fehmarnbelt-Brücke
b die Öresund-Brücke
c die Falster-Brücke
d die Brücke über den Großen Belt

82 Welches ist das/die tiefstgelegene Meer/See der Erde?
a das Rote Meer
b das Schwarze Meer
c das Tote Meer
d der Aralsee

83 Wie heißt die Hauptstadt Brasiliens?
a Brasilia
b Buenos Aires
c Montevideo
d Rio de Janeiro

84 Welche Sehenswürdigkeit ist nicht in Berlin zu besichtigen?
a Pergamon-Museum
b Martin-Gropius-Bau
c Semper-Oper
d Bode-Museum

85 Wie heißt das Meer, in welches die Donau mündet?

a Nordsee
b Mittelmeer
c Schwarzes Meer
d Baltische See

86 Die Insel Korsika gehört politisch zu …

a Frankreich
b Italien
c Spanien
d Griechenland

87 Welcher Staat liegt nicht in Westafrika?

a Ghana
b Senegal
c Burkina Faso
d Lesotho

88 Welches der folgenden deutschen Bundesländer weist die größte Fläche auf?

a Niedersachsen
b Bayern
c Baden-Württemberg
d Nordrhein-Westfalen

89 Wie heißt die Wüste, die sowohl zur Mongolischen Volksrepublik als auch zur Volksrepublik China gehört?

a Große Sandsee
b Namib
c Atacama
d Gobi

90 Welche deutsche Stadt liegt nicht in Thüringen?

a Gera
b Jena

c Eisenach
d Chemnitz

91 Wie heißt das Sedimentgestein, das aus dem Mineral Calcium-Magnesium-Karbonit gebildet wurde und nach dem französischen Mineralogen Gratet de Dolomieu benannt wurde?

a Dolomit
b Flint
c Feldspat
d Gneis

92 Welcher Nationalpark liegt nicht im angegebenen Staat?

a Yosemite-Nationalpark – USA
b Snowdonia-Nationalpark – Großbritannien
c Serengeti-Nationalpark – Tansania
d Krüger-Nationalpark – Namibia

93 Wie heißt das Königreich in Asien, das sich selbst als »Land des Drachens« bezeichnet?

a Thailand
b Bhutan
c Nepal
d Indonesien

94 Welche Insel gehört nicht zu den Kanarischen Inseln?

a Formentera
b La Palma
c Fuerteventura
d Gomera

95 Wo befindet sich das als sog. Highlands bezeichnete rauhe, über 1000 Meter hohe Gebirgsland?

a in Cornwall
b in Wales
c in Schottland
d in Irland

96 Welche Zuordnung von Sprachen zur Sprachfamilie ist nicht richtig?

a Slawische Sprachen: Ukrainisch, Slowakisch, Russisch, Tschechisch

b Germanische Sprachen: Englisch, Norwegisch, Isländisch, Deutsch

c Finno-ugrische Sprachen: Karelisch, Estisch, Finnisch, Lappisch

d Romanische Sprachen: Portugiesisch, Polnisch, Französisch, Italienisch

97 Welche vier Staaten Asiens, die einen Wirtschaftsboom erlebten, werden als die »Vier Tiger« bezeichnet?

a Singapur, Myanmar, Indonesien, Südkorea

b Taiwan, Singapur, Südkorea, Hongkong

c Südkorea, Laos, Indonesien, Japan

d Singapur, Malaysia, Hongkong, Indonesien

98 Die Landschaft der Mark Brandenburg wurde durch welchen deutschen Schriftsteller besonders beeindruckend beschrieben?

a Kurt Tucholsky

b Hermann Löns

c Theodor Fontane

d Heinrich von Kleist

99 Wofür steht der Begriff »Silicon Valley«?

a ein besonders trockenes und unfruchtbares Tal in der Mitte Australiens

b eine Region an der Westküste der USA mit Ansiedlung von zahlreichen Hightechfirmen

c eine Region mit großer Industriekonzentration zwischen Boston, Baltimore, St. Louis und Milwaukee

d ein sehr fruchtbares Tal des kanadischen Flusses Sascatchewan, in dem vorwiegend Getreide angebaut wird

100 Was ist das Hauptexportprodukt von Kuba?

a Zucker

b Bananen

c Tabak

d Nickelerze und -konzentrate

Lösungen siehe Seite 329.

5. Technik

1 Welches der folgenden Instrumente dient zum Messen des Luftdrucks?

a das Barometer
b das Thermometer
c das Hygrometer
d das Spektroskop

2 Was versteht man unter der »Fluchtgeschwindigkeit«?

a die Geschwindigkeit, die ein Gegenstand benötigt, um die Schallmauer zu durchbrechen
b die Geschwindigkeit, die notwendig ist, um die Anziehungskraft eines Himmelskörpers überwinden zu können; für die Erde ist dies 11,2 km/s bzw. 40 320 km/h
c die Geschwindigkeit, mit der ein Gas aus einem Raum mit normalem Luftdruck von 1 atm und 0° C in ein Vakuum entweicht
d die Geschwindigkeit, mit der sich ein Blitz durch die Atmosphäre bewegt; sie ist keine Konstante, sondern abhängig von Luftpartikeln (Wasser, Staub)

3 Wer war der erste Mensch, der ins All flog?

a Neil Armstrong
b Alan Shepard
c Frank Borman
d Juri Alexejewitsch Gagarin

4 Welche Frequenz hat Hausstrom in Mitteleuropa?

a 220 Hertz
b 110 Hertz
c 50 Hertz
d 85 Hertz

5 Wie heißt das Instrument, mit dem die Erschütterungen eines Erdbebens registriert werden?

a Tremblograph
b Hygrometer
c Seismograph
d Tektoskop

6 Wie lautet die Einheit zur Angabe der elektrischen Stromstärke?

a Volt (V)
b Coulomb (C)
c Watt (W)
d Ampere (A)

7 Wo findet die Braunsche Röhre ihre Verwendung?

a im Telefon
b im Röntgenapparat
c als Fernsehbildröhre
d als Lichtverstärker im Laserapparat

8 Wer war der Erfinder der Dampfmaschine?

a Rudolf Diesel 1799
b Werner von Siemens 1866
c Carl Benz 1885
d James Watt 1765

9 Was versteht man unter einem »Semaphor«?

a einen Mast zur optischen Signalgebung (hauptsächlich in der Seefahrt)
b das Eisenbahnsignal, mit dem eine Strecke freigegeben wird
c beim Flugzeug das Staurohr zur Bestimmung der Geschwindigkeit
d die Flagge zur Zeichengebung in der Seefahrt

10 Wie hoch ist die Temperatur des Drahtes in der Glühlampe?

a ca. 1000° C
b ca. 400° C

c über 2 000° C
d ca. 100° C

11 Wann betrat mit Neil Armstrong zum ersten Mal ein Mensch den Mond?
a am 17.8.1970
b am 21.7.1969
c am 30.7.1964
d am 21.8.1966

12 Welche der folgenden Lehren ist keine Naturwissenschaft?
a Astronomie
b Meteorologie
c Astrophysik
d Astrologie

13 Wie viele Stunden zeigt die Skala einer Sonnenuhr an?
a 8 Stunden
b 12 Stunden
c 24 Stunden
d 10 Stunden

14 Wer war der/die Erfinder/in des ersten Gleitfluggeräts?
a die Brüder Wilbur und Orville Wright 1903
b Gabriele Raskopf 1888
c Otto Lilienthal 1891
d Elisabeth Boeing 1899

15 Welche Funktion hat ein Transformator?
a die Überführung von mechanischer Energie (Bewegung) in elektrischen Strom
b die Vermeidung von Kurzschlüssen in einem elektrischen System
c die Umwandlung von niedrigen elektrischen Wechselspannungen in höhere oder umgekehrt
d die Speicherung von elektrischer Energie in Trafospeichern

16 Was zeigt ein Geigerzähler an?

a Röntgenstrahlen
b radioaktive Strahlung
c Wärmestrahlung
d Mikrowellen

17 Was ist ein Episkop?

a ein Gerät zum Messen von Schallwellen
b ein Apparat zur Projektion von Bildern
c ein Gerät zur Aufzeichnung von Erschütterungen durch Erdbeben
d eine Kleinstkamera, die in der Chirurgie eingesetzt wird

18 Wann und wo wurde die erste Atombombe militärisch eingesetzt?

a am 17. Juli 1945 in Nagasaki
b am 22. Dezember 1944 in Osaka
c am 6. August 1945 in Hiroshima
d am 14. Oktober 1944 auf den Midway-Inseln

19 Was wird als »Fokus« bezeichnet?

a das Ergebnis eines naturwissenschaftlichen Experiments
b der Moment beim Startvorgang einer Rakete, in dem der Motor gezündet wird
c ein Teleskop mit Lichtverstärker zum Beobachten weit entfernter Objekte
d der Punkt, in dem sich Lichtstrahlen nach Brechung oder Konzentration vereinigen

20 Wer war der Erfinder des Buchdrucks mit beweglichen, gegossenen Lettern?

a Friedrich A. Brockhaus 1604
b Johannes Gutenberg 1445
c Wolfgang Tappeser 1557
d Johann Gottfried von Herder 1776

21 Was ist die Abkürzung für das Binärzeichen in der elektronischen Datenverarbeitung?

a dig
b code
c log
d bit

22 Wie lautet der Name des ersten Marsmobils, das am 4.7.1997 auf dem Mars landete?

a Hubble
b Voyager
c Explorer
d Sojourner

23 Was bedeutet in der Kernenergienutzung »GAU«?

a General Atomic Union, der US-Verband der Atomindustrie
b der Gesamtverband der Atomnutzenden Unternehmen in Deutschland
c der größte anzunehmende Unfall, eine Nuklearkatastrophe
d general automatic unit, das automatische Abschaltsystem in Kernreaktoren

24 Woraus besteht ein Schwingkreis?

a Kondensator und Spule
b Wechselstromwiderstand und Spule
c Kondensator und Gleichstromwiderstand
d Transistor und Spule

25 Wovon hängt die Induktivität einer Spule ab?

a von der Spannung
b vom Widerstand des Drahtes
c von der Beschaffenheit des Kernmaterials
d vom Durchmesser der Spule

26 Was bedeutet »AM« in der Rundfunktechnik?

- **a** Kurzwelle
- **b** Mittelwelle
- **c** Langwelle
- **d** Rundwelle

27 Die Kapazität eines Kondensators wird vergrößert. Wie verhält sich der Wechselstromwiderstand?

- **a** der Wechselstromwiderstand wird größer
- **b** der Wechselstromwiderstand wird kleiner
- **c** es ändert sich nichts
- **d** Die Fragestellung ist falsch.

28 Welche Spannung liegt an der Autozündkerze an?

- **a** 12 V
- **b** 15 000 V
- **c** 120 V
- **d** 24 V

29 Vorteile des V-Motors gegenüber dem Reihenmotor …

- **a** mehr Leistung
- **b** höheres Drehmoment
- **c** kürzere Bauweise
- **d** günstigerer Verbrauch

30 Wie oft dreht die Kurbelwelle eines 8-Zylinder-4-Takt-Motors, bis alle Zylinder einmal gezündet haben?

- **a** 1 Umdrehung
- **b** 2 Umdrehungen
- **c** 4 Umdrehungen
- **d** 8 Umdrehungen

31 Wie viele Ventile hat ein herkömmlicher 4-Zylinder-4-Takt-Motor?

- **a** 8
- **b** 24

c 4
d 2

32 Welches Bauteil lässt keinen Gleichstrom durch?
a Widerstand
b Spule
c Transistor
d Kondensator

33 Welches Bauteil verwandelt AC in DC?
a Transistor
b Gleichrichterdiode
c Spule
d Kondensator

34 Wie bewegen sich die Elektronen in einem Leiter?
a entgegen der Stromrichtung von – nach +
b mit der Stromrichtung von + nach –
c ist nicht genau definiert
d Die Frage ist falsch formuliert.

35 Womit wird ein Bleiakku gefüllt?
a Wasser
b Verdünnung
c Salzsäure
d verdünnte Schwefelsäure

36 Welche Raumfahrtbehörde entwickelte die Trägerrakete »Ariane«?
a die ESA
b die NASA
c die Unesco
d das Comecon

37 Wie ist ein Kurzschluss zu erklären?

a durch den direkten Stromfluss von einem Pol zum andern ohne dazwischenliegenden Widerstand
b Eine Sicherung brennt durch.
c Wechselstrom trifft auf Gleichstrom
d Drehstrom, ein Stromkreis wird unterbrochen

38 Was ist ein Modem?

a ein Frequenzbeschleuniger
b ein Datenumwandlungsgerät
c eine technische Lerneinheit
d ein technischer Patentanwalt

39 Kann man Wechselstrom in Gleichstrom umwandeln?

a ja
b nein
c eingeschränkt und nur mittels eines Akkumulators
d Wechselstrom ist immer auch Gleichstrom.

40 Welches Gerät wandelt mechanische Energie in elektrische um?

a der Otto-Motor
b der Elektromotor
c die Dampfturbine
d der Dynamo

41 Wo kann man Rückhalteeinrichtungen begegnen?

a im Auto
b im Flugzeug
c in der Achterbahn
d bei allen genannten Lösungsvorschlägen

42 Was ist das Typische an einer Rotation?

a die Wärmeentwicklung
b die Drehbeschleunigung

c die Drehung
d das Trägheitsmoment

43 Was ist eine Diode?
a ein Halbleiterbauelement mit zwei Anschlüssen
b ein Signalkontrolllämpchen
c ein zweiwertiger technischer Alkohol
d nichts von alledem

44 Was kann auf der so genannten Datenautobahn transportiert werden?
a Daten aller Art
b nur Zahlen
c Zahlen und Töne
d keine Töne und Bilder

45 Wofür steht der Name Konrad Zuse?
a für die moderne Computerentwicklung
b für eine Weiterentwicklung eines Gasverbrennungsmotors
c für die Steuerung von Raketen
d für die Rückgewinnung von Wärme in Kraft

46 Was ist ein Akkumulator?
a eine Art Batterie
b eine Art Energie-Schnelltransporteur
c eine Art Stromumwandler
d eine Art Strommessgerät

47 Was verbinden Sie mit dem Namen Alexander Graham Bell?
a die Erfindung des Telegraphen
b die Weiterentwicklung des Düsenmotors
c die Entwicklung der modernen Farbfotografie
d das Telefon

48 Was verbinden Sie mit dem Namen Nikolaus August Otto?
a die Weiterentwicklung der Turbine
b eine Formel zur Quantentheorie

c eine besondere Flugzeugkonstruktion
d eine Entwicklung im Verbrennungsmotorbau

49 Wer war Hugo Junkers?
a ein Schiffbau-Ingenieur
b ein Maschinenbau-Ingenieur
c ein Flugzeugkonstrukteur
d ein Raketenkonstrukteur

50 Für welche Erfindungen steht der Name Thomas A. Edison?
a den Telegraphen
b den Phonographen
c die Glühbirne
d alle genannten Objekte

Lösungen siehe Seite 337.

6. Religion

1 Wie heißen die 4 Apostel, die als Verfasser der vier Evangelien gelten?

a Markus, Antonius, Johannes und Michaelis
b Matthäus, Lukas, Baltasar und Johannes
c Paulus, Markus, Johannes und Lukas
d Matthäus, Markus, Lukas und Johannes

2 Welche Weltreligion herrscht hauptsächlich in großen Teilen Asiens?

a der Buddhismus
b der Islam
c der Schintoismus
d der Calvinismus

3 Die Mormonen sind eine christliche Glaubensgemeinschaft mit Hauptsitz in

a London, GB
b Salt Lake City, Utah, USA
c Havanna, Kuba
d Südamerika

4 Was ist eine Enzyklika in der römisch-katholischen Kirche?

a eine Art religiöser Aufruf aller Bischöfe
b eine offizielle Stellungnahme des Papstes in Form eines Rundschreibens
c eine besondere Form des Glaubensbekenntnisses
d eine Art Kirchengesetz, von allen Kardinälen unterzeichnet

5 Wie lautet der Titel des höchsten Würdenträgers des tibetischen Buddhismus?

a Nehru
b Avalokiteshvara
c Dalai Lama
d Bodhisattva

6 Mit der Auswanderung Mohammeds von Mekka nach Medina beginnt die islamische Zeitrechnung; wann fand dies nach unserer Zeitrechnung statt?

a 518 v. Chr.
b 333 v. Chr.
c 622 n. Chr.
d 723 n. Chr.

7 Mit »Okkultismus« bezeichnet man …

a eine Art Befreiungsdenken
b einen Glauben an geheime Mächte
c eine Art religiöser Lebensgemeinschaft
d eine bestimmte Form von Aberglauben

8 Für die katholische Kirche ist der höchste Feiertag …

a Weihnachten
b Pfingsten
c Maria Empfängnis
d Ostern

9 Wer ist das Oberhaupt der römisch-katholischen Kirche?

a die Dreifaltigkeit
b Gott
c der Papst
d der Heilige Geist

10 Welcher römische Kaiser trat als erster zum Christentum über?

a Marcus Aurelius
b Konstantin
c Diokletian
d Augustinus

11 In welcher Religion spielt die Reinkarnation eine bedeutsame Rolle?

a Hinduismus und Buddhismus
b Islamismus

c Taoismus
d Christentum

12 Was bedeutet »Monotheismus«?
a der Glaube, dass einzig die Natur die Geschicke der Menschen bestimmt
b der Glaube, dass nur auf der Erde Leben existieren darf
c Sammelbezeichnung für alteuropäische Religionen, bei denen Monolithe als sakrale Kult- und Versammlungsorte dienten
d der Glaube, dass es nur einen Gott gibt, der alle Attribute und Charakteristika des Göttlichen in sich vereinigt

13 Wer war die »heilige Johanna«?
a polnische Märtyrerin, die das Christentum gegen die Hunnen verteidigte
b Jeanne d'Arc, französische Heerführerin gegen die Engländer im Hundertjährigen Krieg
c Jeanne d'Albret, französische Königin, die 1562 die Reformation in Frankreich einführte
d die Schwester von Maria-Magdalena im Neuen Testament

14 Was war der »Gang nach Canossa«?
a der Protestmarsch Ciceros mit weiteren Senatoren in Norditalien, um auf die Justizwillkür im römischen Reich aufmerksam zu machen
b die Wanderung Johannes des Täufers durch die Wüste Sinai
c die Alpenüberquerung von Hannibal 217 v. Chr. nach Cannae
d der Bußgang Heinrichs IV., bei dem er durch persönliche Erniedrigung 1077 die Lossprechung vom päpstlichen Bann erreichte

15 In welcher Religion sind die Gottheiten Brahma, Shiva und Vishnu von größter Bedeutung?
a im Hinduismus
b im Taoismus

c im Buddhismus
d im Jainismus

16 In welchem Punkt stimmen das Judentum, der Islam und das Christentum überein?
a Sie sind Schriftreligionen.
b In allen dreien spielt Abraham eine nicht unbedeutende Rolle.
c Sie sind monotheistische Religionen.
d Sie besitzen ein gemeinsames Gesetzeswerk zur Religionsausübung.

17 In welchem Jahrhundert fand die Reformation statt?
a im 18. Jahrhundert
b im 16. Jahrhundert
c im 14. Jahrhundert
d im 15. Jahrhundert

18 Wie heißt die Urkunde, mit der 1215 in England dem Königtum zugunsten des Klerus, des Adels und nichtfeudaler Gruppen Vorrechte abgenötigt wurden?
a Declaration of Human Rights
b Common Order
c Magna Charta
d Bill of Rights

19 Wie heißt eine der ältesten sakralen Schriftensammlungen der Welt, auf denen die hinduistische Philosophie beruht?
a Zazen
b Yoga
c Veden
d Bhagavad-gita

20 Wie lautete der ursprüngliche Name des Begründers des Buddhismus?
a Zarathustra
b Laotse

c Siddharta Gautama
d Rama-Chandra

21 Was ist die Scharia?
a die Kleidung eines Imams
b das heilige Gesetz des Islams
c die Kopfbedeckung moslemischer Frauen
d islamisches Fest am Ende des Ramadans

22 Was war die Reconquista?
a die Rückeroberung der von den Mauren besetzten Iberischen Halbinsel durch christliche Heere
b die katholische Gegenbewegung auf die Reformation
c die Eroberung Mittel- und Südamerikas durch die Spanier
d die Krönung der deutschen Kaiser im Mittelalter

23 Wie lautet die Bezeichnung für die 114 Abschnitte des Korans?
a Suren
b Schahadas
c Sunnas
d Schias

24 Wofür steht der Begriff »Morgenländisches Schisma«?
a für die Errichtung des Königreichs Jerusalem durch die Kreuzritter 1099
b für die Eroberung Konstantinopels durch die Osmanen 1453
c für die Einrichtung des Christentums als römische Staatskirche 380
d für die Trennung der morgenländischen von der abendländischen Kirche 1054

25 Wie lautet der Ausdruck für die göttliche Offenbarung (mosaisches Gesetz) in der jüdischen Religion?
a Thora
b Bundeslade

c Gemara
d Jom Kippur

26 Was versteht man im Buddhismus unter »Nirwana«?
a Das Erlöschen des individuellen Bewusstseins und der Lebensgier
b den achtfachen edlen Pfad der Tugenden als Basis der Lebenspraxis
c eine tiefe meditative Versenkung, bei der eine höhere Bewusstseinsebene erreicht werden soll
d die Bezeichnung für Leiden und Unzulänglichkeit als Symptome des »ständigen Werdens«

27 Er zerstörte 587 v. Chr. Jerusalem, deportierte die jüdische Bevölkerung, baute das Mardukheiligtum wieder auf und vollendete seinen Stufenturm. Wer ist gemeint?
a der Perserkönig Darius I., der Große
b der assyrische Fürst Sanherib
c der ägyptische Herrscher Ramses III.
d der babylonische König Nebukadnezar II.

28 Wie nennt man die Wallfahrt gläubiger Moslems nach Mekka?
a Hadsch
b Ibada
c Zakat
d Ramadan

29 Wofür steht im Christentum der Ausdruck »Golgatha«?
a ursprünglich für »Schädelstätte«, für Christen der Ort der Kreuzigung Jesu
b für das Felsengrab, in dem Jesus bestattet wurde
c für den Weg, auf dem Jesus sein Kreuz tragen musste
d für den Namen des Ortes, an dem Jesus zum Himmel emporstieg

30 Welche Theologie gründet ihre Glaubenslehre auf die Inkarnation (Fleischwerdung) Gottes?

a der Hinduismus und der Buddhismus
b der Islam
c der Taoismus
d das Christentum

31 Die Unfehlbarkeit des Papstes ist in der katholischen Kirche…

a ein Sakrament
b ein Dogma
c ein Relikt
d ein Katechismus

32 Pfingsten wird von den christlichen Kirchen gefeiert …

a als Auferstehung Jesu
b wegen der Kreuzigung Jesu
c zur Erinnerung an das letzte Abendmahl
d als Herabsendung des Heiligen Geistes

33 Der Koran ist das heilige Buch …

a der Taoisten
b des Islam
c der Juden
d der Buddhisten

34 Wie ist die hierarchische Rangfolge in der katholischen Kirche?

a Papst, Bischof, Kardinal, Priester
b Papst, Kardinal, Bischof, Priester
c Kardinal, Papst, Bischof, Priester
d Bischof, Papst, Kardinal, Priester

35 Die heilige Hildegard von Bingen (1098–1179) ist bekannt für ihre …

a Kochrezepte
b Natur- und heilkundlichen Werke
c fromme und zurückgezogene Lebensweise
d Gebete und Liedertexte

36 Der Dalai Lama ist das religiöse Oberhaupt der …

- **a** Inder
- **b** Pakistani
- **c** Hindus
- **d** Tibeter

37 Was gehört für die Katholiken nicht zu den heiligen Sakramenten?

- **a** die Taufe
- **b** die Eucharistie
- **c** die Kommunion
- **d** die Priesterweihe

38 Was versteht man unter dem Begriff »Adventisten«?

- **a** eine christliche Gemeinschaft, die die Wiederkunft Christi erwarten
- **b** Gläubige, die besonders die Adventstage feiern
- **c** eine Gruppe konvertierter Muslime
- **d** Alle Lösungsvorschläge sind falsch.

39 Das Konklave ist eine …

- **a** Vereinbarung zur Aufrechterhaltung religiöser Sitten und Gebräuche
- **b** Versammlung von Kardinälen zur Papstwahl
- **c** Versammlung der Bischöfe unter dem Vorsitz des Papstes
- **d** Vereinbarung zur Benennung der Heiligsprechung

40 Was versteht man unter einer »Kanonisation«?

- **a** die Heiligsprechung in der katholischen Kirche
- **b** die Vergebung aller Sünden
- **c** den Bannfluch des Papstes
- **d** Alle Lösungen sind nicht richtig.

41 Was versteht man unter »Agnostizismus«?

a eine religiöse Haltung, bei der die Existenz eines Gottes oder mehrerer Götter für unmöglich gehalten wird

b einen Teilbereich der anglikanischen Kirche, der sich mit Erkenntnistheorien beschäftigt

c die religiöse Überzeugung, dass die Frage nach der Existenz Gottes von Menschen nicht beantwortet werden kann

d ein Art Teufelsaustreibung mit Hilfe eines Priesters

42 Was versteht man unter »Askese«?

a eine besonders entsagungsvolle Lebensführung

b eine stark auf Kirchenmusik konzentrierte Tagesgestaltung

c eine sexuell absolut enthaltsame Lebensführung

d eine stark meditative Geistesarbeit

43 Der Katechismus ist …

a ein Gesangsbuch der katholischen Kirche

b ein religiöses Lehrbuch

c ein Regelwerk der Heiligsprechung

d Alle Lösungen sind falsch.

44 Was steht im Mittelpunkt der buddhistischen Religionsphilosophie?

a ein besonders sündenfreies Leben

b eine Art der Vervollkommnung des Menschen

c eine Vorbereitung auf das ewige Leben

d eine Art der Selbstfindung

45 Wer gilt im 6. Jahrhundert v. Chr. als der Religionsstifter des Buddhismus?

a Siddharta Gautama

b Dalai Lama

c Hare Krishna

d Mohammed

46 Franz von Assisi, der heilige Franziskus, war ein …

a italienischer Philosoph im 15. Jahrhundert
b Mönch, der sich besonders um die Astronomie verdient gemacht hat
c Ordensstifter und Prediger
d Mitgründer des Jesuitenordens

47 Das Zölibat ist …

a ein Gelöbnis, in Armut zu leben
b ein Versprechen auf Buße und Besserung
c ein Zustand mystischer Versenkung
d ein Gelöbnis der Ehelosigkeit

48 Die Kaaba ist ein Heiligtum …

a der Hindus
b der Moslems
c der Christlich-Orthodoxen
d der Juden

49 Der Sabbat ist ein besonderer Tag im religiösen Leben der …

a der Moslems
b der Calvinisten
c der Buddhisten
d der Juden

50 Wer gilt als Begründer des Islam?

a Allah
b Buddha
c Mohammed
d Jesus

Lösungen siehe Seite 339.

7. Philosophie und Mythen

1 Der Satz »Wissen ist Macht« wurde geprägt durch den Philosophen …

a Karl Marx
b Francis Bacon
c Platon
d Albert Camus

2 Das Wort »Philosophie« setzt sich in der Übersetzung zusammen aus …

a Moral und Erkenntnis
b Freund und Weisheit
c Freund und Leben
d Existenz und Moral

3 Mit welcher Geisteshaltung setzte sich Friedrich Nietzsche eingehend auseinander?

a Klassizismus
b Positivismus
c Puritanismus
d Nihilismus

4 Unter »Nihilismus« versteht man eine philosophische Haltung, die …

a an die Unschuld der Menschen glaubt
b von der Sinnlosigkeit der Welt und des menschlichen Lebens überzeugt ist
c an die Gleichheit und Freiheit der Menschen appelliert
d an die Existenz mehrerer Gottheiten glaubt

5 Der französische Philosoph Jean-Paul Sartre (1905–1980) gilt als Vertreter …

a der Postmoderne
b des Positivismus
c des Romantizismus
d des Existentialismus

6 Ein Schamane ist eine Art …

a Zauberer
b Priester und Heiler
c Medium
d Alle Lösungsvorschläge sind richtig.

7 Als ein wichtiger französischer Vertreter der Aufklärung (18. Jahrhundert) gilt …

a Jean Paul
b Jean-Jacques Rousseau
c Jean-Paul Sartre
d Jean Paul Belmondo

8 Welche philosophische Richtung vertrat Albert Camus (1913–1960)?

a Naturalismus
b Existentialismus
c Kommunismus
d Nihilismus

9 Wie hieß der Baumeister des Labyrinths für König Minos auf Kreta?

a da Vinci
b Dädalus
c Herakles
d Odysseus

10 Warum stürzte Ikarus ins Meer?

a weil er schwimmen wollte
b weil er fischen wollte
c weil er fliehen wollte
d weil er den Rat seines Vaters Dädalus nicht befolgte

11 Wer prägte die Aussage: »Jeder gegen jeden«?

a Hobbes
b Hume
c Hesse
d Heidegger

12 Welcher griechische Philosoph war mit Xanthippe verheiratet?

- **a** Platon
- **b** Aristoteles
- **c** Sokrates
- **d** Sophokles

13 Wer gilt als Begründer der Anthroposophie?

- **a** Kläre Waldorf
- **b** Hermann Hesse
- **c** Rudolf Steiner
- **d** Theodor Adorno

14 Konfuzius war ein …

- **a** indischer Philosoph
- **b** japanischer Philosoph
- **c** koreanischer Philosoph
- **d** chinesischer Philosoph

15 Wie muss man sich den Minotaurus vorstellen?

- **a** als ein schönes Pferd
- **b** als ein großes, grün geschupptes Ungeheuer
- **c** als einen Geist
- **d** als Menschen fressendes Menschtier-Ungeheuer

16 Der deutsche Philosoph Friedrich Nietzsche (1844–1900) beeinflusste besonders …

- **a** Martin Heidegger
- **b** Rainer Maria Rilke
- **c** Thomas Mann
- **d** Alle Lösungsvorschläge sind richtig.

17 Womit beschäftigt sich die Metaphysik?

- **a** mit höherer Mathematik
- **b** mit Übersinnlichem
- **c** mit Weltraumkunde
- **d** Alle Lösungsvorschläge sind falsch.

18 Aristoteles (384–322) war ein bedeutender Philosoph aus …

- **a** Griechenland
- **b** Persien
- **c** Rom
- **d** Ägypten

19 Der Begriff »kategorischer Imperativ« ist verbunden mit dem Philosophen …

- **a** Platon
- **b** Karl Jaspers
- **c** Jürgen Habermas
- **d** Immanuel Kant

20 Unter dem »kategorischen Imperativ« versteht man …

- **a** eine Formel zur Erklärung der Welt
- **b** eine moralphilosophische Regel
- **c** eine zivile und staatsbürgerliche Verhaltensnorm
- **d** eine Berechnungsregel für den Sündenablass

21 Wer oder was gehört nicht zur germanischen Mythologie?

- **a** Ares
- **b** Hel
- **c** Asgard
- **d** Midgard

22 Wer sagte: »Homo homini lupus« (»Der Mensch ist des Menschen Wolf«)?

- **a** Thomas Hobbes
- **b** Hermann Hesse
- **c** Niccolo Machiavelli
- **d** Immanuel Kant

23 Mit welchem Jahrhundert wird die Epoche der Aufklärung verbunden?

- **a** 15. Jahrhundert
- **b** 16. Jahrhundert

c 17. Jahrhundert
d 18. Jahrhundert

24 Welcher Fluch lastete auf Kassandra?
a extreme Schlafstörungen
b schwere Depressionen
c Voraussehungen, die ihr niemand glaubte
d Taubstummheit

25 Wer galt als Freigeist und als der Aufklärer des 18. Jahrhunderts, schrieb bissige Satiren, saß im Gefängnis, lange im Exil und besuchte Friedrich den Großen?
a Hegel
b Voltaire
c Rousseau
d Schopenhauer

26 Worin lag das Geheimnis der Stärke des Samson?
a in seinen starken Muskeln
b in seinem stechenden Blick
c in seinem Haar
d in seinen riesengroßen Händen

27 »Ich weiß, dass ich nichts weiß« ist ein Ausspruch von …
a Sokrates
b Platon
c Descartes
d Aristoteles

28 Welcher Philosoph prägte den Satz »Gott ist tot«?
a Friedrich Nietzsche
b Immanuel Kant
c Sören Kierkegaard
d Albert Camus

29 Welcher Philosoph gebrauchte den Begriff »Tabula rasa« zuerst?

a Platon
b Descartes
c Magnus
d Immanuel Kant

30 Worin bestanden die Tantalus-Qualen?

a nicht schlafen zu dürfen
b blind und taubstumm zu sein
c permanenten Hunger und Durst ertragen zu müssen
d verbannt zu sein

31 Wer schuf nach der griechischen Mythologie den Menschen?

a Zeus
b Adonis
c Aphrodite
d Prometheus

32 Wer prägte die Aussage: »Geteiltes Leid ist halbes Leid«?

a Kant
b Marx
c Heidegger
d Spinoza

33 Wer gilt als Erfinder der formalen Logik, war Schüler Platons und Lehrer für Alexander den Großen?

a Sokrates
b Pythagoras
c Diogenes
d Aristoteles

34 Wer veranlasste den Bau des Trojanischen Pferdes?

a Odysseus
b Herkules
c Zeus
d Homer

35 Wofür ist die Sphinx bekannt? Sie …

- **a** gab Rätsel auf
- **b** trug den Kopf einer Frau, den Körper eines Löwen und Flügel eines Vogels
- **c** tötete ihre Opfer
- **d** Alle Antworten stimmen.

36 Nach welchem Konzept arbeiten Waldorfschulen?

- **a** nach der Theorie von Theodor Adorno
- **b** nach der Lehre von Rudolf Steiner
- **c** nach der Pädagogik von Johann Heinrich Pestalozzi
- **d** nach der Philosophie von Maria Montessori

37 Welcher Philosoph lebte in einer Tonne?

- **a** Platon
- **b** Diogenes
- **c** Aristoteles
- **d** Sokrates

38 Pegasus hatte die Gestalt …

- **a** eines schwimmenden Delphins
- **b** eines stolzen Schwans
- **c** eines Lebewesens, das halb Mensch, halb Tier war
- **d** eines geflügelten Pferdes

39 Womit beschäftigt sich der Existentialismus?

- **a** mit einem erfüllten menschlichen Leben
- **b** mit Kummer und Leid im menschlichen Leben
- **c** mit Respekt und Transzendenz im menschlichen Dasein
- **d** mit Sinn bzw. Sinnleere und der Absurdität des menschlichen Daseins

40 Welcher Philosoph wurde aus politischen Gründen zum Tode verurteilt?

- **a** Sokrates
- **b** Platon

c Kant
d Sartre

41 Wem wird der Satz zugeschrieben: »Ich denke, also bin ich«?
a Sokrates
b Sartres
c Hume
d Descartes

42 Wie viele Götter waren im Olymp?
a 3
b 10
c 12
d 20

43 Wer beschäftigte sich auf besondere Weise mit Staatsphilosophie und Machtpolitik und schrieb ein berühmtes Buch darüber?
a Leonardo daVinci
b Niccolo Machiavelli
c Guiseppe Garibaldi
d David Hume

44 Welche Auffassung vertreten Stoiker?
a die Wechselfälle des Lebens gelassen hinzunehmen
b sich der schönen Künste zu erfreuen
c sich der Endlichkeit des Lebens bewusst zu sein
d sich auf ein besseres Leben nach dem Tod vorzubereiten

45 Auf wen geht die Aussage »Von nichts kommt nichts« zurück?
a Lukrez
b Spinoza
c Bacon
d Hegel

46 Welche Rolle spielte die Göttin Athene?
- **a** Göttin der Schönheit
- **b** Fruchtbarkeitsgöttin
- **c** Göttin der Weisheit
- **d** Kriegsgöttin

47 Was ist die Grundlage der als »Hedonismus« bezeichneten Philosophie?
- **a** die Erkenntnis um die wahren Dinge des Lebens
- **b** Lust, Freude und Genuss als Basis menschlichen Handelns
- **c** die Unterscheidung zwischen Sinnlichem und Geistigem
- **d** Vorbereitung auf das Lebensende

48 Wo wurde die Gottheit Amun verehrt?
- **a** im alten Rom
- **b** im alten Griechenland
- **c** im alten Ägypten
- **d** in Persien

49 Welchem römischen Gott entspricht der griechische Gott Hermes?
- **a** Merkur
- **b** Saturn
- **c** Mars
- **d** Juno

50 Sören Kierkegaard (1813–1855) war ein … Philosoph und Theologe.
- **a** dänischer
- **b** schwedischer
- **c** norwegischer
- **d** finnischer

Lösungen siehe Seite 343.

8. Fremdwörter, Redewendungen, Sprichwörter

1 »Carpe diem« bedeutet …

- **a** Nutze jetzt deine Glückssträhne!
- **b** Warte nicht bis morgen!
- **c** Nutze den Tag!
- **d** Du hast nur eine Chance!

2 »Errare humanum est« bedeutet so viel wie …

- **a** Aller Anfang ist schwer!
- **b** Allem Zweifel zum Trotz!
- **c** Irren ist menschlich!
- **d** Der Mensch ist immer auf der Suche!

3 Unter einem »Delikt« versteht man …

- **a** eine Art Auszeichnung
- **b** einen Vorwurf
- **c** eine Anklage
- **d** eine Straftat

4 Den Begriff »Altruismus« kann man übersetzen als …

- **a** Perversion
- **b** Ichbezogenheit
- **c** Vergnügen
- **d** Uneigennützigkeit

5 Ein Routinier ist besonders …

- **a** gewandt
- **b** erfahren
- **c** geschickt
- **d** Alle Lösungsvorschläge sind richtig.

6 Unter dem alten Wort »Gesinde« versteht man …

- **a** ein Blumengebinde
- **b** eine alte Wagenachse

c landwirtschaftliche Arbeitskräfte
d eine Gruppe Kleinkrimineller

7 Ein Dogma ist …
a eine komplizierte astronomische Berechnung
b eine Art Schutzzoll
c eine Kirchensteuer
d ein Glaubens-, Lehrsatz

8 Yin und Yang stehen für …
a die Vergänglichkeit irdischer Güter
b das dualistische Prinzip
c die Endlichkeit unserer Existenz
d die großen philosophischen Irrtümer

9 Was ist ein Synonym?
a ein sinnverwandtes Wort
b ein letztes Wort
c eine Tarnbezeichnung
d eine Zusammenfassung

10 Unter dem Begriff »Konvoi« versteht man …
a eine Art Zusammenkunft
b einen Geleitzug
c eine Vereinbarung
d eine Art politisches Abkommen

11 Was ist ein Sakrileg?
a etwas Heiliges
b etwas Wertvolles
c ein Vergehen gegen etwas Heiliges
d eine ausgesprochene Verdammung

12 Was versteht man unter einer »Apokalypse«?
a eine Wendefeier
b einen Neuanfang

c einen Kriegsbeginn
d eine Art Weltuntergang

13 Mit »Vandalismus« kann man … bezeichnen.
a eine Art Siegesfeier
b einen Ansturm von Zerstörungswut
c einen Lebensüberdruss
d einen kriminellen Akt

14 Unter »Symbiose« versteht man auch …
a eine Art ungleicher Lebensgemeinschaft
b eine Gleichzeitigkeit
c ein Krankheitsbild
d eine Tagung

15 Ein Symposium ist vom Ursprung her …
a ein Beerdigungsritual
b ein Trinkgelage
c eine Art Zusammenkunft
d eine Art Suchaktion

16 Wie muss man sich den »Äskulapstab« vorstellen?
a als eine Art spezieller Weinrebe
b als ein von einer Schlange umringelter Stab
c als eine Art Verteidigungs- und Wunderwaffe
d als ein Schutzzeichen für Witwen und Waisen

17 Was versteht man unter einem »Sabbatjahr«?
a ein besonders ertragreiches Jahr
b ein Jahr, das mit Völlerei anfängt
c ein spezielles Trauerjahr
d ein Jahr der beruflichen Freistellung

18 Unter »mimosenhaft« versteht man …
a besonders blumig
b besonders intensiv

c besonders empfänglich
d besonders empfindlich

19 Ein Vasall ist …
a ein Tier
b ein Gefolgsmann
c ein Hasardeur
d eine Speise

20 Was sind Ovationen?
a Vorschusslorbeeren
b Applaus
c Verhütungsmittel
d etwas Essbares

21 »Ora et labora« bedeutet …
a Bete und arbeite!
b Erst die Arbeit, dann das Vergnügen!
c Nach getaner Arbeit ist gut Ruhen!
d Arbeit ist Arbeit und Schnaps ist Schnaps!

22 Was bedeutet »etwas aufs Tapet bringen«?
a etwas Besonderes auftischen
b etwas verheimlichen
c unter den Teppich kehren
d etwas zur Sprache bringen

23 Wie lautet es richtig?
a ab adsurdum
b at absurdum
c ad absurdum
d ab absurdum

24 Welche Bedeutung hat »mit der Wurst nach der Speckseite werfen«?
a sehr verschwenderisch sein
b etwas Schlechtes hinter etwas Gutem herwerfen

c hoffnungslos danebenliegen
d mit kleinem Einsatz zu versuchen, etwas Großes zu erzielen

25 Wie heißt diese Redensart richtig?
a der Weisheit letzter Schuss
b der Weisheit letzter Schluss
c der Weisheit letzter Gruß
d der Feigheit letzter Gruß

26 »Matthäi am Letzten« drückt aus, dass jemand …
a finanziell am Ende ist
b alle Hoffnungen begraben hat
c gesundheitlich schwer angeschlagen ist
d keine Chancen mehr hat

27 Was versteht man unter »Hermeneutik«?
a das Wissen über die Seefahrt
b eine Art Textauslegung
c die Lehre des Übersinnlichen
d eine Form der schönen Kunst

28 »Den Rubikon überschreiten« drückt aus, dass jemand …
a einen nicht wieder gutzumachenden Fehler begeht
b einen unumkehrbaren, entscheidenden Plan erstellt
c sich völlig »verrennt«
d alles auf eine Karte setzt, sich nur auf eine Sache verlässt

29 Unter der Redewendung »Deus ex Machina« versteht man …
a eine göttliche Maschine
b eine Art Springkasperle aus der Kiste
c eine Art Wunderwaffe
d einen unerwarteten, im richtigen Moment auftauchenden Nothelfer

30 Unter der Bezeichnung »Alter Ego« versteht man …

a etwas Altes
b einen sehr guten, vertrauten Freund
c einen weiteren Egoisten
d nichts von alledem

31 Etwas wird »nach Adam Riese« …

a benannt
b beantwortet
c berechnet
d begutachtet

32 Eine Person tritt als Advocatus Diaboli auf, …

a wenn sie einer Sache keinen Glauben schenkt
b um den anderen zu gefallen
c um die anderen zu ärgern
d um den gegenteiligen Standpunkt zu vertreten, ohne davon überzeugt zu sein

33 Wenn etwas ad absurdum geführt wird, bedeutet das …

a Etwas wird widerlegt.
b Etwas wird berichtigt.
c Etwas wird beschönigt.
d Etwas wird vertuscht.

34 Mit der Aussage »coram publico« ist gemeint …

a etwas verheimlichen
b etwas offenbaren
c etwas vor die Öffentlichkeit bringen
d etwas zugeben

35 Eine Hymne ist …

a eine Art Vortrag
b ein Versuch der Wertschätzung
c eine Erkrankung
d eine Art Lobgesang

36 Die Redewendung »böhmische Dörfer« bringt … zum Ausdruck.
- **a** eine weite Entfernung
- **b** eine besondere Verbundenheit
- **c** ein zwiespältiges Verhältnis
- **d** nichts von alledem

37 Ein Quast ist …
- **a** ein breiter Pinsel
- **b** eine Maßeinheit
- **c** eine Art Schatzmeisterei
- **d** eine Art dummes Gerede

38 Worauf ist das sprichwörtliche Ei des Kolumbus zurückzuführen?
- **a** auf seine Neigung, besonders gerne Eier zu essen
- **b** auf die Entdeckung Amerikas
- **c** auf seine Lösung, ein Ei aufrecht hinzustellen
- **d** nichts von alledem

39 »Tabula rasa machen« bedeutet …
- **a** versuchen, etwas in Ordnung zu bringen
- **b** etwas unter den Tisch kehren
- **c** etwas Besonderes auftischen
- **d** nichts von alledem

40 Ein Ponton ist …
- **a** eine Art Brückenschiff
- **b** ein italienischer Kuchen
- **c** eine Erkrankung der Nasennebenhöhlen
- **d** eine Einleitung

41 Wenn etwas prekär ist, dann bedeutet das auch so viel wie …
- **a** teuer
- **b** selten
- **c** besonders
- **d** heikel

42 Von wem ist der Ausspruch: »Gelobt sei, was hart macht«?

a Friedrich Nietzsche
b Johann Wolfgang von Goethe
c Hermann Hesse
d Kein Lösungsvorschlag ist richtig.

43 »Nun sag, wie hast du's mit der Religion?«, lautet eine Frage in Goethes Faust und wird seit dem als … bezeichnet.

a die Vertrauensfrage
b die Gewissensfrage
c die Intimfrage
d die Gretchenfrage

44 Mit der Redewendung »Krethi und Plethi« meint man in etwa das Gleiche wie …

a Hinz und Kunz
b Herrn und Frau Jedermann
c die Müllers und Maiers
d Alle Lösungsvorschläge sind richtig.

45 Eine Offerte ist …

a eine Art Öffnung
b ein Anerbieten
c ein Beweis
d Alle Lösungsvorschläge sind falsch.

46 »Auf dem Holzweg sein« bedeutet …

a einen Umweg zu machen
b nicht ans Ziel zu gelangen
c im Irrtum sein
d nichts von alledem

47 Wenn etwas universal ist, dann bedeutet das auch so viel wie …

a genial
b überall
c schwierig
d heftig

48 Eine Strapaze ist …

a ein großes Vorhaben
b ein beschwerliches Vorhaben
c ein Spaziergang
d ein Kleidungsstück

49 Wenn etwas transzendent ist, dann bedeutet das …

a übernatürlich
b durchsichtig
c unglaubwürdig
d ungeheuerlich

50 Unter »prompt« versteht man …

a vorsichtig
b zögerlich
c eindeutig
d Alle Lösungen sind falsch.

Lösungen siehe Seite 348.

9. Biologie

1 Was ist eine Amöbe?

a eine Möwenart
b ein Virus
c eine Durchfallserkrankung
d ein Einzeller

2 Wie nennt man das Nervensystem, das vom Willen unabhängig die Funktion der inneren Organe steuert?

a das sympathische
b das vegetative
c das organisatorische
d das Zentralnervensystem

3 Was ist Testosteron?

a eine Erkrankung der Schilddrüse
b ein Nebenprodukt der Photosynthese
c ein weibliches Geschlechtshormon
d das wichtigste männliche Geschlechtshormon

4 Was kann eine Thrombose verursachen?

a Herzinfarkt
b Schlaganfall
c Lungenembolie
d Alle Lösungsvorschläge sind richtig.

5 Welche Funktion hat das Y-Chromosom?

a Es trägt u.a. die wichtigsten Gesundheitsanlagen.
b Es entscheidet über das Geschlecht.
c Es beeinflusst die Lebenserwartung.
d Alle Lösungsvorschläge sind falsch.

6 Erste Spuren des Homo sapiens sind … Jahre alt.

a über 100 000
b über 50 000
c über 10 000
d über 1 Million

7 Welches Vitamin benötigt der menschliche Organismus zur Abwehr von Infektionskrankheiten?

a Vitamin A
b Vitamin B
c Vitamin C
d Vitamin E

8 Was ist Adrenalin und welche Funktion hat es?

a ein Hormon, das Wachstum reguliert
b ein Virus, der Erkrankungen der Leber bewirkt
c ein Hormon, das Geschlechtsreife fördert
d ein Hormon zur Regulierung der Tätigkeit innerer Organe

9 Beim Menschen dauert eine Schwangerschaft normalerweise …

a etwa 30 Wochen
b etwa 35 Wochen
c etwa 40 Wochen
d etwa 45 Wochen

10 Was ist das größte Organ des Menschen?

a sein Gehirn
b sein Herz
c sein Darm
d seine Haut

11 Welcher Pilz ist besonders giftig?

a Austernpilz
b Steinpilz
c Knollenblätterpilz
d Pfifferling

12 Welche Blattgrößenordnung (vom kleinsten zum größten Blatt) ist richtig?

a Eiche, Ahorn, Birke, Linde
b Weide, Birke, Eiche, Ahorn
c Kastanie, Weide, Ahorn, Eiche
d Keine Reihe ist insgesamt richtig.

13 Welches Tier ist nicht lebendgebärend?

a Robbe
b Fledermaus
c Wal
d Pinguin

14 Wie heißt der wichtigste Atemmuskel?

a Herz
b Lunge
c Zwerchfell
d Brustkorb

15 Was ist ein Ökosystem?

a der Name für Einrichtungen, in denen seltene Dinge der Tier- und Pflanzenwelt gemeinsam betrachtet werden können
b in der Pharmaindustrie das Labor, in dem die Inhaltsstoffe von Heilpflanzen unter sterilsten Bedingungen analysiert werden
c die amtliche Bezeichnung für Gebiete, in denen die Natur allerhöchsten Schutzbestimmungen unterliegt
d eine Einheit, die auf Grund der Wechselwirkung von belebter und unbelebter Natur existiert und ein System bildet

16 Wo befindet sich das Hauptlaichgebiet der europäischen Flussaale?

a im Mittelmeer
b in der Nordsee
c in der Ostsee
d in der Sargassosee

17 Was bewirkt der Vorgang der Photosynthese?

a die Anpassung des Auges an Veränderungen der Lichtstärke

b das Abspeichern von visuellen Eindrücken im Unterbewusstsein

c die Umwandlung von physikalischer Energie (Licht) in chemische Energie (Materie) im Blattgrün der Pflanzen

d die Anpassung von Tieren an die Umgebung durch farbliche Veränderungen ihrer Haut

18 Welches Lebewesen ist für die Übertragung der Malaria auf den Menschen verantwortlich?

a die Anopheles-Mücke

b die Hausratte

c die Tsetse-Fliege

d der Fadenwurm

19 Eine maßgebliche Veränderung der Form oder der Erbanlagen eines Organismus bezeichnet man als …

a Variation

b Selektion

c Modifikation

d Mutation

20 Was sind Enzyme?

a hormonähnliche Verbindungen, die in der Nebenniere gebildet werden und das Auslösen der Geburtswehen verursachen

b die medizinische Bezeichnung der Milchzähne

c in lebenden Zellen gebildete Proteine, die biochemische Reaktionen beschleunigen, ohne dabei selbst in das Endprodukt einzugehen

d chemische Verbindungen, die in der Hirnrinde gebildet werden und das Speichern von Informationen im Gehirn ermöglichen

21 Welche Krankheit entsteht durch Vitamin-C-Mangel?
- **a** Sklerodermie
- **b** Hepatitis B
- **c** Skorbut
- **d** Sklerose

22 Was besagt die Allensche Regel (Körperproportionsregel)?
- **a** Tiere einer Art haben im kälteren Klima relativ kürzere Extremitäten.
- **b** Tiere einer Art haben im wärmeren Klima relativ längere Extremitäten.
- **c** Tiere einer Art haben im kälteren Klima ein relativ geringeres Herzgewicht.
- **d** Das Klima wirkt sich auf die Körperproportion von Tieren nicht aus.

23 Das menschliche Zentralnervensystem setzt sich aus ca. … Nervenzellen (Neuronen) zusammen.
- **a** 10 Millionen
- **b** 100 Milliarden
- **c** 1 Billion
- **d** 10 Milliarden

24 Auf welche Distanz können Schmetterlingsmännchen der Art Seidenspinner die Sexuallockstoffe der Weibchen wahrnehmen?
- **a** über hunderte von Kilometern
- **b** über wenige Zentimeter
- **c** über einige Kilometer
- **d** über einige Meter

25 Welche Form des Kriechens beherrschen Schlangen?
- **a** Schlängeln
- **b** peristaltisches (auf wechselnder Verdickung und Verdünnung beruhendes) Kriechen
- **c** Sohlenkriechen
- **d** Seitwärtswinden, Schlängeln

26 Der Schmerzsinn des Menschen informiert über schädigende Einflüsse. Welcher Natur können Schmerzreize sein?

a chemisch
b thermisch und mechanisch
c mechanisch
d mechanisch, chemisch und thermisch

27 Antigene sind …

a Substanzen, die im Blut oder Gewebe die Bildung von Antikörpern hervorrufen
b Hormone, die das vegetative Nervensystem regulieren
c Botenstoffe an den Synapsen der Nervenzellen
d Alle Antworten sind falsch.

28 Die einzelnen Hirnzentren des menschlichen Gehirns haben unterschiedliche Aufgaben. Die Großhirnrinde (Cortex) …

a ist zuständig für Sprechen, Denken, Lernen und Gedächtnis
b steuert Gefühle und Motivationen
c steuert Aufmerksamkeit und Wachheit des Organismus
d steuert das Hormonsystem

29 Wie viel Liter Blut hat ein Mensch mit durchschnittlichem Körpergewicht?

a 8–9 l
b 5–6 l
c 3–4 l
d 9–10 l

30 Was ist Chinin?

a eine südamerikanische Hasenmausart, die wegen ihres wertvollen Felles als Pelzlieferant dient
b der Baustoff für das Körperskelett von Insekten und Krebstieren

c die ethnologische Bezeichnung für den Angehörigen einer chinesisch-tibetischen Völkergruppe

d ein Alkaloid, das in der Chinarinde enthalten ist, schmerzlindernd und fiebersenkend wirkt und als Mittel gegen Malaria benutzt wird

31 Wie viele Chromosomen besitzt die menschliche Zelle?

a 32

b 58

c 46

d 38

32 Wie viele Zähne hat normalerweise das menschliche Gebiss?

a 28

b 32

c 40

d 38

33 Welche Tiere haben Facettenaugen?

a Schlangen

b Insekten

c Fledermäuse

d Fische

34 Was ist ein Virus?

a genetisches Material, das manchmal von einer Proteinhülle umhüllt ist, keinen eigenen Stoffwechsel besitzt und daher nicht eindeutig als Lebewesen definiert werden kann

b kleinstes bekanntes Lebewesen, das als Schmarotzer seinem Wirt (Mensch, Tier) erheblichen Schaden zufügen kann

c einzelliger Mikroorganismus, der sich durch Teilung vermehrt und sowohl in belebter als auch unbelebter Umgebung vorkommt

d mikroskopisch kleiner Krankheitserreger, der sich hauptsächlich im menschlichen Darm ansiedelt

35 Welches Tier hat sein natürliches Verbreitungsgebiet nicht in der Arktis?

a der Eisbär
b der Moschusochse
c der Pinguin
d der Polarfuchs

36 Was versteht man unter der »Blutgruppe des Menschen«?

a die Unterscheidung des Blutes im Blutkreislauf zwischen dem vom Herz kommenden und dem zum Herz zurückfließenden Blut
b die genetisch bedingten Charakteristika des Blutes, die auf bestimmten, individuellen Oberflächeneigenschaften besonders bei den roten Blutkörpern beruhen
c die Einteilung des Blutes in seine Hauptbestandteile
d die wissenschaftlich stark umstrittene Methode, Menschenrassen nach deren Blutzusammensetzung zu benennen

37 Wo befindet sich im menschlichen Körper das Gleichgewichtsorgan?

a im Kleinhirn
b hinter der Stirn
c im Rückenmark
d im Innenohr

38 Was versteht man unter »Ornithologie«?

a Fachrichtung der Medizin, die sich mit der Behandlung von Geschwüren befasst
b Vogelkunde
c Insektenkunde
d bei Alkoholkranken die Art von Psychosen, die durch Alkoholentzug entsteht

39 Was ist der Hauptbestandteil der Luft?

a Sauerstoff
b Wasserstoff
c Ozon
d Stickstoff

40 Was versteht man unter einer Bypassoperation?

- **a** eine Herzverpflanzung
- **b** eine Herzklappenoperation
- **c** eine Wiedergangbarmachung verstopfter Herzkranzgefäße
- **d** die Einsetzung eines Herzschrittmachers

41 Was ist unabdingbar für die Existenz eines Lebewesens?

- **a** Sauerstoff
- **b** Stoffwechsel
- **c** Sonnenlicht
- **d** die Fähigkeit zur Bewegung

42 Was versteht man unter »Hämoglobin«?

- **a** Blutfarbstoff, bestehend aus einem eisenhaltigen Farbträger (Hämochromogen) und einem Eiweißkörper (Globin)
- **b** krankhaft erweiterte Adern im Mastdarmbereich des Menschen infolge von Bindegewebsschwäche
- **c** Ansammlung von Blut in Muskulatur, Bindegewebe oder Gelenken auf Grund von Verletzungen
- **d** chemisches oder biologisches Blutgift, das die roten Blutkörperchen nachhaltig schädigt und zerstört

43 Was sind Antibiotika?

- **a** natürlich oder synthetisch produzierte Wirkstoffe, die andere Mikroorganismen in ihrer Entwicklung hemmen oder abtöten können
- **b** Abwehrstoffe, die im Blutserum gebildet werden und das Eindringen fremder Eiweißkörper bekämpfen
- **c** medizinisch eingesetzte Mittel, die die Gerinnungsfähigkeit des Blutes mindern oder verzögern sollen
- **d** Viren, die in Bakterien eindringen, um dort ihr Erbmaterial zu reproduzieren

44 Wie heißt das innere Ohr?

- **a** Trommelfell
- **b** Ohrtrompete

c Ohrmuschel
d Labyrinth

45 Welches der folgenden Tiere gehört nicht zu den Säugetieren?
a Delphin
b Krokodil
c Fledermaus
d Tapir

46 Was ist Thyroxin?
a ein Hormon, das in der Schilddrüse produziert wird
b eine in der Medizin eingesetzte chemische Verbindung, die im Thymianöl enthalten ist und keimtötend wirkt
c ein Immunorgan bei Mensch und Wirbeltieren mit den Funktionen der Produktion von Lymphozyten sowie der Wachstumsregulierung des Körpers
d das bereits in geringen Dosen tödliche Gift der Klapperschlange

47 Was sind Hormone?
a biochemische Stoffe, die durch Drüsen oder Gewebe ins Blut abgegeben werden und dadurch die Funktionen anderer Organe steuern
b proteinhaltige Körperflüssigkeiten mit eigenem Kreislaufsystem zur Unterstützung des Stoffaustausches im Gewebe
c Flüssigkeiten, die nach Überbeanspruchung im Muskelgewebe entstehen und das Gefühl des Muskelkaters verursachen
d Magen- und Darmsekrete, die für die Verdauung und Aufspaltung der Nahrung notwendig sind

48 Welches Tier trifft man normalerweise nicht in Asien an?
a den Elefanten
b den Jaguar
c das Kamel
d den Tiger

49 Was ist eine ökologische Nische?

a das Gebiet, in welches sich eine Tierart bei drohender Gefahr zurückzieht

b ein Gebiet, das bisher von einer Spezies unbesetzt war und nun neu von ihr besetzt wird

c der Etat im Umweltministerium, der für den Schutz bedrohter Tier- und Pflanzenarten verwendet wird

d die Gesamtheit der Umweltfaktoren und Lebensbedingungen, denen sich ein Organismus angepasst und auf die er sich spezialisiert hat, wo es möglich ist zu überleben und sich zu vermehren

50 Welcher Teil der Zelle spielt bei der Fortpflanzung die entscheidende Rolle?

a die Zellwand

b der Zellkern

c die Zellflüssigkeit

d die Zelldrüsen

51 Wodurch wird die Immunschwächekrankheit Aids (Acquired Immune Deficiency Syndrome) hervorgerufen?

a durch Kugelbakterien (Kokken)

b durch Mikropilze

c durch Bazillen

d durch den HIV-Virus

52 Was ist die Aufgabe des in der Bauchspeicheldrüse gebildeten Hormons Insulin?

a die Senkung des Blutzuckerspiegels

b die Aufspaltung von Eiweißverbindungen im Verdauungsvorgang

c die Steuerung des Geschlechtstriebes

d die Anpassung des Organismus an Temperaturveränderungen (z.B. zittern)

53 Wo legt die Stechmücke ihre Eier ab?
a in gelähmte Beutetiere
b in den Boden
c in Baumrinde
d ins Wasser

54 Was wird bei der Pockenimpfung als Impfstoff verwendet?
a der Krankheitserreger (Pockenvirus)
b ein pflanzliches Heilmittel
c ein starkes Antibiotikum
d ein körpereigenes Abwehrmittel

55 Worauf kann ein Mensch über einen längeren Zeitraum am wenigsten verzichten, um am Leben zu bleiben?
a auf Essen
b auf Zuneigung
c auf Trinken
d auf Sonnenlicht

56 Was versteht man unter einem »Wallach«?
a einen Pferdehengst, der zu Zuchtzwecken eingesetzt wird
b einen Bewohner der Walachei (Landschaft in Rumänien)
c einen kastrierten Pferdehengst
d eine Pflanze, die nur 1 Keimblatt besitzt (z.B. Veilchen)

57 Wie viele Menschen bevölkerten die Erde am Ende des 20. Jahrhunderts?
a ca. 9 Milliarden
b ca. 6 Milliarden
c ca. 4 Milliarden
d ca. 11 Milliarden

58 Welcher der aufgeführten Reflexe ist ein Eigenreflex?
a Kniescheibensehnenreflex
b Hustenreflex

c Lidschlussreflex
d Saugreflex

59 Wie viele Mendelsche Gesetze gibt es?
a 1
b 2
c 3
d 4

60 Die DNA enthält vier verschiedene Basen. Wer paart sich mit wem?
a Adenin – Cytosin; Guanin – Thymin
b Thymin – Cytosin; Adenin – Guanin
c Guanin – Cytosin; Adenin – Thymin
d Keine der Antworten ist richtig.

61 Welches rudimentäre Organ findet man bei Walen?
a Schuppen
b spitz zulaufende Schnauzen
c Beckenknochen
d Flügelstummel

62 Aus wie vielen Einzelknochen setzt sich das menschliche Skelett zusammen?
a 321– 352
b 105–110
c 208–212
d 75–78

63 Welche Pflanze ist kein Nachtschattengewächs?
a die Zwiebel
b die Kartoffel
c die Paprika
d der Tabak

64 Was sind Endorphine?
- **a** körpereigene Duftstoffe
- **b** körpereigene hormonartige Substanzen
- **c** körpereigene Enzyme
- **d** körpereigene Abwehrstoffe im Blut

65 Wodurch zeichnen sich Kaltblüter aus?
- **a** Nerven wie Drahtseile
- **b** ein ruhiges Temperament
- **c** unempfindlich gegenüber Kälte
- **d** Die Körpertemperatur passt sich der jeweiligen Umgebung an.

66 Ziegenpeter ist …
- **a** ein fettarmer Käse aus Ziegenmilch
- **b** eine Bezeichnung für eine Bergziegenrasse
- **c** eine andere Bezeichnung für Mumps
- **d** eine andere Bezeichnung für Röteln

67 Der Musikantenknochen ist …
- **a** ein Stimmbänderknötchen
- **b** ein Nerv
- **c** ein Armknochen
- **d** ein Innenohrknöchelchen

68 Die Plazenta (= Mutterkuchen) dient dem heranwachsenden Keimling nicht als …
- **a** Ernährungsorgan
- **b** Stoffwechselorgan
- **c** Ausscheidungsorgan
- **d** Blutbildungsorgan

69 Wie lautet die Grundregel für Venen und Arterien?
- **a** Venen haben sauerstoffreicheres, Arterien sauerstoffärmeres Blut.
- **b** Venen und Arterien haben sauerstoffarmes Blut.

c Venen führen zum Herzen, Arterien vom Herzen weg.
d Venen führen vom Herzen weg, Arterien zum Herzen hin.

70 Wie wird die Trisomie 21 noch bezeichnet?
a Down-Syndrom
b Edwards-Syndrom
c Pätau-Syndrom
d Turner-Syndrom

71 Wie groß ist das willkürliche maximale Fassungsvermögen der Harnblase?
a 300–500 ml
b 500–1000 ml
c 1000–1500 ml
d 1500–2000 ml

72 Wenn ein Kind eine Himbeerzunge (oder auch Erdbeerzunge) hat, ist das ein typisches Zeichen für …
a eine Frucht-(hier Beeren-)allergie
b Mumps
c Scharlach
d Röteln

73 Wie lauten die durchschnittlichen Normalwerte beim Blutdruck?
a 100/160
b 80/120
c 100/60
d 120/190

74 Welche Krankheit wurde als »Aussatz« bezeichnet?
a Pocken
b Lepra
c Cholera
d Pest

75 Welche Lebewesen zählen zu den Einzellern?

a die Amöbe
b das Pantoffeltierchen
c das Geißeltierchen
d Alle Lösungsvorschläge sind richtig.

76 Welche Blutgruppe ist am seltensten, welche am häufigsten?

a AB ist am seltensten, 0 am häufigsten.
b A ist am seltensten, 0 am häufigsten.
c B ist am seltensten, AB am häufigsten.
d 0 ist am seltensten, B am häufigsten.

77 Welcher Gruppe lassen sich Leukozyten, Erythrozyten und Thrombozyten zuordnen?

a Verdauungsenzyme
b Einzeller-Familie
c Blutzellen
d Bakterienstamm

78 Welche Symptome verursacht die Neurodermitis nicht?

a Bluthochdruck
b Hautschuppungen
c Juckreiz
d Entzündungen

79 Was ist Chlorophyll und welche Funktion hat es?

a ein Narkosemittel, unabdingbar für Operationen
b ein Enzym, unabdingbar für die Nahrungsaufnahme
c eine Substanz in Pflanzenblättern, unabdingbar für die Photosynthese
d ein Transmitter, unabdingbar für das Funktionieren von Nervenzellen

80 Wofür wird Kortison eingesetzt?

a zur Gewichtsreduktion
b gegen bakterielle Infektionen

c zur Regulierung der Funktion der Bauchspeicheldrüse
d als entzündungshemmendes Mittel

81 Was ist die medizinische Bezeichnung für Blutarmut?
a Anämie
b Bulimie
c Anorexie
d Atrophie

82 Was macht ein Elektrokardiogramm?
a misst die Hirnströme
b wurde früher häufig in der Psychiatrie eingesetzt
c zeichnet die Herzströme auf
d liefert eine Abbildung der Pumpfunktion des Herzens

83 Warum ist ein hoher Cholesterinspiegel gesundheitsschädigend?
a weil er zu Mikroablagerungen in den Gelenkkapseln führen kann
b weil er das Risiko eines Herzinfarktes erhöht
c weil er zu einer multiplen Nervenschädigung führen kann
d weil er zu akutem Nierenversagen führen kann

84 Was sind Prionen?
a Bakterien
b Viren
c Eiweißpartikel
d Kristalle

85 Welcher Name bezeichnet nicht eines der drei Gehörknöchelchen?
a Amboss
b Zange
c Hammer
d Steigbügel

86 Wer kann an Staupe erkranken?

- **a** ein Stauballergiker
- **b** ein Hund
- **c** eine Katze
- **d** ein Vogel

87 Was versteht man unter »Osteoporose«?

- **a** eine asiatische Grippeerkrankung
- **b** eine Meerschweinchenseuche
- **c** eine Knochenerkrankung
- **d** eine um Ostern herum auftretende allgemeine Frühjahrsmüdigkeit

88 »Eierfrüchte« sind die deutsche Bezeichnung für …

- **a** Zucchinis
- **b** Auberginen
- **c** Avocados
- **d** Kiwis

89 Kamele speichern in ihren Höckern …

- **a** Wasser
- **b** Milch
- **c** Fett
- **d** Urin

90 Woraus gewinnt man Biodiesel?

- **a** Sonnenblumenkerne
- **b** Mais
- **c** Raps
- **d** Kleie

91 Woraus wird Opium gewonnen?

- **a** Hanf
- **b** Baldrian
- **c** Ginster
- **d** Schlafmohn

92 Mit welcher Übersetzung ist der Begriff »Klimakterium« richtig erfasst?
- **a** Klima-Langzeitstudie
- **b** Wechseljahre
- **c** Periodenblutung
- **d** Klimawechsel

93 Wer oder was sind Feromone?
- **a** eine seltene Tierart
- **b** eine Viruserkrankung
- **c** eine tropische Pflanzenart
- **d** Kein Lösungsvorschlag ist richtig.

94 Was sind Streptokokken?
- **a** Bakterien
- **b** Viren
- **c** eine Insektenart
- **d** eine Art Penicillin

95 Die Evolutionstheorie ist verbunden mit dem Namen …
- **a** Mendel
- **b** Lorenz
- **c** Darwin
- **d** Eibl-Eibesfeldt

96 Was muss ein Kind nicht lernen?
- **a** sitzen
- **b** laufen
- **c** sprechen
- **d** greifen

97 Wer oder was ist Ebola?
- **a** eine seltene Tierart
- **b** eine Viruserkrankung
- **c** eine tropische Pflanzenart
- **d** Kein Lösungsvorschlag ist richtig.

98 Welche Krankheit wird durch den Kontakt mit Exkrementen übertragen?

a Mumps
b Kinderlähmung
c Masern
d Pocken

99 Welches Organ bildet die Gallenflüssigkeit?

a Leber
b Nebenniere
c Pankreas
d Gallenblase

100 Welches Tier kann dem Menschen Toxoplasmose übertragen?

a Katze
b Taube
c Süßwasserschnecke
d Huhn

Lösungen siehe Seite 351.

10. Psychologie, Pädagogik, Soziologie

1 Wer prägte den Begriff »Archetyp«?

a Sigmund Freud
b Erich Fromm
c Carl Gustav Jung
d Friedrich Nietzsche

2 Was versteht man unter dem Begriff »Klaustrophobie«?

a die Angst vor weiten Plätzen
b Angst in engen, geschlossenen Räumen
c die Angst vor Spinnen
d Schulangst

3 Was versteht man in der Psychoanalyse unter dem Begriff der »Übertragung«?

a eine spezielle Art, die Couch im Behandlungszimmer aufzustellen
b sexuelle Übergriffe von Seiten des Psychoanalytikers auf seine Patienten
c die Aufforderung an den Patienten zur freien Assoziation
d die unbewusste Wiederholung und Neuinszenierung von Gefühlen aus der Kindheit in der Gegenwart

4 Was ist der Grundgedanke der Psychosomatik?

a dass falsche Ernährung körperliche Krankheiten hervorrufen kann
b dass falsche Erziehung psychische Störungen hervorrufen kann
c dass die falsche ärztliche Behandlung bestimmte Krankheiten verschlimmern kann
d dass seelische Konflikte die Ursache für körperliche Krankheiten sein können

5 Was versteht man unter dem Begriff »soziale Kompetenz«?

- **a** die Neigung, anderen Menschen zu helfen (»Helfersyndrom«)
- **b** die Weisungsbefugnis innerhalb einer Gruppe
- **c** eine Form der seelischen Resozialisierung Straffälliger
- **d** die Fähigkeit, auf einem hohen (»reifen«) psychischen Niveau mit anderen Menschen umgehen zu können

6 Bei welcher psychischen Störung besteht häufig eine ausgeprägte Antriebsstörung?

- **a** Angstneurose
- **b** Phobie
- **c** Zwangsneurose
- **d** Depression

7 Was ist der Unterschied zwischen Neurose und Persönlichkeitsstörung?

- **a** Bei der Neurose besteht kein Leidensdruck.
- **b** Bei der Persönlichkeitsstörung besteht kein Leidensdruck.
- **c** Bei der Neurose ist man sich einer Störung nicht bewusst.
- **d** Bei der Persönlichkeitsstörung besteht ein Leidensdruck.

8 Was versteht man unter »Bulimie«?

- **a** die Pubertätsmagersucht
- **b** Adipositas
- **c** ein neurologisch begründetes Anfallsleiden mit psychischen Symptomen
- **d** eine seelisch begründete Form der Essstörung mit Heißhungeranfällen und (meist) anschließend künstlich hervorgerufenem Erbrechen

9 Was beschreibt man mit dem Begriff »Hierarchie«?

- **a** die Abstammungslinie in einem Königshaus
- **b** autoritäre Herrschaftsausübung
- **c** die Rangordnung innerhalb einer Gruppe oder Organisation
- **d** fehlendes Verantwortungsbewusstsein

10 Was versteht man unter »pädagogischer Psychologie«?

a ein Teilgebiet der Psychologie, das sich mit Fragen des Managements beschäftigt

b ein Teilgebiet der Psychologie, das sich mit Fragen des Militärs beschäftigt

c ein Teilgebiet der Psychologie, das sich mit Fragen der Seelsorge befasst

d ein Teilgebiet der Psychologie, das sich mit Fragen des Unterrichts und der Erziehung befasst

11 Womit beschäftigt sich die Sexualpädagogik?

a mit Fragen der Behandlung von sexuellen Störungen

b mit Fragen der Empfängnisverhütung

c mit der Theorie der Sexualerziehung und der Entwicklung geeigneter Unterrichtsmethoden für dieses Gebiet

d mit der Vermittlung sexueller Themen im Fernsehen

12 Was war das Hauptanliegen der sog. antiautoritären Erziehung in den 60er Jahren?

a die Liebe von Kindern und Jugendlichen zu Haustieren zu fördern

b Kinder und Jugendliche frühzeitig auf die Anforderungen der Arbeitswelt vorzubereiten

c Kinder und Jugendliche möglichst frühzeitig an Sport heranzuführen

d Kinder und Jugendliche nach ihren Bedürfnissen und Wünschen aufwachsen zu lassen, bei weitgehendem Verzicht auf autoritäre Einschränkung

13 Welche Psychotherapieform verwendet die berühmte Couch, auf die sich die Patienten in den Therapiestunden legen?

a Gesprächspsychotherapie

b Psychoanalyse

c Verhaltenstherapie

d Elektroschocktherapie

14 Was versteht man unter dem Begriff »Initiationsritus«?

a den durch ein Ritual geregelten Übergang von einem Status (z.B. Jugendlicher) in einen anderen (z.B. Erwachsener)
b den Beginn einer psychischen Krise
c den Beginn des Klimakteriums
d den soziologischen Begriff für den Übergang in die Arbeitslosigkeit

15 Woher stammt der Ausdruck »die oberen Zehntausend«?

a von Helmut Kohl (Bezeichnung für die anonymen Spender in der CDU-Parteispendenaffäre)
b aus einer Schrift über den Reichtum der Londoner
c aus einem Leitartikel der New Yorker Zeitung »Evening Mirror« aus dem Jahre 1844, der lediglich 10 000 New Yorker Bürger als gesellschaftsfähig qualifizierte
d aus einer alten Schrift über die indischen Kasten mit ihren 10 000 Mitgliedern

16 Wie hat sich in den letzten zehn Jahren die Kriminalität in New York entwickelt?

a stark gestiegen
b gleich geblieben
c stark zurückgegangen
d Es liegen keine Forschungen vor.

17 Was versteht man unter dem Begriff »Transsexualität«?

a ein starkes Gefühl, eigentlich homosexuell zu sein
b ein starkes Gefühl der Zugehörigkeit zum jeweils anderen Geschlecht
c ein starkes Gefühl der Abneigung gegen Sexualität allgemein
d psychisch bedingte Zeugungsunfähigkeit bei Männern

18 Was versteht man unter dem Begriff »Philanthropismus«?

a moderne Abspaltung der Philosophie
b von J. B. Basedow begründete Richtung des Aufklärungsdenkens

c eine moderne Kommunikationstheorie bei der Konfliktbewältigung
d Lehre der Menschenfeinde

19 Was versteht man unter »Midlifecrisis«
a die Krise einer Ehe nach mehreren Ehejahren
b einen Wunsch nach Arbeitsplatzwechsel
c die Pubertätskrise
d eine krisenhafte Phase des Infragestellens des bisherigen Lebens etwa in der Lebensmitte

20 Wie heißt das Hauptwerk von Karl Marx?
a »Die Kapitalisten«
b »Die Kapitulation«
c »Das Kapital«
d »Die Arbeiterklasse«

21 Was ist die Grundidee der Verhaltenstherapie?
a dass psychische Störungen auf einem falsch erlernten Verhalten basieren
b dass psychische Störungen auf angeborenen seelischen Strukturen und Konflikten beruhen
c dass vor allem die Eltern an psychischen Störungen schuld sind
d dass psychische Störungen am effektivsten mit Medikamenten zu behandeln sind

22 Welche drei Phasen kennzeichnen nach Sigmund Freud die seelische Entwicklung des kleinen Kindes?
a freie, gebundene, antiautoritäre Phase
b anlehnende, liebevolle, rücksichtslose Phase
c Saugephase, Ausstoßungsphase, Rivalitätsphase
d orale, anale, phallische (ödipale) Phase

23 Welche These vertritt die moderne psychologisch orientierte Astrologie?

a dass die Planeten Strahlen aussenden, die den Charakter prägen

b dass die Planetenkonstellation zum Zeitpunkt der Geburt als Anzeigeinstrument fungiert, das auf einer symbolischen Ebene seelische Anlagemuster erkennen lässt

c dass sich auf Grund des Geburtshoroskops konkrete Lebensereignisse präzise vorhersagen lassen

d dass die Lektüre von Horoskopen in Tageszeitungen eine konkrete Hilfe für die Alltagsbewältigung bedeutet

24 Was ist ein Placebo?

a ein Mensch mit der Begabung übersinnlicher Wahrnehmung

b eine Methode der Psychodiagnostik

c ein Medikament in Tablettenform, das jedoch keine Wirkstoffe enthält

d ein Medikament zur Behandlung von Psychosen

25 Was ist das Hauptmerkmal einer Depression?

a Verstimmung

b Kopfschmerzen

c Schlaflosigkeit

d Ängstlichkeit

26 Was ist in der Psychologie der Unterschied zwischen Angst und Furcht?

a Angst bezieht sich auf ein konkretes Objekt, Furcht ist eher diffus.

b Furcht stammt aus der Kindheit, Angst aus einer als belastend erlebten Gegenwart.

c Angst ist biologisch-organisch bedingt, Furcht psychisch.

d Furcht bezieht sich auf ein konkretes Objekt, Angst ist eher diffus.

27 Was versteht man unter einem »Waschzwang«?

a das unaufschiebbare Bedürfnis nach einem Haushalts- und Waschtag

b die krankhafte Fixierung auf ein stets gewaschenes Auto

c das krankhafte Bedürfnis, sich in übertriebener Häufigkeit z.B. die Hände waschen zu müssen

d eine psychosomatische Hauterkrankung

28 Welches war das Hauptarbeitsfeld von Anna Freud (der Tochter von Sigmund Freud)?

a die Psychosomatik

b die Psychotherapie bei Kindern

c die Psychotherapie bei Erwachsenen

d die Psychotherapie bei Psychosen

29 Was versteht man unter einem »Psychopathen«?

a einen psychotherapeutisch tätigen Arzt

b eine abnorme Persönlichkeit

c einen speziellen Typus des Angstneurotikers

d einen psychisch leidenden Menschen

30 Was versteht man unter einem »Ödipuskomplex«?

a Untreue in der Ehe

b eine Form der Bisexualität

c die Liebesgefühle des Kindes gegenüber dem gegengeschlechtlichen Elternteil und die gleichzeitigen Hassgefühle gegenüber dem gleichgeschlechtlichen

d die Liebesgefühle des kleinen Mädchens gegenüber ihrer Mutter

31 Was ist ein Hypochonder?

a jemand, der sich vor Tieren fürchtet

b jemand, der sich vor nahen Beziehungen fürchtet

c jemand, der sich ständig vor Erkrankungen fürchtet

d jemand, der sich vor Flugreisen fürchtet

32 Was ist eine Amnesie?

a die krankhafte Angst vor Ameisen
b eine Störung der sexuellen Erlebnisfähigkeit
c eine auf einen bestimmten Zeitraum begrenzte Erinnerungslücke
d die Unfähigkeit, Freude zu empfinden

33 Welche drei Adjektive beschreiben am besten eine Persönlichkeit mit deutlich hysterischen Zügen?

a zwanghaft, zurückhaltend, ängstlich
b theatralisch, ichbezogen, verführerisch
c kindlich, aufdringlich, intellektuell
d sanftmütig, hilfsbereit, unkonventionell

34 Welche drei Adjektive beschreiben am besten eine Persönlichkeit mit deutlich schizoiden Zügen?

a angepasst, freundlich, zugewandt
b ruhelos, rücksichtslos, arrogant
c selbstsicher, ehrgeizig, treu
d kühl, distanziert, verschlossen

35 Welche drei Adjektive beschreiben am besten eine Persönlichkeit mit deutlich depressiven Zügen?

a hoffnungslos, eingebildet, freundlich
b antriebsarm, niedergeschlagen, aggressionsgehemmt
c arbeitsscheu, klammernd, wenig selbstsicher
d gemütvoll, romantisch, ruhelos

36 Welche drei Adjektive beschreiben am besten eine Persönlichkeit mit deutlich paranoiden Zügen?

a empfindsam, selbstsicher, künstlerisch
b misstrauisch, überempfindlich, nachtragend
c wählerisch, extravagant, sinnlich
d hemmungslos, laut, intrigant

37 Wodurch wurden die Pawlowschen Hunde berühmt?

a durch ihre Rolle als Begleittiere für verhaltensgestörte Kinder
b durch ihre Mitwirkung an der Erforschung der Lerngesetze als Versuchstiere
c durch ihre Rolle als Begleiter für resozialisierte Kriminelle
d durch ihre Rolle als besonders einfühlsame Blindenhunde

38 Mit welchen der folgenden Themen beschäftigt sich die Parapsychologie?

a mit der Traumforschung
b mit außersinnlichen Wahrnehmungen (Telepathie, Hellsehen usw.)
c mit der Psychologie von Taubstummen
d mit der Erforschung des psychologischen Erlebens im Mutterleib

39 Was ist eine Kaste?

a ein anderer Begriff für »Mafia«
b eine spezielle, von anderen abgegrenzt lebende soziale Gruppe
c die Bezeichnung für eine hierarchische Ordnung in einer modernen Bürokratie
d eine spezielle Gesellschaftsordnung in Kuba

40 Was war ein wichtiges pädagogisches Anliegen von Maria Montessori?

a in der Kleinkindererziehung das »Begreifen« über manuelle Anreize zu fördern
b bereits im Vorschulalter unter einem gewissen fördernden Leistungsdruck Lesen und Schreiben zu schulen
c bei verhaltensgestörten Kindern Clowns im Schulunterricht einzusetzen
d Kinder bei längeren Krankenhausaufenthalten mit speziellen pädagogischen Programmen zu betreuen

41 Was versteht man unter dem Begriff »Mobbing«?

a eine Spätform der Alkoholkrankheit
b fortgesetzte Aggressionen und Psychoterror am Arbeitsplatz
c eine spezielle Störung der Gedächtnisfunktion
d spezielle frühkindliche Verhaltensstörungen

42 Welche der folgenden Formulierungen beschreibt eine grundlegende Erkenntnis der Psychologie zum Thema Aggression?

a Aggressionen sind psycho-hormonell begründet.
b Aggressionen beruhen auf einer verwöhnenden Erziehung.
c Aggressionen entstehen auf Grund von Einsamkeit.
d Frustration erzeugt Aggression.

43 Was versteht man unter »Autismus«?

a Angst vor dem Autofahren
b eine extreme Form des Insichgekehrtseins und der Selbstbezogenheit
c die Furcht vor selbstständigen Entscheidungen
d die Neigung zu autoritärem Verhalten

44 Was versteht man unter »Demoskopie«?

a eine Methode der Verhaltensbeobachtung von Kleingruppen
b die Erforschung von Einstellungen und Meinungen durch Umfragen
c eine Methode der psychologischen Säuglingsbeobachtung
d ein psychologisches Testverfahren

45 Was beschreibt der Begriff der »Projektion« in der Psychologie?

a eine Form des Verfolgungswahns im Jugendalter
b einen psychischen Mechanismus, bei dem eigene Gefühle und Wünsche einem anderen Menschen zugeschrieben werden
c eine Form der Angststörung bei älteren Menschen
d eine Technik der psychologischen Gesprächsführung

46 Welchen Begriff prägte Sigmund Freud für das Gewissen?

- **a** Ober-Ich
- **b** Über-Ich
- **c** Gewissens-Ich
- **d** Eltern-Ich

47 Welcher Planet steht in der psychologischen Astrologie als Symbol für Aggression?

- **a** Venus
- **b** Jupiter
- **c** Pluto
- **d** Mars

48 Was ist – psychologisch gesehen – die Hauptaufgabe in der Pubertät?

- **a** zügelloses Ausleben der Sexualität
- **b** die schrittweise Ablösung von den Eltern
- **c** Erfolg in Schule und Ausbildung
- **d** die Erhaltung eines kindlichen Gemüts

49 Was ist ein Transvestit?

- **a** ein Anhänger einer indischen Meditationstechnik
- **b** ein Mensch mit der Vorliebe, die Kleidung des anderen Geschlechts zu tragen
- **c** ein Liebhaber pornographischer Schriften und Filme
- **d** jemand mit der Vorliebe für sadomasochistische Beziehungen

50 Wer war Max Weber?

- **a** ein bedeutender Soziologe
- **b** ein bedeutender Pädagoge
- **c** ein bedeutender Psychotherapeut
- **d** ein bedeutender Anthropologe

Lösungen siehe Seite 358.

11. Literatur

1 Wie hieß das erste Drama von Friedrich von Schiller (1759–1805)?

a »Kabale und Liebe«
b »Die Räuber«
c »Romeo und Julia«
d »Demetrius«

2 Welches Werk stammt nicht von Fjodor Dostojewskij (1821–1881)?

a »Der Idiot«
b »Aufzeichnungen aus einem Totenhaus«
c »Die toten Seelen«
d »Schuld und Sühne«

3 Wann wurde die erste deutschsprachige Gesamtausgabe der Bibel in der Übersetzung von Martin Luther veröffentlicht?

a 1517
b 1483
c 1534
d 1546

4 Welcher literarischen Strömung sind die Werke des amerikanischen Autors Stephen Crane zuzuordnen?

a Realismus
b Expressionismus
c Symbolismus
d Naturalismus

5 »Die Buddenbrooks«, die Familiengeschichte einer Lübecker Kaufmannsfamilie, schrieb 1901 …

a Stefan Zweig
b Hermann Hesse
c Thomas Mann
d Christian Morgenstern

6 Welches der angegebenen Kinderbücher stammt von der schwedischen Schriftstellerin Astrid Lindgren?

a »Die wunderbare Reise des kleinen Nils Holgerson mit den Wildgänsen«
b »Meisterdetektiv Kalle Blomquist«
c »Hanni und Nanni«
d »Die kleine Hexe«

7 Was ist das bedeutendste Werk der babylonischen Literatur, das Ende des 2. Jahrhunderts v. Chr. entstand und ca. 3600 Verszeilen beinhaltet?

a das »Gilgamesch-Epos«
b die »Verse aus Byblos«
c der »Mythos von Baal«
d »Echnaton«

8 Friedrich Dürrenmatt (1921–1990) stellte die Frage nach der Eigenverantwortung und Ethik der Wissenschaftler neu. Sein Werk, das sich kritisch mit der atomaren Aufrüstung auseinandersetzt, heißt …

a »Die Physiker«
b »Der Besuch der alten Dame«
c »Ein Engel«
d »Ende einer Dienstfahrt«

9 Was sind die drei literarischen Grundformen?

a Kurzgeschichte, Märchen und Drama
b Epik, Lyrik und Drama
c Ballade, Erzählung und Komödie
d Roman, Ballade und Tragödie

10 Welcher deutsche Schriftsteller erhielt 1972 den Literaturnobelpreis?

a Heinrich Böll
b Günter Grass
c Nicolas Born
d Martin Walser

11 In welcher Stadt befindet sich das Goethe- und Schillerarchiv, das zu einem Zentrum deutscher Literaturforschung wurde?

a Wismar
b Jena
c Wetzlar
d Weimar

12 Wer war der Autor der »Odyssee«?

a Homer
b Ilias
c Sophokles
d Archimedes

13 Welcher deutsche Autor des 20. Jahrhunderts war u.a. von der indischen Philosophie beeinflusst?

a Rolf Dieter Brinkmann
b Hermann Hesse
c Jens Sparschuh
d Peter Brinkmann

14 Welches der folgenden Werke wurde nicht von Franz Kafka (1883–1924) geschrieben?

a »Berichte für eine Akademie«
b »Nana«
c »Der Prozess«
d »Das Schloss«

15 Wer schrieb die Tragödie »Romeo und Julia«?

a Oliver Cromwell
b Marquis de La Fayette
c George B. Shaw
d William Shakespeare

16 Wann lebte Johann Wolfgang von Goethe?

a 1759–1842
b 1749–1832
c 1812–1873
d 1698–1754

17 In welchem Roman wird eine Mordserie vor dem Hintergrund der mittelalterlichen Klosterwelt und der kirchlichen Intoleranz geschildert?

a »Der Graf von Monte Christo«
b »Ivanhoe«
c »Der Hexer«
d »Der Name der Rose«

18 Welche philosophische Richtung vertraten Albert Camus und Jean-Paul Sartre?

a den Idealismus
b die Phänomenologie
c die Ästhetik
d den Existentialismus

19 Wie heißt das Hauptwerk des britischen Reisejournalisten und Kulturforschers Bruce Chatwin (1940–1989)?

a »Nach Kambodscha schwimmen«
b »Traumpfade«
c »Am Ende aller Straßen – Die Wüste Znünz«
d »Der lange Abschied«

20 Der italienische Regisseur Luchino Visconti verfilmte 1971 die Novelle »Der Tod in Venedig«. Von wem stammt diese Novelle?

a Alberto Moravia
b Thomas Mann
c Luigi Pirandello
d Stefan Zweig

21 Wer schrieb den Roman »Bildnis einer Dame«?

a Henry James
b Henry Miller
c James Baldwin
d Theodore Dreiser

22 Welcher Vertreter des absurden Theaters schuf 1948 das Drama »Warten auf Godot«?

a Guillaume Apollinaire
b Samuel Beckett
c Eugène Ionesco
d Jean Genet

23 Was versteht man unter einem »Sonett«?

a einen »holprigen« Vers mit freier Verteilung der betonten Silben
b eine dreizeilige Versform in Japan, die aus 5 + 7 + 5 Silben besteht
c eine englische 5-zeilige Gedichtform mit humorvoll-ironischem Inhalt
d ein Gedicht aus 14 Zeilen gegliedert in zwei Vierzeiler und zwei Dreizeiler

24 Wer schrieb den »Hauptmann von Köpenick«?

a Carl Zuckmayer
b Stefan Zweig
c Karl Valentin
d Heinrich Böll

25 Wo liegt Heinrich von Kleist (»Der zerbrochene Krug«) begraben?

a in Frankfurt an der Oder
b in Berlin
c in Dresden
d in Potsdam

26 In welchem deutschen Roman steht Franz Biberkopf im Mittelpunkt?

- **a** »Berlin Alexanderplatz«
- **b** »Doppelleben«
- **c** »Der Schlafwandler«
- **d** »Der Untertan«

27 Gerhart Hauptmanns (1862–1946) soziales Drama »Die Weber« stammt aus der Epoche des …

- **a** Naturalismus
- **b** Symbolismus
- **c** Expressionismus
- **d** Hyperrealismus

28 Wer war der Autor des »Faust«, eines Dramas über den deutschen Arzt und Alchemisten Georg (»Johannes«) Faust, in dessen Mittelpunkt der Teufelspakt steht?

- **a** Eduard Mörike
- **b** Friedrich von Schiller
- **c** Gotthold Ephraim Lessing
- **d** Johann Wolfgang von Goethe

29 Eine mittelalterliche Dichtung, die vor allem das Rittertum verherrlichte, war …

- **a** »Parzival«
- **b** »Der arme Heinrich«
- **c** »Tristan und Isolde«
- **d** das »Hildebrandslied«

30 Wer schrieb die »Blechtrommel«?

- **a** Thomas Mann
- **b** Günter Grass
- **c** Michael Roes
- **d** Heinrich Böll

31 Die Figur des Kommissars in den Kriminalromanen von Georges Simenon heißt …

a Hercule Poirot
b Inspektor Lavardin
c Kommissar Brunetti
d Kommissar Maigret

32 Erich Kästner wurde u.a. auch als Kinderbuchautor bekannt. Welcher Titel gehört nicht zu seinem Werk?

a »Emil und die Detektive«
b »Die Konferenz der Tiere«
c »Der Räuber Hotzenplotz«
d »Das doppelte Lottchen«

33 Wer war der Autor von »Emilia Galotti«?

a Georg Büchner
b Gotthold Ephraim Lessing
c Gerhart Hauptmann
d Annette von Droste-Hülshoff

34 Der deutsche Dramatiker Rolf Hochhuth provozierte mit seinem 1963 entstandenen Erstlingswerk politische Spannungen mit dem Vatikan. Wie hieß dieses Werk?

a »Guerillas«
b »Das obszöne Werk«
c »Soldaten«
d »Der Stellvertreter«

35 Welcher der angegebenen Romane gehört zur Gattung der Zukunftsromane und wurde von Jules Verne geschrieben?

a »Die Reise zum Mittelpunkt der Erde«
b »1984«
c »Schöne neue Welt«
d »Utopia«

36 Von welchem amerikanischen Schriftsteller stammt der Roman »Moby Dick«?

- **a** Hermann Melville
- **b** Robert Louis Stevenson
- **c** James Fenimore Cooper
- **d** Washington Irving

37 Was versteht man unter einem Prolog in der Literatur oder im Theater?

- **a** die Verlängerung einer Theateraufführung in freier Improvisation bei besonders günstiger Resonanz des Publikums
- **b** einen in freier Form verfassten Text ohne jeden Reim
- **c** den Anhang an ein Buch oder an ein Theaterstück
- **d** einen einführenden Text, der dem eigentlichen Werk vorangestellt ist und dessen Funktion darin besteht, das Publikum oder den Leser einzustimmen

38 Welches der folgenden vier Werke stammt nicht von Heinrich Böll?

- **a** »Billard um halb zehn«
- **b** »Stiller«
- **c** »Ansichten eines Clowns«
- **d** »Irisches Tagebuch«

39 Welcher deutsche Schriftsteller wurde durch einen Kriegsroman bekannt?

- **a** Alfred Döblin
- **b** Bertold Brecht
- **c** Erich M. Remarque
- **d** Gottfried Benn

40 Was sind die letzten Worte Hamlets in Shakespeares Tragödie?

- **a** »Ich weiß, dass ich nichts weiß.«
- **b** »Zerstört meine Kreise nicht!«
- **c** »Die Würfel sind gefallen.«
- **d** »Der Rest ist Schweigen.«

41 Wie heißt die weibliche Hauptfigur in dem weltberühmten Roman »Vom Winde verweht«?

a Daisy Miller
b Verena Tarrant
c Scarlett O'Hara
d Vivien Warren

42 Was versteht man unter einer Anthologie?

a eine Auswahl von Texten, die eine Epoche, ein Gesamtwerk oder ein literarisches Motiv repräsentieren
b eine Darstellung des Lebenslaufes einer prominenten historischen oder zeitgenössischen Persönlichkeit
c eine Sammlung verschiedener noch unveröffentlichter Schriften
d ein literarisches Jahrbuch oder Kalender

43 Welches der angegebenen Dramen gehört nicht zum Werk Henrik Ibsens (1828–1906)?

a »Nora oder Ein Puppenheim«
b »Peer Gynt«
c »Die Wildente«
d »Prinz Friedrich von Homburg«

44 Welches Drama von Johann Wolfgang von Goethe (1749–1832) behandelt vor allem die Themen Ehrfurcht vor Sitte, Sittlichkeit und Ordnung?

a »Götz von Berlichingen«
b »Iphigenie auf Tauris«
c »Torquato Tasso«
d »Die Leiden des jungen Werthers«

45 Wie heißt der Autor des »Canto General« (»Der große Gesang«, 1950), der von dem griechischen Komponisten Mikis Theodorakis vertont wurde?

a Gabriel García Márquez
b Jorge Amado

c Federico García Lorca
d Pablo Neruda

46 Der Roman »Don Quijote de la Mancha« beeinflusste in besonderem Maße die Entwicklung der europäischen Prosa und war bis in die jüngste Zeit Gegenstand zahlreicher Bearbeitungen durch andere Kunstgattungen (Graphik, Oper, Film, Ballett, Musical). Wer schrieb Anfang des 17. Jahrhunderts diesen Roman?

a El Cid
b Lope de Vega
c Pedro Calderón de la Barca
d Miguel de Cervantes y Saavedra

47 Wie bezeichnet man die Gruppe amerikanischer Schriftsteller der späten 50er Jahre, die in ihren Werken gesellschaftlichen Protest ausdrückten?

a Lostgeneration
b Beatgeneration
c Gruppe 47
d Angry Young Men

48 Die Ode »An die Freude« wurde im Schlusschor der 9. Sinfonie von Ludwig van Beethoven vertont. Wer schrieb diese Ode?

a Friedrich Gottlieb Klopstock
b Friedrich von Schiller
c Pietro Metastasio
d Johann Wolfgang von Goethe

49 Welches der angegebenen Werke gehört nicht zur Gattung der Abenteuerromane?

a »Robinson Crusoe« von Daniel Defoe
b »Die drei Musketiere« von Alexandre Dumas
c »Der Malteser Falke« von Samuel Dashiell Hammett
d »Die Lederstrumpfgeschichten« von James Fenimore Cooper

50 Wer schrieb den Romanzyklus »Die menschliche Komödie«?

a Dante Alighieri
b Fjodor Dostojewskij
c Emil Zola
d Honoré de Balzac

Lösungen siehe Seite 362.

12. Musik

1 Wer komponierte die Oper »Porgy and Bess«?

a George Gershwin
b Benjamin Britten
c Leonard Bernstein
d Kurt Weill

2 Welches der folgenden Instrumente ist kein Holzblasinstrument?

a Oboe
b Horn
c Englischhorn
d Klarinette

3 In welchem Jahr wurde die Auflösung der Beatles bekannt gegeben?

a 1968
b 1970
c 1980
d 1960

4 Wer entwickelte um 1920 die Zwölftonmusik?

a Claude Debussy
b Olivier Messiaen
c Arnold Schönberg
d Hanns Eisler

5 Wer komponierte die Oper »Tosca«?

a Giacomo Puccini
b Giuseppe Verdi
c Ruggiero Leoncavallo
d Wolfgang Amadeus Mozart

6 Welcher Komponist wird nicht zu den Vertretern der Wiener Klassik (ca. 1780–1827) gezählt?

a Ludwig van Beethoven
b Richard Strauß
c Joseph Haydn
d Wolfgang Amadeus Mozart

7 Wie viele Noten umfasst eine Oktave?

a 6
b 10
c 12
d 8

8 Wer komponierte »Die Fledermaus«?

a Ralph Benatzky
b Leon Jessel
c Johann Strauß
d Gustav Mahler

9 In welcher Epoche erlebte die Orgelmusik ihre Blütezeit?

a in der Romantik
b im Barock
c in der Klassik
d in der Renaissance

10 Aus welcher Oper stammt die Kanzone »Oh, wie so trügerisch«?

a »Aida«
b »Der Barbier von Sevilla«
c »Rigoletto«
d »Die lustigen Weiber von Windsor«

11 Welche/r Sänger/in wurde mit den Chansons »Je ne regrette rien« und »La vie en rose« bekannt?

a Juliette Gréco
b Edith Piaf

c Jacques Brel
d Patricia Kaas

12 Wie bezeichnet man eine Gefäßflöte aus Ton oder Porzellan in Gestalt eines Vogels, die von Giuseppe Donati zwischen 1860–1880 entwickelt wurde?

a Kazoo
b Piccoloflöte
c Okarina
d Helikon

13 Wer war der 1980 ermordete Mitbegründer der Beatles?

a Jimi Hendrix
b Brian Jones
c Jack Bruce
d John Lennon

14 Von wem stammt die Oper »Zar und Zimmermann«?

a Richard Wagner
b Albert Lortzing
c Ludwig van Beethoven
d Jean-Philippe Rameau

15 Welcher Musikform gab der Lyriker Walther von der Vogelweide (um 1170–1230) einen unverwechselbaren Inhalt?

a dem epischen Hofgesang
b den gregorianischen Chorälen
c der römischen Liturgie
d dem Minnesang

16 Welcher Komponist litt schon früh an einem Gehörleiden, das letztlich zur völligen Taubheit führte?

a Gustav Mahler
b Johann Sebastian Bach
c Ludwig van Beethoven
d Franz Schubert

17 Wer schrieb 1969 mit »Tommy« die erste bekannte Oper in der Rockmusik?

- **a** Neil Young
- **b** Paul Kantner & Grace Slick (Jefferson Airplane)
- **c** Jerry Garcia (The Greatful Dead)
- **d** Pete Townshend (The Who)

18 Von wem stammt die 1929 uraufgeführte Operette »Das Land des Lächelns«?

- **a** Carl Millöcker
- **b** Johann Strauß
- **c** Franz Lehár
- **d** Peter Tschaikowski

19 Wer war der berühmte italienische Geigenbauer, dessen Name für die begehrtesten und wohl auch teuersten Geigen steht?

- **a** Antonio Stradivari
- **b** Antonio Vivaldi
- **c** Tirso del Gibson
- **d** Ruggiero Rizzitelli

20 Zu welcher Popgruppe schlossen sich Agnetha Fältskog, Benny Andersson, Björn Ulvaeus und Anni-Frid Lyngstad 1972 zusammen?

- **a** Roxette
- **b** Abba
- **c** Dschingis Khan
- **d** Bee Gees

21 Wer komponierte die Musik zur »Dreigroschenoper«?

- **a** Bertold Brecht
- **b** Gioacchino Rossini
- **c** Kurt Weill
- **d** Jean-Philippe Rameau

22 Von wem stammt der Liederzyklus »Die Winterreise«?

a Wolfram von Eschenbach
b Clara Schumann
c Joseph Haydn
d Franz Schubert

23 Wie wird eine Tonleiter bezeichnet, die sich aus Halbtonstufen zusammensetzt?

a chromatisch
b harmonisch
c melodisch
d disjunktiv

24 Eine Auswahl aus der »Carmina Burana«, einer mittelalterlichen Liederhandschrift, wurde vertont von …

a Orlando di Lasso
b Béla Bartók
c Carl Orff
d Johannes Brahms

25 Welcher Komponist des 19. Jahrhunderts gestaltete seine Opern in Form von Musikdramen?

a Paul Hindemith
b Albert Lortzing
c Richard Wagner
d Friedrich G. Klopstock

26 Wie viele Saiten hat eine gewöhnliche Gitarre?

a 6
b 8
c 5
d 4

27 Wer war Enrico Caruso (1873–1921)?

a ein amerikanischer Musicalkomponist italienischer Abstammung

b ein berühmter italienischer Pianist, der schon als »Wunderkind« bekannt war

c der wohl populärste Tenorsänger Anfang des 20. Jahrhunderts

d ein italo-amerikanischer Schauspieler und Tänzer

28 Wie hieß der erste weiße Superstar des Rock 'n' Roll, eines um 1955 entstandenen Musikstils (ursprünglich eine Verbindung aus Rhythm & Blues, Blues und Country and Western)?

a Brian Wilson

b Paul Mc Cartney

c Mick Jagger

d Elvis Aaron Presley

29 Was beinhaltet das Köchelverzeichnis?

a sämtliche Werke Ludwig von Köchels

b sämtliche Werke Beethovens

c sämtliche Werke Mozarts

d sämtliche deutsche Sinfonien des 19. Jahrhunderts

30 Welcher amerikanische Jazzmusiker (Trompete) prägte den Modern Jazz maßgebend?

a Chi Coltrane

b Dick Heckstall-Smith

c Miles Davis

d Glenn Miller

31 Wer komponierte die Operette »Der Vogelhändler«?

a Carl Zeller

b Emmerich Kálmán

c Fred Raymond

d George Gershwin

32 Wie heißt die aus Jamaika stammende Stilrichtung der Rockmusik, deren Wurzeln in afrikanischer Musiktradition, karibischer Rhythmik und afro-amerikanischem Rhythm & Blues liegen und die ein wichtiges Ausdrucksmittel in der Religion der Rastafari ist?

a Bebop
b Reggae
c Hip Hop
d Soul

33 Welche Oper wurde zur Eröffnung des Suez-Kanals 1869 geplant, jedoch erst 1871 in Kairo uraufgeführt?

a »Aida« (Guiseppe Verdi)
b »Fidelio« (Ludwig van Beethoven)
c »Parsifal« (Richard Wagner)
d »Das Land des Lächelns« (Franz Lehár)

34 Wie heißt das traditionelle Musikinstrument der australischen Ureinwohner (Aborigines)?

a Bumerang
b Ukulele
c Tjurunga
d Didgeridoo

35 Zahlreiche Operntexte für Richard Strauß schrieb …

a Hugo von Hofmannsthal
b Carl Zuckmayer
c Franz Grillparzer
d Heinrich Heine

36 Welche Zuordnung von Volkstanz und Land stimmt nicht?

a Mazurka – Polen
b Bolero – Spanien
c Csárdás – Ungarn
d Habanera – Italien

37 Wie heißt der amerikanische Rocksänger und -gitarrist, der seinen weltweiten Durchbruch mit dem Album »Born in the USA« (1984) erzielte und weltweit als »Der Boss« bezeichnet wird?

a Woody Guthrie
b Bruce Springsteen
c Alice Cooper
d Bob Dylan

38 Welches Musical basiert auf der Romanze »Pygmalion« von George Bernard Shaw?

a »West Side Story«
b »Cats«
c »Brigadoon«
d »My Fair Lady«

39 Welcher der folgenden Songs ist nicht von den Beach Boys?

a »Surfer girl«
b »Beatnik beach«
c »All summer long«
d »Girls on the beach«

40 Aus welcher Oper von Giuseppe Verdi stammt der berühmte »Gefangenenchor«, von dem man sagt, die Italiener würden ihn als ihre heimliche Nationalhymne ansehen?

a »Attila«
b »Die Macht des Schicksals«
c »Nabucco (Nebukadnezar)«
d »Othello«

41 Welches der folgenden Ballettstücke wurde nicht von Peter Tschaikowsky (1840–1893) komponiert?

a »Dornröschen«
b »Nussknacker«
c »Schwanensee«
d »Giselle«

42 Wie hieß der Sänger, der 1965 eine weltberühmte Band gründete, die sich durch eine aggressive, oft auch obszöne Bühnenschau, lange Orgelpassagen, ausgedehnte Gitarrensoli und Songtexte mit Schreckensvisionen, voller Todesträume und Zaubersymbolen auszeichnete (Beispielsong »The end«)?

a Van Morrison
b Frank Zappa
c Ritchie Blackmore
d Jim Morrison

43 In welcher von Wagners Opern feiern Nymphen und Jünglinge das Fest der Liebe auf dem Venusberg?

a »Rienzi«
b »Tannhäuser«
c »Tristan und Isolde«
d »Lohengrin«

44 Wie hieß die von Andy Warhol geförderte Avantgarde-Band um Lou Reed & John Cale?

a Cream
b Buffalo Springfield
c The Velvet Underground
d The Greatful Dead

45 Was versteht man in der Musik unter der Vortragsbezeichnung »staccato«?

a Die Töne werden sehr leise gespielt.
b Die Töne sind verkürzt und deutlich voneinander getrennt zu spielen.
c Die Töne werden breit und gewichtig gespielt.
d Die Töne sind ohne abzusetzen, in pausenloser Folge aneinander gebunden zu spielen.

46 Welche Oper wurde nicht von Wolfgang Amadeus Mozart komponiert?

a »Der Freischütz«
b »Die Hochzeit des Figaro«
c »Così fan tutte«
d »Don Giovanni«

47 Welche/r der folgenden Rockgruppen bzw. Einzelinterpreten ist nicht beim legendären Rockfestival »Woodstock« im August 1969 im US-Bundesstaat New York aufgetreten?

a Thin Lizzy
b Jimi Hendrix
c Joe Cocker
d Canned Heat

48 Wie hieß die amerikanische Sängerin, die u.a. mit den Songs »Move on up a little higher« oder »Silent night« die schwarze Gospelmusik einem weltweiten, multikulturellen Publikum bekannt machte?

a Ella Fitzgerald
b Rosetta Tharpe
c Bessie Smith
d Mahalia Jackson

49 Wie heißt der amerikanische Musikstil der 30er Jahre, der sich aus dem New Orleans Jazz entwickelt hat und in dem die Ausbildung so genannter Big Bands charakteristisch war?

a Ragtime
b Skiffle
c Swing
d Boogie-Woogie

50 Welche englische Rockgruppe hat die Langspielplatten »The Dark Side of the Moon«, »Ummagumma« und »Atom Heart Mother« herausgebracht?

a Pink Floyd
b Deep Purple
c Emerson Lake & Palmer
d Jefferson Airplane

Lösungen siehe Seite 367.

13. Kunst, Architektur, Design

1 Der spanische Maler und Graphiker Salvador Dali war ein wichtiger Vertreter des …

a Dadaismus
b Surrealismus
c Expressionismus
d Kubismus

2 Welche Epoche des Baustils ging der Gotik unmittelbar voraus?

a der Klassizismus
b das Rokoko
c die Renaissance
d die Romanik

3 Die unterschiedlichen griechischen Säulenarten werden u.a. durch die verschiedenen Formen von Basis, Schaft und Kapitell bestimmt; wie bezeichnet man die Säulenart, bei der die Basis ausgeprägt, der Schaft hoch und nach oben wenig verjüngt sowie das Kapitell mit schneckenförmig eingerollten Enden versehen ist?

a ionische Säule
b dorische Säule
c toskanische Säule
d korinthische Säule

4 Welcher Maler der Frührenaissance (»Die Geburt der Venus«) schuf eine mehr als 90 Federzeichnungen umfassende Illustration zu »Die göttliche Komödie«?

a Dante Alighieri
b Fra Filippo Lippi
c William Blake
d Sandro Botticelli

5 Eines der bekanntesten Werke von Franz Marc (1880–1916) ist …

a »Frühlingspflügen in Iowa«
b »Der Turm der blauen Pferde«
c »Der Traum des Albatros«
d »Der blaue Reiter«

6 Von welchelm Künstler wurde die »Mona Lisa« (1503–1506) gemalt?

a Andrea del Verrocchio
b Leonardo da Vinci
c Michelangelo Buonarroti
d Hans Baldung

7 Wer gehört nicht zu den typischen Vertretern des Expressionismus?

a Emil Nolde
b Ernst Ludwig Kirchner
c Vincent van Gogh
d Ernst Barlach

8 Wesentliche Merkmale des gotischen Baustils, insbesondere der Sakralarchitektur, sind u.a. …

a Rundbögen, kleine Fensterpartien, massive Bauweise
b Spitzbögen, reiche Fassadenverzierung, große Buntglasfensterfronten, hoch aufragende spitze Türme, Betonung der Vertikalrichtung
c regelmäßige strenge Proportionen, auf Symmetrie angelegte Konzeption, durch Säulenformationen geprägte Vorderfronten
d prachtvolle Architektur mit geschwungenen Formen, überreicher Ornamentik und Innenraumgestaltung durch großformatige Gemälde

9 Welches der folgenden Bauwerke wird nicht zu den sieben Weltwundern gezählt?

a die ägyptischen Pyramiden
b die hängenden Gärten der Semiramis

c die Zeusstatue in Olympia
d das Taj Mahal

10 Ein Mitglied der Dresdner Künstlervereinigung »Die Brücke« (gegründet 1906) war …
a Georg Kolbe
b Emil Nolde
c Paul Klee
d Oskar Kokoschka

11 Max Ernst gilt als Vertreter des …
a Kubismus und der Moderne
b Realismus
c Dadaismus und Surrealismus
d Klassizismus

12 Auguste Renoir (1841–1919) gehörte zu den Malern, die erstmals das moderne Leben in der Großstadt malten, er gilt als Hauptmeister des …
a Impressionismus
b Expressionismus
c Realismus
d Surrealismus

13 Wie heißt der Künstler, der mit Gauguin zusammen gearbeitet hat und zunächst in ziemlich düsteren Farben, in seiner letzten Schaffensperiode aber in hellen »explosiven« Farben gemalt hat, die nicht die Realität, sondern seine Gefühle und Emotionen widerspiegeln sollten (Beispiele hierfür: Sonnenblumen- und Landschaftsbilder)?
a Vincent van Gogh
b Emil Nolde
c Georges Seurat
d Paul Cézanne

14 Wie ist der Name des französischen Malers und Graphikers, der Ende des 19. Jahrhunderts seine Motive vor allem in den Pariser Vergnügungsetablissements fand?

a Edgar Degas
b Henri de Toulouse-Lautrec
c Honoré Daumier
d Paul Signac

15 Wie heißt die Kunstrichtung der 60er Jahre, die gewöhnliche Alltagsgegenstände und Aussagen der Unterhaltung, des Massenkonsums und der Werbung in die Kunst integriert und sie dabei entfremdet und parodiert hat?

a Op-Art
b Futurismus
c Pop-Art
d Rayonismus

16 Er gilt als Wegbereiter der Architektur der Renaissance, sein wohl bekanntestes Bauwerk ist der Dom San Lorenzo in Florenz. Von wem ist die Rede?

a Filippo Brunelleschi
b Balthasar Neumann
c Rosario Gagliardi
d Filippo Juvara

17 In welchem Stil wurde der Kölner Dom erbaut?

a im romanischen Stil
b im klassizistischen Stil
c im gotischen Stil
d im barocken Stil

18 Wer entwarf den legendären Stuhl »3107«?

a Eileen Gray
b Arne Jacobsen
c Charles Eames
d Verner Panton

19 Wie nennt man die Maltechnik, bei der die Farben auf den frischen noch nassen Mörtel oder Putz aufgetragen werden?

a Fresko
b Frottage
c Fumage
d Grattage

20 Welches Gebäude in Berlin wurde nicht von Karl Friedrich Schinkel (1781–1841) entworfen?

a die Neue Wache
b das Alte Museum
c das Schauspielhaus am Gendarmenmarkt
d das Reichstagsgebäude

21 Welcher Architekt plante die seit 1883 im Bau befindliche Kathedrale »Sagrada Familia« in Barcelona?

a Erich Mendelsohn
b Antonio Gaudí
c Le Corbusier
d Raimondo d'Aronco

22 Welcher französische Maler des Impressionismus verwendete mit Vorliebe Motive aus der Inselwelt Polynesiens (Südsee)?

a René Magritte
b Paul Gauguin
c Marc Chagall
d Paul Cézanne

23 Welche druckgraphische Technik gehört nicht zum Tiefdruckverfahren?

a die Lithographie
b die Radierung
c der Kupferstich
d das Mezzotinto

24 »Die vier Apostel«, 1526 ursprünglich als Altarflügel konzipiert, stammen von …

- **a** Lucas Cranach dem Älteren
- **b** Albrecht Dürer
- **c** Thomas Locher
- **d** Matthias Grünewald

25 Welcher Maler des 19. Jahrhunderts befasste sich in seinen Bildern besonders liebe- und humorvoll mit dem Leben von Kleinstädtern und Sonderlingen?

- **a** Max Liebermann
- **b** Otto Dix
- **c** Carl Spitzweg
- **d** Heinrich Zille

26 Eines der bekanntesten Gemälde des spanischen Malers Francisco de Goya (1746–1828) ist …

- **a** »Venus mit Spiegel«
- **b** »Die nackte Maya«
- **c** »Die große Odaliske«
- **d** »Las Meninas«

27 Von welchem bedeutenden flämischen Künstler (1577–1640) stammt das Bild »Raub der Töchter des Leukippos«?

- **a** Anthonis van Dyck
- **b** Peter Paul Rubens
- **c** Jan Vermeer
- **d** Simon van der Bruegge

28 Der Innenraum der Sixtinischen Kapelle im Vatikan wurde Anfang des 16. Jahrhunderts hauptsächlich von welchem Künstler gestaltet?

- **a** Leonardo da Vinci
- **b** Michelangelo Buonarotti
- **c** Tizian Vecellio
- **d** Paolo Uccello

29 Was war das Bauhaus in Dessau?

a das weltweit erste Kaufhaus für Bauwaren

b eine Vereinigung deutscher Avantgarde-Literaten

c die von W. Gropius gegründete Hochschule für Baukunst und Gestaltung

d der Dachverband europäischer Bildhauer

30 Was bezeichnet man mit »Art Nouveau«?

a die Kunst, die durch Erfindung und Verwendung neuer Techniken, Medien sowie Ausdrucks- und Darstellungsformen (wie Collage, Fotografie, Video, Body-Art u.a.) ein erweitertes Kunstverständnis dokumentiert

b die avantgardistische Kunst des 20. Jahrhunderts in ihrer Gesamtheit

c die Stilrichtung in der bildenden und angewandten Kunst an der Wende vom 19. zum 20. Jahrhundert, die in Deutschland unter der Bezeichnung »Jugendstil« bekannt ist

d die Kunst in Frankreich nach dem 2. Weltkrieg

31 Von wem stammt der Entwurf für das Guggenheim Museum im spanischen Bilbao?

a Le Corbusier

b Frank O. Gehry

c Giancarlo Piretti

d Eero Saarinen

32 Welcher Architekt entwarf die Berliner Philharmonie und die Staatsbibliothek zu Berlin – Preußischer Kulturbesitz, die als Teil des Kulturforums am ehemaligen Kemperplatz konzipiert wurden?

a Egon Eiermann

b Ludwig Mies van der Rohe

c Werner Düttmann

d Hans Scharoun

33 Eine der ältesten Maltechniken ist …

a die Aquatinta
b die Ölmalerei
c die Temperamalerei
d die Aquarellmalerei

34 Welcher Bildhauer bevorzugte Holz als Material für seine Plastiken?

a Alberto Giacometti
b Ernst Barlach
c Henry Moore
d Auguste Rodin

35 In welcher Stilepoche erreichte die Glasmalerei ihren Höhepunkt?

a in der Romanik
b in der Renaissance
c in der Gotik
d im Barock

36 Welcher Maler und Graphiker des 20. Jahrhunderts hat in seinen oft traumhaft mystischen Bildern Elemente russischer Volkskunst und jüdischer Kultur verwendet und über 100 Illustrationen zur Bibel angefertigt?

a Eugène Delacroix
b Gustav Klimt
c Marc Chagall
d Henri Matisse

37 Welche Zuordnung von Baustil und Hauptmerkmal stimmt nicht?

a byzantinische Baukunst – Mosaike
b Rokoko – freistehende Säulen
c Romanik – Rundbögen
d maurische Baukunst – Hufeisenbögen

38 Wie hieß der wohl bedeutendste deutsche Landschaftsmaler der Romantik?

a Albrecht Altdorfer
b Michael Pacher
c Werner Tübke
d Caspar David Friedrich

39 Wie lautet der Name der deutschen Bildhauerin und Graphikerin, die vor allem soziale Themen beeindruckend darstellte?

a Käthe Kollwitz
b Kira Hanusch
c Caroline Schlegel
d Sophie Rois

40 Wo befindet sich die Alhambra (erbaut 12.–14. Jahrhundert), die als eine der bedeutendsten Profanbauten islamischer Baukunst zum Weltkulturerbe der UNESCO zählt?

a in Casablanca
b in Sevilla
c in Fès
d in Granada

41 Der wichtigste in Russland geborene Vertreter der abstrakten Kunst um 1900 war …

a Victor de Vasarély
b Wassily Kandinski
c Edgar Degas
d Ilja I. Kabakow

42 Das Forum Romanum muss man sich vorstellen …?

a als eine Art Burg oder Festung
b als ein Heldenfriedhof
c als ein Theater
d als eine Ansammlung von mehreren Gebäuden unterschiedlichster Art

43 Welcher Vertreter der abstrakt-expressionistischen Malerei entwickelte seit den 40er Jahren diesen Jahrhunderts das so genannte »dripping«?

a Victor Vasarély
b Jackson Pollock
c Willem de Kooning
d Richard Hamilton

44 Wie heißt das weltberühmte Kunstmuseum in Paris?

a Guggenheim-Museum
b Prado
c L'artifex
d Louvre

45 Welcher deutsche Künstler schuf trotz Malverbots durch das NS-Regime die »Ungemalten Bilder« und wurde durch diese vor allem als Aquarellmaler bekannt?

a August Macke
b Paul Klee
c Emil Nolde
d Franz Marc

46 Was ist das größte hinduistische Bauwerk Südostasiens (Khmer-Baustil)?

a Taj Mahal
b Angkor Wat
c Borobudur
d Potala

47 Welcher Maler, Graphiker und Bildhauer hat zusammen mit Georges Braque um 1910 den Kubismus entwickelt?

a Pablo Picasso
b Robert Delauny
c Piet Mondrian
d Henri Matisse

48 Welches Bauwerk ist ein Beispiel barocker Architektur?

a die Kathedrale von Chartres
b der Dom zu Speyer
c die Würzburger Residenz
d der Sankt-Peters-Dom in Rom

49 Welcher Baumeister, der sich dem Funktionalismus verbunden fühlte und die Wallfahrtskapelle Notre-Dame-du-Haut in Ronchamp entwarf, gehörte seit 1920 zu den einflussreichsten Architekten des 20. Jahrhunderts?

a Le Corbusier
b Bruno Taut
c Walter Gropius
d Erich Mendelsohn

50 Der niederländische Maler Rembrandt Harmensz van Rijn (1606–1669) ist vor allem berühmt für …

a seine farbenfrohe Landschaftsmalerei
b seine Porträtkunst und seine religiösen Werke in Helldunkelmalerei
c seine detailgenaue Blumenmalerei
d seine Stillleben

Lösungen siehe Seite 372.

14. Film und Theater

1 Welcher der folgenden Filme ist nicht von und mit Charlie Chaplin?

a »Lichter der Großstadt«
b »Moderne Zeiten«
c »Der große Diktator«
d »Es war einmal in Amerika«

2 Welche Zusammenstellung entspricht der richtigen Reihenfolge der James-Bond-Darsteller?

a Sean Connery – Roger Moore – Timothy Dalton – Pierce Brosnan – Daniel Craig
b Sean Connery – Timothy Dalton – Roger Moore – Daniel Craig – Pierce Brosnan
c Timothy Dalton – Sean Connery – Roger Moore – Pierce Brosnan – Daniel Craig
d Sean Connery – Timothy Dalton – Daniel Craig – Pierce Brosnan – Roger Moore

3 Mit welchem Film gelang Anthony Hopkins der Durchbruch zum internationalen Filmstar?

a »Rivalen am Abgrund«
b »Das Schweigen der Lämmer«
c »Instinkt«
d »Blue Velvet«

4 Wer spielte die Hauptrolle in der Verfilmung des Musicals »Evita«?

a Whitney Houston
b Kate Winslet
c Madonna
d Annette Bening

5 In welchem Film sang Marlene Dietrich »Ich bin von Kopf bis Fuß auf Liebe eingestellt«?

a »Ich tanz mich in dein Herz hinein«
b »Shanghai Express«
c »Zeugin der Anklage«
d »Der blaue Engel«

6 Bei welchen Filmfestspielen wird die »Goldene Palme« verliehen?

a in Berlin
b in Venedig
c in Cannes
d in Oberhausen

7 Wer ist in zahlreichen Italowestern der Partner von Bud Spencer?

a John Travolta
b Terence Hill
c Robert de Niro
d Nick Nolte

8 Um welches Thema geht es zentral in dem Film »Der Pate«?

a um internationale Wirtschaftskriminalität
b um Spionage
c um die Mafia
d um Liebe

9 Wie teuer war der Titanic-Film von James Cameron (1997)?

a 5 Millionen Dollar
b 100 Millionen Dollar
c 200 Millionen Dollar
d 300 Millionen Dollar

10 Wer ist in dem berühmten Film »Casablanca« die Partnerin von Humphrey Bogart?

a Marlene Dietrich
b Ingrid Bergman

c Greta Garbo
d Vivian Leigh

11 Wer ist in »Pretty Woman« Partner von Julia Roberts?
a Robert de Niro
b Richard Gere
c Kevin Costner
d Tom Hanks

12 Wer spielte die weibliche Hauptrolle in »Spiel mir das Lied vom Tod«?
a Brigitte Bardot
b Claudia Cardinale
c Gina Lollobridiga
d Sophia Loren

13 In welcher deutschen Stadt finden die Internationalen Kurzfilmtage statt?
a München
b Hagen
c Dortmund
d Oberhausen

14 Welcher weltberühmte Regisseur ließ es sich nicht nehmen, fast in jedem Film wenigstens ganz kurz in einer Szene zu erscheinen?
a Ingmar Bergman
b Steven Spielberg
c Alfred Hitchcock
d Federico Fellini

15 Wer sang den Titelsong im James-Bond-Film »Golden Eye« (1995)?
a Michael Jackson
b Tina Turner
c Prince
d James Brown

16 Wer sang den Titelsong im James-Bond-Film »Der Hauch des Todes« (1987)?

a Whitney Houston
b A-ha
c Rolling Stones
d Tom Jones

17 Wer führte die Regie in dem Film »2001 – Odyssee im Weltraum«?

a Stanley Kubrick
b Dennis Hopper
c Martin Scorsese
d Francis Ford Coppola

18 Welcher der folgenden Filme ist nicht von Woody Allen?

a »Der Stadtneurotiker«
b »Alice«
c »Die Outsider«
d »Zelig«

19 Welche Filmschauspielerin musste eine Szene 59-mal wiederholen, bis sie »im Kasten« war?

a Brigitte Bardot
b Claudia Cardinale
c Marilyn Monroe
d Julia Roberts

20 Welches Theaterstück von George Bernhard Shaw war die Textvorlage für das Musical »My Fair Lady«?

a »Zu wahr, um schön zu sein«
b »Pygmalion«
c »Der Arzt am Scheideweg«
d »Der Teufelsschüler«

21 Welches der folgenden Dramen ist nicht von Thomas Bernhard?

a »Der Weltverbesserer«
b »Die Macht der Gewohnheit«

c »Die Jagdgesellschaft«
d »Der Dichter als Schwein«

22 Welches bekannte Shakespeare-Stück wurde 1996 erfolgreich verfilmt und in eine US-amerikanische Gegenwartskulisse versetzt?
a »Ein Sommernachtstraum«
b »Romeo und Julia«
c »Der Kaufmann von Venedig«
d »Julius Cäsar«

23 Welcher bekannte Dramatiker starb auf der Bühne, während er in einem seiner eigenen Stücke die Titelrolle spielte?
a Shakespeare
b Molière
c Schiller
d Thomas Bernhard

24 Welcher amerikanische Dramatiker war kurze Zeit mit Marilyn Monroe verheiratet?
a Oscar Wilde
b Thornton Wilder
c Arthur Miller
d Samuel Beckett

25 Wie hieß das erste Drama von Friedrich Schiller?
a »Kabale und Liebe«
b »Die Räuber«
c »Die Jungfrau von Orleans«
d »Wallenstein«

26 Wer schrieb das Theaterstück »Warten auf Godot«?
a Thomas Bernhard
b Thornton Wilder
c John Osborne
d Samuel Beckett

27 Wer war Heiner Müller?

a ein bekannter Schauspieler zur Zeit von Gustaf Gründgens
b ein Theaterregisseur
c ein Schriftsteller und Regisseur
d ein Bühnenbildner

28 In welcher Stadt befindet sich das berühmte Burgtheater?

a in Berlin
b in München
c in Wien
d in Hamburg

29 Durch welche Theaterinszenierung wurde Gustaf Gründgens bis zum heutigen Tag zur Legende?

a »Hamlet«
b »Faust«
c »Die Weber«
d »Romeo und Julia«

30 Wer prägte den Begriff »episches Theater«?

a Carl Zuckmayer
b Bertolt Brecht
c Johann Wolfgang von Goethe
d Gotthold Ephraim Lessing

Lösungen siehe Seite 378.

15. Alte und neue Medien

1 Welcher der genannten Begriffe gehört zu den audiovisuellen Medien?

- **a** Zeitung
- **b** Schallplatte
- **c** Videokassette
- **d** Magnettonband

2 Worüber kann man sich im Feuilleton einer Zeitung informieren?

- **a** über lokale Ereignisse einer Region
- **b** über wirtschaftliche Entwicklungen
- **c** über kulturelle Ereignisse
- **d** über mögliche Reiseziele und touristische Sehenswürdigkeiten

3 Wie bezeichnet man die Drucktechnik, die 1797 von Alois Senefelder (1771–1834) erfunden wurde und die man besonders für den Plakatdruck anwendet?

- **a** Lithographie
- **b** Rotationsdruck
- **c** Siebdruck
- **d** Offsetdruck

4 Was versteht man unter »ISDN«?

- **a** eine internationale Standarddrucknummer
- **b** ein integrierter Service im Computer, der bei Problemen Hilfestellungen gibt
- **c** ein in Deutschland eingeführtes Universalnetz zur Übertragung digitaler Informationen
- **d** ein Informationsservice, bei dem man Deutschlandnachrichten erhält

5 Wie wird die gesamte Adresse einer Internetseite genannt?

a URL
b Link
c Wildcard
d TCP

6 Wie heißt die von Alice Schwarzer herausgegebene Frauenzeitschrift?

a Brigitte
b Emma
c Amica
d Lila

7 Wann nahm das Zweite Deutsche Fernsehen seinen Sendebetrieb auf?

a 1958
b 1960
c 1965
d 1963

8 Wozu dient ein Browser?

a Man kann mit ihm Videofilme selbst herstellen.
b Mithilfe eines Browsers kann man das Internet durchsuchen und an Informationen gelangen.
c Man kann durch ihn illegal in fremde Computersysteme eindringen.
d Man kann mit ihm die Festplatte eines Computers auf Viren hin untersuchen.

9 Welche der aufgeführten Zeitungen erscheint nicht täglich?

a Frankfurter Allgemeine Zeitung
b Rheinische Post
c Die Zeit
d Berliner Morgenpost

10 Wie heißt das deutsche Hörfunkprogramm, das weltweit ausgestrahlt wird?

- **a** DeutschlandRadio
- **b** Deutschlandfunk
- **c** Deutschlandsender
- **d** Deutsche Welle

11 Wofür steht »DVD«?

- **a** ein Speichermedium mit sehr hoher Kapazität
- **b** Digitaler Verarbeitungsdienst
- **c** ein Medium, das einem Computer ermöglicht, über analoge Telefonleitungen mit anderen Computern Daten auszutauschen
- **d** ein digitales Verzeichnis von Druckmedien

12 Was versteht man unter einer »Artothek«?

- **a** eine Verleihstelle für Kunstwerke
- **b** eine Bilderausstellung in einem öffentlichen Gebäude
- **c** eine Verleihstelle für Graphiken
- **d** eine Sammlung von Aquarellbildern

13 Welches der angegebenen Beschreibmaterialien oder Schriftträger wurde nicht im Altertum verwendet?

- **a** Pergament
- **b** Papier
- **c** Papyrus
- **d** Wachstafeln

14 Was ist die GEMA?

- **a** die Gemeinschaft engagierter Medienakteure
- **b** die Gesellschaft für musikalische Aufführungs- und mechanische Vervielfältigungsrechte
- **c** die Gemeinschaft europäischer Medienangestellter
- **d** eine Fachzeitschrift über Geschichte, Erdkunde, Mathematik und Astronomie

15 Wie heißt das deutschsprachige Satellitenkulturprogramm, das in weiten Teilen Europas und des Nahen Ostens gesehen werden kann und seit Dezember 1984 ausgestrahlt wird?

a Arte
b 3sat
c Phoenix
d CNN

16 Was versteht man unter einer »Rezension«?

a eine kritische Besprechung und Beurteilung eines neu erschienenen Werkes wie z.B. ein Film, eine CD, ein Buch
b eine künstlerisch-journalistische Sendung in Radio und Fernsehen
c eine Bearbeitung von Druckvorlagen von Hand mit Pinsel und Farbe
d eine Neuvorstellung eines Buches im Beisein des Autors

17 Wofür kann man einen Scanner benutzen?

a für die Verbindung zwischen zwei Netzwerken zu einem noch größeren Firmennetzwerk
b um im Internet gezielt nach Themen und Begriffen zu suchen
c um Fotos, Schriftstücke oder andere Vorlagen in den Rechner einzulesen
d zur Wiedergabe und Aufzeichnung von Tönen

18 Welcher der genannten Filme ist kein Stummfilm?

a »Das Cabinet des Dr. Caligari«
b »Metropolis«
c »20 000 Meilen unter dem Meer«
d »Susanna Lennox«

19 Wie nennt man das Sammeln von Büchern, hauptsächlich nach ästhetischen Gesichtspunkten bezüglich der äußeren Beschaffenheit eines Buches?

a Kalligraphie
b Bibliophilie
c Typographie
d Bibliophobie

20 Aus wie vielen Landesrundfunkanstalten besteht die Arbeitsgemeinschaft der öffentlich-rechtlichen Rundfunkanstalten der Bundesrepublik Deutschland (ARD)?

a 16
b 9
c 10
d 13

21 Wie nannte man die ersten kommerziellen Kinos in Amerika, die vorerst Stummfilme zeigten und von denen es 1907 ca. 5000 gab?

a Cinemascope
b Nickelodeon
c Billboard
d Mutoscope

22 Wie heißen die Zeichenkombinationen, die beim Chatten im Internet verwendet werden, um Gemütszustände darzustellen?

a Icons
b Emoticons
c Feelings
d Gimmix

23 Wie nennt man aus Harz hergestellte Tonträger?

a Schellackplatten
b Vinylplatten
c Langspielplatten
d Singles

24 Wie bezeichnet man das Aufzeichnungsverfahren bei TV-Produktionen?

a CUT
b Teleprompter
c Videoclip
d MAZ

25 Wie hieß der Telegraphenapparat, für den man ein besonderes Alphabet beherrschen musste?

a Fernschreiber
b Hell-Schreiber
c Morseapparat
d Drucktelegraph

26 Welcher der genannten Begriffe bezeichnet nicht die ersten Drucke und Bücher, die seit der Erfindung der Buchdruckkunst durch Gutenberg etwa 1445 bis zum Jahre 1500 hergestellt wurden?

a Inkunabeln
b Frühdrucke
c Zimelien
d Wiegendrucke

27 Wie wird die Hauptsendezeit des Fernsehens auch genannt?

a Prime-Time
b Happy Hour
c Blaue Stunde
d Jour fixe

28 Welche Zuordnung von Land und damit verbundenem Ländercode als Teil des Domain-Namens im Internet ist nicht richtig?

a Japan – .jp
b Schweden – .se
c Südafrika – .za
d Großbritannien – .gb

29 Welcher der folgenden Verlage ist kein Schulbuchverlag?

a Schroedel
b De Gruyter
c Klett
d Cornelsen

30 Wer hat das erste Sprache übermittelnde Telefon entwickelt und ließ es 1876 patentieren?

a Alexander Graham Bell
b Heinrich Hertz
c Johann Philipp Reis
d Hermann Ludwig von Helmholtz

Lösungen siehe Seite 381.

16. Mathematik

1 Auf welche geometrische Form bezieht sich der Satz des Pythagoras?

- **a** auf den Kreis
- **b** auf ein Rechteck
- **c** auf ein rechtwinkliges Dreieck
- **d** auf ein Quadrat

2 Was versteht man unter dem »reziproken Wert einer Zahl« am Beispiel der Zahl 6?

- **a** 0,6
- **b** 1/6
- **c** 0,15
- **d** Alle Lösungsvorschläge sind falsch.

3 In welcher Reihe befinden sich ausschließlich ganze Zahlen?

- **a** 1, 2, 3
- **b** 0, 1, 2
- **c** –1, 0, 1
- **d** Alle Lösungsvorschläge sind richtig.

4 In welchem Zusammenhang gebraucht man die Zahl Pi (π)?

- **a** für die Berechnung des Flächeninhalts eines Quaders
- **b** für die Berechnung des Umfangs einer Raute
- **c** für die Berechnung von Kreisflächen
- **d** für die Berechnung von Trapezflächen

5 Was versteht man unter einer »Hypotenuse«?

- **a** die Grundfläche einer Pyramide
- **b** die Diagonale eines Rechtecks
- **c** diejenige Seite eines rechtwinkligen Dreiecks, die dem rechten Winkel gegenüberliegt
- **d** den Flächeninhalt eines Dreiecks

6 Wie viel Liter passen in einen Kubikmeter?

- **a** 1000 Liter
- **b** 100 Liter
- **c** 10 000 Liter
- **d** 10 Liter

7 Was besagt der Satz des Pythagoras?

- **a** Das Produkt aus der Multiplikation zweier negativen Zahlen ist stets positiv.
- **b** Eine Zahl lässt sich nicht durch Null teilen.
- **c** Die Oberfläche eines Würfels ist gleich dem sechsfachen Quadrat seiner Kantenlänge
- **d** In einem rechtwinkligen Dreieck ist die Summe der Quadrate über den Katheten gleich dem Quadrat über der Hypotenuse: ($a^2 + b^2 = c^2$).

8 Was ist eine Primzahl?

- **a** Jede Zahl, die durch 10 teilbar ist.
- **b** Eine Zahl, die nur durch sich selbst und durch 1 teilbar ist.
- **c** Eine positive, ganze Zahl.
- **d** Eine Zahl, die sich ergibt, wenn 1 durch sie geteilt wird.

9 Wie lautet die Formel zur Berechnung der Fläche (A) eines Kreises?

- **a** $A = \pi r^2$
- **b** $A = 2\pi r$
- **c** $A = \pi^2 r$
- **d** $A = \pi^2 2r$

10 Was ist die Summe der 3 Winkel eines Dreiecks?

- **a** 360°
- **b** 90°
- **c** 100°
- **d** 180°

11 Wie lautet der binomische Satz (die Darstellung durch eine Reihe) der Potenz $(a + b)^2$?

a $2a + 2b$
b $a^2 + 2ab + b^2$
c $a^2 + b^2$
d $4ab$

12 Wie viele Quadratmeter machen 2 Hektar aus?

a 1000 m^2
b 2000 m^2
c 20 000 m^2
d 200 000 m^2

13 Wie viel Kilogramm entsprechen 5 Milligramm?

a 0,0005 kg
b 0,00005 kg
c 0,000005 kg
d Keine Lösung ist richtig.

14 Wie schreibt man ein Fünftel als Prozentzahl?

a 0,5 %
b 0,2 %
c 5 %
d 20 %

15 Welches Ergebnis ist richtig? $0{,}04 \times 0{,}02 =$

a 0,8
b 0,08
c 0,008
d 0,0008

16 Die kürzeste Entfernung zwischen zwei Städten ist 150 km Luftlinie. Auf einer Landkarte ist diese Strecke 30 cm lang. In welchem Maßstab ist die Karte gezeichnet?

a 1: 500 000
b 1: 1 500 000

c 1: 5 000 000
d 1: 50 000

17 Zwei Maler brauchen für die Renovierung eines Zimmers 18 Stunden. Wie viele Arbeitsstunden brauchen 3 Maler für die gleiche Arbeit?
a 27 Stunden
b 15 Stunden
c 12 Stunden
d 10 Stunden

18 Ein Jaguar, ein Gepard und eine Hyäne fressen gemeinsam eine Antilope. Der Jaguar allein würde die Antilope in einer Stunde fressen, der Gepard bräuchte 3 Stunden dafür und die Hyäne sogar 6 Stunden. Wie viel Zeit brauchen sie, wenn sie die Antilope zusammen fressen?
a 50 Minuten
b 40 Minuten
c 35 Minuten
d 30 Minuten

19 Wie lautet das richtige Ergebnis: 1/3 geteilt durch 4/5?
a 4/15
b 12/5
c 5/12
d 15/4

20 Welcher Satz ist richtig?
a Ein Viereck, dessen gegenüberliegende Seiten parallel sind, heißt Parallelogramm.
b Jedes Rechteck ist immer auch ein Parallelogramm.
c Ein Viereck, dessen Diagonalen sich gegenseitig halbieren, heißt Parallelogramm.
d Alle Sätze sind richtig.

21 Welche Zahl ist durch 3 teilbar? Bitte entscheiden Sie ohne großes Nachrechnen.

a 3363
b 123 222
c 2253
d Alle Zahlen sind durch 3 teilbar.

22 N bezeichnet die Menge der natürlichen Zahlen. Welche der Reihen besteht allein aus natürlichen Zahlen?

a 1, 2, 3
b 0,5, 1, 1,5
c –1, 0, +1
d 0, 1, 2, 3

23 Ein Auto fährt mit 5 Litern Benzin 60 km weit. Wie weit kommt es mit 7 Litern?

a 70 km
b 100 km
c 84 km
d Keine Lösung ist richtig.

24 Was ist die richtige Lösung? $(2 \times 6 + 12 \times 2) : 3 =$

a 16
b 12
c 24
d Kein Lösungsvorschlag ist richtig.

25 Welcher Tag war vorgestern, wenn der Tag nach übermorgen zwei Tage vor Samstag liegt?

a Sonntag
b Dienstag
c Freitag
d Samstag

26 Paul wäre der beste Schüler, wenn Robert nicht wäre. Frank und Simon haben immer die gleichen Noten. Alex ist nicht besser als Simon. Frank ist ein bisschen besser als Alex. Wer ist nun der schlechteste Schüler?

a Paul
b Alex
c Simon
d Keine Lösung möglich.

27 In einer Familie hat jeder Sohn dieselbe Anzahl an Schwestern wie Brüdern. Jede Tochter hat aber zweimal so viele Brüder wie Schwestern. Wie viele Töchter und Söhne hat die Familie?

a 2 Töchter, 3 Söhne
b 3 Töchter, 2 Söhne
c 4 Töchter, 3 Söhne
d 3 Töchter, 4 Söhne

28 Was ist ein Ikosaeder?

a eine Formel zur Volumenbestimmung von Körpern
b ein aus 20 Dreiecken bestehender Körper
c ein Ausdruck aus der Trigonometrie
d Alle Lösungen sind falsch.

29 Welche Begriffe gelten als die 3 Grundbegriffe der Geometrie?

a Bogen, Kreis, Quadrat
b Punkt, Komma, Strich
c Punkt, Gerade, Ebene
d Strahl, Punkt, Winkel

30 Welche Aussage stimmt?

a Der Graph einer linearen Funktion ist eine Gerade.
b Der Graph einer linearen Funktion ist eine Sinuskurve.
c Der Graph einer linearen Funktion ist der Schnittpunkt der Koordinaten.
d Alle Aussagen sind falsch.

Lösungen siehe Seite 384.

17. Physik

1 Wie schnell breitet sich der Schall im Vakuum aus?

a ca. 300 m/sek
b ca. 1200 m/sek
c ca. 150 m/sek
d gar nicht

2 Womit beschäftigt sich die Hydraulik?

a mit der Kraftübertragung mittels nicht komprimierbarer Flüssigkeiten
b mit der Wärmeausdehnung bei geschlossenen Systemen
c mit der Überwindung von Widerständen bei Hebemechaniken
d mit dem Austausch von Reibungswärme bei Rotationen

3 Welche Geschwindigkeit braucht eine Rakete, um die Anziehungskraft der Erde zu überwinden?

a rund 400 km/h
b rund 4000 km/h
c rund 40 000 km/h
d rund 400 000 km/h

4 Was ist ein Ion?

a ein Molekül oder ein Atom, das fähig ist, elektrischen Strom zu leiten
b die antike Bezeichnung für einen vermuteten »Stromkörper«
c die physikalische Maßeinheit für Stromverlust durch Widerstand
d ein Atom, das entweder durch Anlagerung von Elektronen negativ (Anion), oder durch den Verlust von Elektronen positiv (Kation) geladen ist

5 Was versteht man unter dem »spezifischen Gewicht«?

a frühere Bezeichnung für das Gewicht von 1 m^3 eines Gegenstandes auf einem zweiachsigen Wagen, das von 2 Pferden in 1 Minute 100 Meter weit gezogen werden konnte

b das Gewicht, das ein Stoff ohne jeglichen Einfluss der Erdanziehungskraft hätte

c das Gewicht eines Stoffes, das sich im Vergleich mit 1 dm^3 reinem Gold ergibt

d die Dichte eines Stoffes, also das Gewicht pro Raummaß (g/cm^3)

6 Was ist ein Zyklotron?

a der Name des weltweiten Netzes von Wetterstationen zur Frühwarnung vor Wirbelstürmen

b ein dreifach positiv geladenes Teilchen, das bei der Kernspaltung von Uran freigesetzt wird

c eine Anlage zur Beschleunigung elektrisch geladener Teilchen (Ionen) durch ein starkes Magnetfeld

d ein Wasserkraftwerk, bei dem die Kraft des zu- und abfließenden Wassers, bedingt durch die unterschiedlichen Wasserstände bei Ebbe und Flut, als Energie genutzt wird

7 Welche Zeit benötigt das Licht von der Sonne zur Erde?

a 8 Minuten, 13 Sekunden

b 1 Stunde, 4 Minuten, 7 Sekunden

c 59,8 Sekunden

d 22 Sekunden

8 Was ist der Fachausdruck für »nach innen gewölbt«?

a konvex

b inkav

c introdux

d konkav

9 Was bezeichnet man als »weiches Wasser«?

a Wasser mit starkem Kalkgehalt
b Wasser ohne Kalkgehalt
c Wasser, das abgekocht wurde
d Wasser, das radioaktiv strahlt

10 Wieso ist ein schwarzes Loch (ein massereicher Reststern) schwarz?

a Schwarze Löcher kommen nur in den äußersten Randbereichen des Alls vor, sie sind daher so lichtschwach, dass ihre Leuchtkraft von anderen Himmelskörpern überlagert wird.
b Schwarze Löcher sind immer der kleinere Teil eines Doppelsternes, ihre Leuchtkraft wird immer vom lichtstärkeren Stern überlagert.
c Weil auf Grund seiner gewaltigen Masse und der daraus folgenden Gravitationskraft eine Fluchtgeschwindigkeit resultiert, die höher als die Lichtgeschwindigkeit ist, daher kann das Licht den Stern nicht verlassen, dieser ist somit unsichtbar.
d Ein schwarzes Loch (black hole) ist überhaupt nicht schwarz, der Name geht lediglich auf seinen Entdecker, den Astrophysiker Frank Black zurück.

11 Wie lautet die Einheit zur Angabe der elektrischen Stromstärke?

a Volt (V)
b Coulomb (C)
c Watt (W)
d Ampere (A)

12 Welcher Stein schwimmt auf Wasser?

a Feuerstein
b Kalkstein
c Sandstein
d Bimsstein

13 Was versteht man in der Physik unter »Entropie«?

a eine physikalische Größe, die denjenigen Anteil der Wärmeenergie in einem thermodynamischen System angibt, der auf Grund seiner ausgeglichenen Verteilung nicht mechanisch genutzt werden kann

b die Wärme, die freigesetzt wird, wenn ein Stoff von einem Aggregatzustand in einen anderen übergeht

c die Gesamtheit aller Moleküle, die sich an der Oberfläche eines festen Körpers befinden

d die Zeiteinheit, die notwendig ist, bis sich ein Gleichgewicht in einem thermodynamischen System eingestellt hat

14 Welcher der folgenden Stoffe leitet Wärme am besten?

a Luft

b Holz

c Glas

d Metall

15 Was versteht man unter der »Fluchtgeschwindigkeit«?

a die Geschwindigkeit, die ein Gegenstand benötigt, um die Schallmauer zu durchbrechen

b die Geschwindigkeit, die notwendig ist, um die Anziehungskraft eines Himmelskörpers überwinden zu können; für die Erde ist dies 11,2 km/s bzw. 40 320 km/h

c die Geschwindigkeit, mit der ein Gas aus einem Raum mit normalem Luftdruck von 1 atm und 0° C in ein Vakuum entweicht

d die Geschwindigkeit, mit der sich ein Blitz durch die Atmosphäre bewegt; sie ist keine Konstante, sondern abhängig von Luftpartikeln (Wasser, Staub)

16 Was versteht man unter einem Faraday-Käfig?

a eine geschlossene Hülle aus Blechen oder Maschendraht, in die von außen kein elektrisches Feld eindringen kann

b der Raum eines Röntgenapparats, in dem sich Röntgenstrahlung ausbreitet

c die Sicherheitshülle eines Atomreaktors, die die radioaktive Strahlung von der Außenwelt abschirmt

d ein geschlossenes physikalisches System, aus welchem keine Moleküle entweichen können

17 Wer stellte 1905 die spezielle Relativitätstheorie auf?

a Werner Heisenberg

b Otto Hahn

c Albert Einstein

d Stephen W. Hawkin

18 Was fällt unter den Begriff »Resonanzkörper«?

a ein elektromagnetische Schwingungen reflektierendes Isotopenteil

b ein Schwingkreis zur Erzeugung von Frequenzen

c ein Begriff aus der Elementarteilchenphysik

d ein Hohlkörper bei Saiteninstrumenten

19 Wie schnell ist das Licht?

a ca. 300 000 km/h

b ca. 300 000 km/sek

c ca. 10 000 km/sek

d ca. 10 000 km/h

20 Was ist in der Naturwissenschaft ein Quark?

a das kleinste bekannte Elementarteilchen, aus dem sich die Materie aufbaut

b die theoretisch kleinste Zeiteinheit

c ein schnell rotierender, blinkender Stern

d der Teil eines Moleküls, der chemische Reaktionen ermöglicht

21 Woraus besteht ein Schwingkreis?

a Kondensator und Spule

b Wechselstromwiderstand und Spule

c Kondensator und Gleichstromwiderstand
d Transistor und Spule

22 Wovon hängt die Induktivität einer Spule ab?
a von der Spannung
b vom Widerstand des Drahtes
c von der Beschaffenheit des Kernmaterials
d vom Durchmesser der Spule

23 Die Kapazität eines Kondensators wird vergrößert. Wie verhält sich der Wechselstromwiderstand?
a der Wechselstromwiderstand wird größer
b der Wechselstromwiderstand wird kleiner
c es ändert sich nichts
d Die Fragestellung ist falsch.

24 Welche Reihenfolge nach spezifischem Gewicht ist vom Niedrigsten zum Höchsten die richtige?
a Titan, Kupfer, Aluminium, Stahl
b Kupfer, Stahl, Titan, Aluminium
c Stahl, Kupfer, Titan, Aluminium
d Aluminium, Titan, Stahl, Kupfer

25 Zwei gleiche Pendel werden verschieden weit ausgelenkt. Welches der Pendel schwingt schneller?
a beide gleich
b das weniger weit ausgelenkte
c das weiter ausgelenkte
d Die Frage ist falsch formuliert.

26 Ein Großkreis ist ein Kreis auf der Kugeloberfläche, dessen Mittelpunkt mit dem Kugelmittelpunkt identisch ist. Wie viele Großkreise gibt es?
a 360
b 1

c 180
d mehr als 360

27 Welches Bauteil lässt keinen Gleichstrom durch?
a Widerstand
b Spule
c Transistor
d Kondensator

28 Welches Bauteil verwandelt Wechselstrom in Gleichstrom?
a Transistor
b Gleichrichterdiode
c Spule
d Kondensator

29 Worin breitet sich Schall schneller aus?
a in der Luft
b im Wasser
c in fester Materie
d hängt von der Art der Materie ab

30 Warum verwendet man Helium zum Füllen von Gasballons?
a ist preiswerter als andere Gase
b fliegt schneller und höher
c ist besonders leicht und unbrennbar
d ist ergiebiger im Verbrauch

Lösungen siehe Seite 386.

18. Chemie

1 Auf welchem Grundstoff basiert die gesamte organische Chemie?

a auf Sauerstoff
b auf Wasserstoff
c auf Kohlenstoff
d auf Stickstoff

2 Was ist Quecksilber (Hg)?

a eine Legierung aus Silber und Eisen
b eine giftige, silberfarbige Lauge
c ein Element und Metall
d eine silberglänzende ätzende Säure

3 Woraus ist Bernstein entstanden?

a aus dem Harz von Nadelhölzern der Tertiärzeit
b aus Erdöl beim Zusammentreffen mit Lava unter Hitze- und Druckeinfluss
c aus fossilen Ablagerungen, ähnlich wie bei der Entstehung von Kohle
d aus dem Verpressen von Quarzsand durch das Gewicht eiszeitlicher Gletscher

4 Wozu wird eine Pipette benutzt?

a als Rührstab
b als Saugheber
c als Zerstäuber
d als Voltmesser

5 Können Diamanten verbrennen?

a Nein, sie sind zu hart.
b Ja, ohne weitere Rückstände zu Kohlendioxid.
c Nein, auf Grund ihrer ungewöhnlichen Reinheit.
d Ja, dabei entstehen Stickstoff und Nickel.

6 Woraus wird Benzin gewonnen?

a aus Erdöl
b aus Steinkohle
c aus Erdgas
d aus Löschkalk

7 Wie viele chemische Elemente sind der Wissenschaft derzeit bekannt?

a ca. 70
b unbegrenzt viele
c 109
d genau 4

8 Was ist ein Molekül?

a der kleinste Schwebepartikel aus Wasser im Nebel
b die kleinste Einheit einer chemischen Verbindung aus mindestens 2 Atomen, die noch die typischen Eigenschaften dieser Verbindung besitzt
c ein Kühlmittel, das vor allem in Kühlschränken zum Einsatz kommt
d das atomare Teilchen der Atmosphäre, durch das sich Lichtwellen ausbreiten

9 Was ist eine Emulsion?

a die Feinverteilung zweier nicht mischbarer Flüssigkeiten in einem Raum
b ein scharfes Reinigungsmittel zum Lösen von Ölfarben
c eine hochexplosive Mischung
d eine besonders harte, aber dennoch sehr elastische Kunststoffverbindung

10 Wann färbt sich der Indikator Lackmuspapier rot?

a bei Kontakt mit Basen
b bei Kontakt mit Sauerstoff
c bei Kontakt mit Säuren
d beim Gefrieren

11 Was versteht man unter Kondensation?

a die Entladung elektrischer Spannung
b die Verdichtung von Stoffen durch Verpressen
c den Übergang vom gas- oder dampfförmigen in den flüssigen Aggregatzustand
d den Gehalt einer Lösung in einer Flüssigkeit

12 Was bewirkt ein Katalysator in der Chemie?

a die Ermöglichung, Lenkung oder Beschleunigung einer chemischen Reaktion
b die Umwandlung organischer in anorganischer Materie
c die Messung freigesetzter Wärmeenergie in einer Reaktion
d die Abpufferung von Säuren

13 Was ergibt die Reaktion von Salzsäure und Lauge?

a Wasser und Zucker
b Schwefelsäure
c Wasser und Salz
d Salzsäure

14 Welche Eigenschaft charakterisiert Gift am ehesten?

a gefährlich
b süchtig machend
c schädlich
d heimtückisch

15 Wozu wird eine Zentrifuge benutzt?

a zur Vermischung von chemischen Elementen
b zur mechanischen Trennung von Gemischen
c zum Zerstäuben von Duftstoffen
d zur Spannungsmessung bei chemischen Versuchen

16 Wann entsteht Kohlenmonoxid?

a bei der Vermischung von Sauerstoff mit Stickstoff
b bei Verbrennungsprozessen generell

c bei der Teilung von Wasserstoffmolekülen
d bei der Verflüssigung von Gasen

17 Wie nennt man Verbindungen aus Stickstoff und einem Metall?
a Oxide
b Hybride
c Nitride
d Nitrate

18 Welches hier aufgeführte chemische Element ist kein Edelgas?
a Neon
b Krypton
c Helium
d Phosphor

19 Was ist Schwarzpulver?
a eine Mischung aus Schwefel und Ammoniak
b ein Treibmittel für Gewehr- und Pistolenkugeln
c ein biologisches Darmtherapeutikum
d ein Backtreibmittel

20 Was versteht man unter Viskosität?
a das Maß für die Klopffestigkeit eines Stoffes
b das Maß für die Konsistenz eines Stoffes
c das Maß für die innere Reibung eines Stoffes
d Alle Lösungen sind richtig.

21 Was ist der Hauptbestandteil des Erdöls?
a Kohlenstoff
b Wasserstoff
c Schwefel
d Methan

22 Was bewirkt eine Elektrolyse?

a eine Aufspaltung der positiv und negativ geladenen Elektronen
b eine Trennung der Moleküle zur besseren Identifizierung
c chemische Reaktionen, die durch Zuführung elektrischer Arbeit erzwungen werden
d eine Aufladung der Ionen

23 An einem Stück Eisen bildet sich Rost. Hier handelt es sich um …

a einen Eruptionsprozess
b einen Oxydationsprozess
c einen Legierungsprozess
d einen Emaillierungsprozess

24 Was versteht man unter »Glukose«?

a eine Art Süßstoff
b Traubenzucker
c Rohrzucker
d eine Art Fruchtzucker

25 Was ist Natriumchlorid (NaCl)?

a eine Schwermetallverbindung
b einfacher Zucker
c Süßstoff
d einfaches Tafelsalz

26 Was sind die beiden Hauptbestandteile unserer Luft und in welchem Verhältnis (ca. Angabe) stehen sie zueinander?

a Wasserstoff (11%) und Stickstoff (62%)
b Kohlenmonoxid (22%) und Kohlendioxid (47%)
c Stickstoff (48%) und Sauerstoff (51%)
d Sauerstoff (21%) und Stickstoff (78%)

27 Was ist Ammoniak?

a eine Stickstoffverbindung
b ein stechend riechendes Gas
c ein Lösungsmittel für Salze
d Alle Aussagen sind richtig.

28 Was ist Sulfit?

a das Salz der Phosphorsäure
b das Salz der Kohlensäure
c das Salz der schwefeligen Säure
d das Salz der Essigsäure

29 Was versteht man unter einem ph-Wert?

a eine Maßeinheit für Wasserhärte
b einen Säuregradanzeiger für eine Lösung
c eine Nährwerteinheit für diabetische Lebensmittel
d ein Viskositätsmaß für Öle und Fette

30 Wie viele Aggregatzustände kennen wir?

a 2
b 3
c 4
d 5

Lösungen siehe Seite 387.

19. Sport

1 Wann wurden die ersten Olympischen Spiele der Neuzeit ausgetragen?

a 1900 in Paris
b 1866 in Olympia
c 1908 in London
d 1896 in Athen

2 In welcher Sportart gibt es eine »spanische Eröffnung«?

a beim Kricket
b beim Schach
c beim Polo
d beim Golf

3 Welcher Boxkampf ging als »Rumble in the jungle« in die Sportgeschichte ein?

a Evander Holyfield vs. Mike Tyson 1997
b Max Schmeling vs. Joe Louis 1938
c George Foreman vs. Muhammad Ali 1974
d Jake LaMotta vs. Sugar Ray Robinson 1943

4 Wie lautet die Bezeichnung im Fußball für drei vom gleichen Spieler in unmittelbarer Reihenfolge erzielte Tore?

a Hattrick
b dreifacher Rittberger
c Powerplay
d Triple

5 Was versteht man unter »Tai Chi Chuan«?

a eine aztekische Zweikampfart, bei dem außer Händen und Beinen auch ein Seil eingesetzt werden durfte
b eine dem Schattenboxen ähnelnde gymnastische Übung, die aus dem chinesischen Raum stammt und der inneren Ruhe dienen soll

c eine japanische Kampfsportart, die dem Karate ähnelt und nur von Angehörigen eines Klosterordens betrieben werden darf

d die thailändische Bezeichnung für Thaiboxen

6 Bei welcher Sportart ist körperloses Spiel höchstes Gebot?

a beim Hallenhandball

b beim Fußball

c beim Basketball

d beim Rugby

7 Was versteht man unter »Ironman«?

a den Schwergewichtsweltmeister im Gewichtheben

b den Meister aller Klassen im Sumo-Ringen

c den von allen Boxverbänden anerkannten Schwergewichtsweltmeister

d einen Ultra-Triathlon-Wettbewerb, bestehend aus 3,8 km Schwimmen, 180 km Radfahren und die Marathondistanz (42,195 km) Laufen, der seit 1977 auf Hawaii ausgetragen wird

8 In welchem Jahr wurde Deutschland zum ersten Mal Fußballweltmeister?

a 1934

b 1972

c 1954

d 1926

9 Welche Disziplin ist nicht Bestandteil des modernen Fünfkampfes?

a Freistilschwimmen

b Speerwurf

c Springreiten

d Degenfechten

10 Was bedeutet die Bezeichnung »Grand Slam«?

a der Gewinn der weltweit bedeutendsten vier Tennisturniere durch eine Person innerhalb eines Jahres
b die am höchsten gewertete Blattkombination beim Stadt-Poker
c ein spektakuläres, sehr umstrittenes Pferde-Hindernisrennen bei Liverpool
d im Motorsport der Sieg in 3 aufeinander folgenden Rennen durch einen Fahrer

11 Wie viele Feldspieler dürfen während eines Fußballspieles ausgewechselt werden?

a 1 Spieler
b 4 Spieler
c 2 Spieler
d 3 Spieler

12 Welcher Tanzstil gehört nicht zu den lateinamerikanischen Tänzen?

a der Paso doble
b der Jive
c der Flamenco
d die Rumba

13 Was ist ein »Tiebreak«?

a ein anderes Wort für »Abseits« (Fußball)
b ein Begriff aus den Tennis-Regeln
c ein Manöver beim Segeln
d ein Begriff aus den Golf-Regeln

14 Was ist »halsen«?

a eine Bezeichnung für das richtige Halten der Kugel beim Kugelstoßen
b ein Fachwort aus dem Judo
c ein Begriff aus der Ringersprache
d ein Fachwort für ein Manöver beim Segeln

15 In welcher Sportart gibt es einen Penalty?

a beim Eishockey
b beim Basketball
c beim Hallenhandball
d beim Curling

16 Bei welcher Sportart gibt es den Begriff »dreifache Kombination«?

a Eiskunstlauf
b Fußball
c Dressurreiten
d Springreiten

17 Was ist ein Bolide?

a ein sehr rhythmisch vorgetragener spanischer Tanz mit Kastagnettenbegleitung
b der Steuermann beim Rudern
c ein stark motorisierter Rennwageneinsitzer
d ein historischer Begriff aus dem Ringen, in der Antike wurde als Bolide der auf lange Zeit unbezwingbar geltende Sieger des olympischen Turnieres bezeichnet

18 Nach wie vielen Schlägen wechselt in der Regel beim Tischtennis der Aufschlag?

a nach 7 Aufschlägen
b nach 5 Aufschlägen
c nach 10 Aufschlägen
d nach 2 Aufschlägen

19 Wofür steht der Ausdruck »Black Jack«?

a für die englische Bezeichnung des Schiedsrichters beim Fußball
b für eine Kartenspielart
c für die alljährliche Auszeichnung des besten amerikanischen Basketballspielers
d für den Gewinner der Rallye Paris-Dakar

20 Was versteht man beim Ringen unter »griechisch-römischem Stil«?

a eine Stilart, bei der nur Griffe oberhalb der Gürtellinie ohne Einsatz der Beine angewendet dürfen

b eine selten praktizierte Variante, bei der sich die Gegner vor dem Kampf mit Olivenöl einreiben, um so nur schwer gegriffen werden zu können

c die Kampfart, bei der Griffe am gesamten Körper mit Ausnahme des Kopfes und der Genitalien gestattet sind

d der Stil, bei dem ausschließlich nach der Gewichtung der verwendeten Griffe gewertet wird, es also unerheblich ist, ob ein Ringer mit seinen Schultern die Ringmatte berührt

21 In welcher Sportart gibt es die Bezeichnung »Libero«?

a im Handball

b im Streetball

c im Fußball

d im Eishockey

22 Was versteht man unter »Biathlon«?

a die Kombination aus Springreiten und Radrennen

b einen Extremwettbewerb mit 2 Marathonläufen innerhalb von 12 Stunden

c im Golfsport die Bezeichnung der zweirädrigen Begleitkarre für das Equipment

d eine olympische Wintersportart, die aus einer Kombination aus Skilanglauf und Schießen (liegend und stehend) besteht

23 Wie hieß der Errichter des ersten öffentlichen Turnplatzes in Berlin und Erfinder von Barren und Reck?

a Otto Fürst von Bismarck

b Friedrich Ludwig Jahn

c Pierre Baron de Coubertin

d Hermann von Pückler-Muskau

24 Wodurch wurde der 1971 in der Sowjetunion geborene Alexander Popow weltbekannt?

a als Schwimmer mit zahlreichen Olympiasiegen und Weltmeistertiteln

b als weltbester Torhüter der 50er und 60er Jahre des 20. Jahrhunderts; er erfand die Spielweise des mitspielenden Torwarts

c Er war erst 17 Jahre alt, als er jüngster Schachweltmeister wurde.

d durch seinen neuen Stil im Eiskunstlaufen, mit dem er diese Sportart revolutionierte

25 Auf welche Maße ist die Größe eines Tennisfeldes (Einzel) festgelegt?

a 32,21 m mal 12,42 m

b 40,00 m mal 15,00 m

c 23,77 m mal 8,23 m

d 66,00 m mal 33,00 m

26 Wie ist der Name der weltberühmten Sportarena in New York, deren Ursprung auf eine Sporthalle von 1874 zurückgeht?

a Caesar's Palace

b Madison Square Garden

c Colosseum

d Royal Albert Hall

27 Aus welchen Disziplinen setzt sich die Nordische Kombination zusammen?

a aus Skispringen und Riesenslalom

b aus Abfahrtslauf und 30-km-Skilanglauf

c aus Rodeln und Bobfahren

d aus 15-km-Skilanglauf und Skispringen

28 Was versteht man unter einer »Doublette«?

a ein Begriff aus dem Boxsport; bei einer Doublette wird mit der gleichen Faust zweimal hintereinander geschlagen, wobei die Hauptkraft in den zweiten Schlag gelegt wird

b ein Begriff aus dem Reitsport; beim Turnierspringen müssen zwei dicht hintereinander aufgebaute Hindernisse fehlerfrei übersprungen werden

c eine Zweierkombination im Eiskunstlauf bestehend aus Salchow und Axel

d eine Figurenkombination aus Schraube und Salto im Turmspringen

29 Wie viele Spieler zählen zu einer Rugbymannschaft?

a 9 Spieler

b 18 Spieler

c 15 Spieler

d 11 Spieler

30 Wie lautet die Bezeichnung für ein Rundstreckenrennen (vor allem beim Radsport)?

a Dex-Plieu

b Omnium

c Rondell

d Kriterium

Lösungen siehe Seite 389.

20. Essen und Trinken

1 Wie heißen essbare Kastanien?

a Maronen
b Maracujas
c Mascarponen
d Marasken

2 Wenn man bei Spaghetti von »al dente« spricht, meint man eine spezielle …

a Spaghetti-Sauce
b Pasta-Art
c Bissstärke
d Spaghetti-Länge

3 Um sich »Champagner« nennen zu dürfen, muss Perlwein …

a einen bestimmten Jahrgang haben
b einen hohen Preis erzielen
c einen speziellen Alkoholgehalt besitzen
d aus Trauben einer ganz bestimmten Anbaugegend sein

4 Barolo ist eine bekannte Weinsorte aus …

a Deutschland
b Spanien
c Italien
d Frankreich

5 Was bedeutet die Bezeichnung »Ökotrophologie«?

a Weinbaukunde
b Haushalts- und Ernährungskunde
c Frischfleischtechnologie
d ökologischer Obst- und Gemüseanbau

6 Das Mostgewicht des Weines wird gemessen in …

a Becquerel
b Fahrenheit
c Weingeist
d Oechsle

7 Safran wird gewonnen aus …

a Krokussen
b Rosen
c Narzissen
d Kastanien

8 Das Übergießen von Gemüse mit kochend heißem Wasser heißt …

a Sedieren
b Tranchieren
c Blanchieren
d Poschieren

9 Um eine Kir zu mixen, braucht man Weißwein und …

a Wodka
b Pernod
c Martini
d Cassis

10 Was ist ein Kaiserschmarrn?

a eine Art Obstsalat
b eine Mehlspeise
c ein Omelett
d eine Weinsorte

11 Französischer Cidre ist … und wird aus … gemacht.

a eine Art Käse aus Ziegenmilch
b eine Süßspeise aus Champagner und Vanilleeis
c eine Art prickelnder Wein aus Äpfeln
d eine Mousse aus Schokolade

12 Welche Stadt gilt als Geburtsort und Heimat der Pizza?

a Nizza
b Neapel
c Nancy
d Rom

13 Was wird auch als Raffinade bezeichnet?

a Pflanzenmargarine
b Sojamehl
c feiner Zucker
d Meersalz

14 Tofu wird gemacht aus …

a Schafskäse
b Sojaquark
c Eierstich
d Butterkäse

15 Ein Gugelhupf ist eine Art …

a Bauernbrot
b Napfkuchen
c Nudelauflauf
d Fischgericht

16 In einer echten Salami müsste eigentlich … enthalten sein.

a Käse
b Eselsfleisch
c Nelken
d Lorbeer

17 Das wichtigste Verfahren zur Trennung von Flüssigkeitsgemischen heißt …

a Oxydation
b Destillation
c Interferon
d Alle Lösungsvorschläge sind falsch.

18 Gin bekommt seinen besonderen Geschmack durch …
- **a** Heidekraut-Extrakt
- **b** Blaubeeren
- **c** Wacholderbeeren
- **d** Erikakraut-Essenz

19 Die kleinste Art getrockneter, kernloser Weinbeeren sind …
- **a** Rubine
- **b** Sultaninen
- **c** Korinthen
- **d** Hyazinthen

20 Was ist ein Amuse-Gueule?
- **a** ein französischer Frischkäse
- **b** eine Kleinigkeit aus der Küche, bevor das Essen beginnt
- **c** eine warme Vorspeise
- **d** eine Pasta-Sauce

21 Welche Funktion hat ein Digestif? Er soll …
- **a** entspannen
- **b** den Magen öffnen
- **c** die Stimmung heben
- **d** bei der Verdauung helfen

22 Polenta ist …
- **a** ein Mittelmeerfisch
- **b** eine spanische Reispfanne
- **c** ein Maismehlbrei
- **d** ein sizilianischer Fischeintopf

23 Für welche Speise ist Eiweißschaum unabdingbar?
- **a** Soufflé
- **b** Püree
- **c** Paté
- **d** Friseé

24 Ricotta schmeckt leicht …
- **a** säuerlich
- **b** milchig
- **c** salzig
- **d** scharf

25 Was vom Estragon wird in der Küche verwendet?
- **a** die Knolle
- **b** die Blätter
- **c** der Samen
- **d** die Wurzel

26 Trüffel sind …
- **a** unterirdisch wachsende Pilze
- **b** ein Art Knollengewächs
- **c** eine seltene Frucht
- **d** ein essbares Wurzelgemüse

27 Balsamico ist …
- **a** ein italienischer Aperitif
- **b** ein asiatisches Würzmittel
- **c** eine Art aromatisierter Weinessig
- **d** eine mediterrane Salatmischung

28 Eines der aufgeführten Gewürze wird nicht aus den Früchten einer Pflanze gewonnen.
- **a** Pfeffer
- **b** Kümmel
- **c** Muskat
- **d** Zimt

29 Was sind Langusten?
- **a** mediterrane Meeresfrüchte
- **b** essbare Krebse
- **c** ein Süßwasserfisch
- **d** eine essbare afrikanische Heuschreckenart

30 Um Fleisch durch Pökeln haltbar zu machen, braucht man viel …

a Öl
b Essig
c Zucker
d Salz

Lösungen siehe Seite 392.

21. Mode

1 Welcher bekannte Modeschöpfer wurde 1997 in Miami ermordet?

- **a** Christian Dior
- **b** Yves Saint Laurent
- **c** Gianni Versace
- **d** Giorgio Armani

2 Welche dieser Frauen ist kein Model?

- **a** Kate Moss
- **b** Naomi Campbell
- **c** Heidi Klum
- **d** Andrea Fischer

3 Wer erfand die Blue Jeans?

- **a** Calvin Klein
- **b** Levi Strauss
- **c** Coco Chanel
- **d** Hugo Boss

4 Wann kam der Minirock erstmals auf?

- **a** in den 60er Jahren
- **b** in den 70er Jahren
- **c** in den 80er Jahren
- **d** in den 90er Jahren

5 Wann kam die Hose mit Schlag auf?

- **a** Anfang der 70er Jahre
- **b** Anfang der 80er Jahre
- **c** Anfang der 90er Jahre
- **d** Anfang der 2000er Jahre

6 Was bezeichnet der Begriff »Haute Couture«? Das richtungsweisende Modeschaffen der …

a Londoner Modehäuser
b Römischen Modehäuser
c New Yorker Modehäuser
d Pariser Modehäuser

7 Welche Modeschöpferin kreierte das berühmte »kleine Schwarze«?

a Betty Barclay
b Jil Sander
c Coco Chanel
d Vivienne Westwood

8 Welcher Modeschöpfer übernahm die kreative Leitung bei Chanel?

a Wolfgang Joop
b Karl Lagerfeld
c Rudolf Mooshammer
d Hugo Boss

9 Wann wurde der Bikini erfunden?

a 1936
b 1946
c 1956
d 1966

10 Was ist ein Florentiner?

a ein anderes Wort für Melone
b ein spezieller Typ von Zylinder
c ein Damenstrohhut mit schwingendem, breitem Rand
d ein italienischer Filzhut

11 Was ist ein Klepper?

a ein Frack für Orchestermusiker
b ein wetterfester Regenmantel
c ein Regencape für Radfahrer
d eine Reithose

12 Was versteht man unter einem Kilt?

- **a** den Lendenschurz der Naturvölker
- **b** den Schottenrock
- **c** ein einteiliges, eng anliegendes Kleidungsstück aus elastischem Material
- **d** den Faltenrock

13 Was ist eine Kellerfalte?

- **a** eine bestimmte Faltenform beim Faltenrock
- **b** die Einkerbung beim Sombrero
- **c** die rückwärtige Falte beim Frack
- **d** die Einkerbung beim Zylinder

14 Was ist ein Slipper?

- **a** ein Schlüpfer (Damenunterwäsche)
- **b** ein Schlüpfer (Herrenunterwäsche)
- **c** ein eng anliegender Badeanzug für Damen
- **d** ein mehr oder weniger ausgeschnittener Schlupfschuh

15 Wie heißt das Hündchen von Rudolf Mooshammer?

- **a** Lucie
- **b** Daisy
- **c** Fipsi
- **d** Gipsi

16 Was versteht man unter einem Kaftan?

- **a** den schwarzen Mantel der orthodoxen Juden
- **b** einen modischen Überwurf mit buntem Muster
- **c** einen schlichten, knöchellangen Herrenrock
- **d** ein kurzes, jackenähnliches Obergewand mit langen Ärmeln

17 Wie heißen die Schuhe der nordamerikanischen Indianer?

- **a** Clocks
- **b** Mokassins
- **c** Pumps
- **d** Slipper

18 Was ist eine Jethose?

a eine Spezialhose für Piloten von Jumbojets
b eine Hose für Radrennfahrer
c eine Skihose
d eine Hose für Formel-1-Piloten

19 Welches der folgenden Gewänder gehört nicht zur typischen Garderobe der alten Römer?

a Stola
b Burnus
c Tunika
d Toga

20 Welcher berühmte Modeschöpfer wurde oft mit dem Satz zitiert »Ich glaube nicht an guten Geschmack«?

a Christian Dior
b Gianni Versace
c Pierre Cardin
d Calvin Klein

21 Was ist ein Etuikleid?

a ein Kleid aus besonders elastischem Material für Verpackungs- und Reisezwecke
b ein speziell für Lady Diana angefertigtes Kleid
c ein figurbetontes, anliegendes, gerade geschnittenes Kleid
d eine andere Bezeichnung für das »kleine Schwarze«

22 Wer brachte das erste Unisex-Parfum »For a man or a woman« auf den Markt?

a Coco Chanel
b Christian Dior
c Gianni Versace
d Calvin Klein

23 In welcher Fernsehserie wurde ganz besonders viel Wert auf die anspruchsvolle modische Ausstattung der Hauptakteure gelegt?

a »Der Alte«
b »Miami Vice«
c »Magnum«
d »Lindenstraße«

24 Welcher Modeschöpfer begann seine Karriere bereits als 16-jähriger?

a Andre Courrèges
b Wolfgang Joop
c Guccio Gucci
d Karl Lagerfeld

25 Welche Modefirma löste mit ihren Werbekampagnen große Kontroversen aus?

a Benneton
b C & A
c Armani
d Boss

26 Was ist der Stresemann?

a ein Herrenhut der 20er Jahre
b ein feiner Anzug speziell für Banker
c ein Herrenanzug mit schwarzem Sakko und umschlagloser, gestreifter Hose
d die Kleidung der Kellner im Berliner Hotel »Adlon«

27 Wofür steht Marie Quant in der Modegeschichte?

a das Negligé
b den Minirock
c die Strumpfhose
d den Bikini

28 Was ist Brokat?

a ein baumwollähnlicher Stoff
b ein schwerer Leinenstoff
c ein karierter Stoff, gemustert wie ein Schottenrock
d ein schwerer Seidenstoff mit Gold- und Silberfäden

29 Was ist ein Pumps?

a eine Pumphose
b ein Mieder
c ein Trenchcoat
d ein weit ausgeschnittener Schlupfschuh

30 Was ist ein Twinset?

a ein Damenkleid mit passendem Mantel
b Kleidung für eineiige Zwillinge
c eine Zusammenstellung aus Pullover und Strickjacke
d eine Zusammenstellung aus Kleid und passendem Damenschuh

Lösungen siehe Seite 394.

22. Bedeutende Persönlichkeiten

Wer ist / wer war …

1 Alexander von Humboldt (1769–1859)?

a preußischer Staatsmann, befreundet mit Goethe und Schiller
b deutscher Arzt und Begründer des modernen Krankenhauswesens
c deutscher Naturforscher und Begründer der wissenschaftlichen Geographie
d Gründer der Humboldt-Universität zu Berlin

2 Ferdinand Lassalle (1825–1864)?

a Gründer des Allgemeinen Deutschen Arbeitervereins 1863 in Leipzig
b bedeutendster französischer Arzt des 19. Jahrhunderts
c Entdecker der Großen Antillen
d Gründer des deutschen Roten Kreuzes

3 Archimedes (285–212 v. Chr.)?

a griechischer Philosoph und Lehrer Alexander des Großen
b mazedonischer Astronom und Entdecker der Fliehkraft
c griechischer Asket, Lehrer der Thesen des universellen Verzichts
d griechischer Gelehrter, Physiker, Ingenieur und Mathematiker, Entdecker des Hebelgesetzes und des spezifischen Gewichtes sowie der Zahl π

4 Nelson Mandela (* 1918)?

a amerikanischer Bürgerrechtler für Rassenintegration
b südafrikanischer Bürgerrechtler und Kämpfer gegen die Apartheid, Präsident von Südafrika, Friedensnobelpreisträger 1993, 1991–1997 Vorsitzender des ANC

c Revolutionsführer und späterer Staatschef von Kongo (ehemalig Zaire)
d Anführer der Unabhängigkeitsbewegung von Ost-Timor

5 Ignatius von Loyola (1491–1556)?
a Gründer des Deutschen Ritterordens im Baltikum
b Steuermann in der Flotte von Christoph Kolumbus
c spanischer Freiheitskämpfer in der Reconquista
d Gründer des Ordens der Jesuiten im Jahre 1540

6 Ruggiero Leoncavallo (1857–1919)?
a italienischer Baumeister des Historismus in Florenz
b venezianischer Naturwissenschaftler und Astronom
c italienischer Opernkomponist
d italienischer Meisterkoch, Erfinder der »Cucina Nova«

7 Pina Bausch (* 1940)?
a erste Parlamentspräsidentin der BR Deutschland
b schweizerische Frauenrechtlerin und Kämpferin für die Einführung des Frauenwahlrechts in der Schweiz
c deutsche Tänzerin und Choreographin, Vertreterin des »New Dance«
d österreichische Schriftstellerin und überzeugte Vertreterin des europäischen Gedankens

8 Roald Amundsen (1872–1928)?
a englischer Schriftsteller, Verfasser von skurril-logischen Kurzgeschichten
b norwegischer Polarforscher, erreichte als erster Mensch am 14.12.1911 den Südpol, 1928 im Eismeer verschollen
c schwedischer Ministerpräsident, 1928 erschossen
d norwegischer Wintersportler, Gewinner von 7 olympischen Goldmedaillen

9 Oskar Kokoschka (1886–1980)?

- **a** österreichischer Maler, Graphiker und Schriftsteller
- **b** Begründer der Wiener Schule für Belletristik
- **c** österreichischer Avantgarde-Filmregisseur (»Des Schweigens letzter Schrei«)
- **d** Inhaber eines Auktionshauses in München

10 Ernst Heinkel (1888–1958)?

- **a** Erfinder der Taschenuhr mit automatischem Laufwerk
- **b** deutscher Ingenieur und Flugzeugbauer, Erfinder des Turbostrahltriebwerks
- **c** bedeutendster Waschmittelfabrikant Deutschlands in der ersten Hälfte des 20. Jahrhunderts
- **d** Erfinder der Turbinentechnik in Wasserkraftwerken

11 Aung San Suu Kyi (*1945)?

- **a** Königin von Thailand
- **b** chinesische Oppositionsführerin
- **c** birmanische Politikerin und Bürgerrechtlerin, Friedensnobelpreisträgerin 1991
- **d** amerikanische Broadwaytänzerin vietnamesischer Abstammung

12 Alfred Nobel (1833–1896)?

- **a** österreichisch-ungarischer Außenminister 1889–1894
- **b** Gründer des Naturkundemuseums in Stuttgart
- **c** schwedischer Chemiker und Stifter des nach ihm benannten Preises
- **d** schweizerischer Kunstforscher (v.a. in Nordafrika)

13 Heinrich Böll (1917–1985)?

- **a** SPD-Vorsitzender 1956–1959
- **b** deutscher Schriftsteller, erhielt 1972 den Literaturnobelpreis

c Regierungssprecher der sozial-liberalen Koalition in Bonn 1978–1982
d Strafverteidiger von Ulrike Meinhof in den Baader-Meinhof-Prozessen

14 Vasco da Gama (1469–1524)?
a Entdecker des Seeweges um Afrika nach Indien
b Entdecker Alaskas
c Entdecker der Kurilen-Inselgruppe
d Entdecker Ceylons

15 Marie Curie (1867–1934)?
a polnisch-französische Chemikerin, Entdeckerin des Radiums, Nobelpreisträgerin für Physik 1903 und Chemie 1911
b bedeutende französische Malerin des Expressionismus (»La femme chinoise«)
c französische Tänzerin im »Moulin Rouge« in Paris
d berühmte belgische Köchin (u.a. Hotel Ritz, Paris)

16 Leonardo da Vinci (1452–1519)?
a spanischer Konquistador und Eroberer Mexikos
b venezianischer Seefahrer im Dienste Portugals
c portugiesischer Arzt und Alchemist
d bedeutender italienischer Erfinder, Bildhauer und Maler der Hochrenaissance

17 Ernesto (»Che«) Guevara Serna (1928–1967)?
a Jesuitenpater in Brasilien, populär durch sein soziales Engagement für die Rechte der Indios und für die Bewohner der Großstadtslums
b Juntachef in Chile beim Putsch 1973
c kubanischer Revolutionär und Guerillaführer in Bolivien
d populärer Sänger und Schauspieler in Argentinien (u.a. in »Evita«)

18 Ernst Wiechert (1887–1950)?

a Begründer der Seismologie (Erdbebenkunde)
b bedeutender deutscher Schriftsteller und Romanautor
c Minister in der Weimarer Republik
d Begründer der Farbenlehre

19 Maria Callas (1923–1977)?

a berühmte griechische Sopran-Sängerin und Operndiva
b ursprünglicher Name der Ehefrau von Robert Kennedy, »First Lady« der USA
c populäre Hollywood-Schauspielerin (u.a. »Onassis«)
d Ministerpräsidentin Griechenlands 1972–1977

20 Heinrich von Stephan (1831–1897)?

a Autor des »Sachsenspiegels«
b Erzbischof von Mainz 1888–1897
c Architekt des Stephansdoms in Wien
d Gründer des Weltpostvereins und Staatssekretär des Reichspostamtes

21 Albert Camus (1913–1960)?

a französischer Filmschauspieler
b französischer Schriftsteller des Existentialismus und des aktiven Humanismus
c französischer Kulturminister der V. Republik
d frankokanadischer Separatistenführer in Quebec

22 Sigmund Freud (1856–1939)?

a österreichischer Pädagoge der Laissez-faire-Richtung
b schweizerischer Naturwissenschaftler und Zoologe
c deutscher Theologe und Philosoph
d österreichischer Nervenarzt und Begründer der Psychoanalyse

23 Galileo Galilei (1564–1642)?

a italienischer Naturwissenschaftler, Physiker und Astronom, geriet wegen seines heliozentrischen Weltbildes in Konflikt mit der katholischen Kirche

b sizilianischer Arzt und Gelehrter

c spanischer Maler und Bildhauer 1599–1607

d portugiesischer Seefahrer und Begründer der neuen Navigation

24 Robert Koch (1843–1910)?

a niederländischer Begründer der modernen Heilpraktik

b zeitweiliges Pseudonym des Firmenchefs Dr. Oetker

c deutscher Arzt und Begründer der Bakteriologie, Nobelpreisträger 1905

d Inhaber der ersten Großbäckerei in Deutschland

25 Mahatma Gandhi (1869–1948)?

a indisch-britischer Jazzmusiker

b indischer Unabhängigkeitskämpfer mit den Methoden des gewaltlosen Widerstands

c sehr umstrittener indischer Guru und Sektengründer in Poona

d indischer Architekt der indo-modernistischen Stilrichtung (Chandigarh)

26 Otto Hahn (1879–1968)?

a österreichischer Mediziner, Forscher im Bionuklear-Sektor

b deutscher Atomforscher und Chemiker, Nobelpreisträger für Chemie 1944

c deutscher Agrarwissenschaftler (Agrarthesen der EWG)

d schweizerischer Ingenieur und Brückenbauer

27 Rosa Luxemburg (1870–1919)?

a deutsche Malerin des Impressionismus

b amerikanische Schriftstellerin deutscher Abstammung

c schweizerische Physikerin und Ärztin

d deutsch-polnische Politikerin (Spartakusbund), 1919 ermordet

28 Carl Orff (1895–1982)?

- **a** deutscher Komponist (u.a. »Carmina Burana«)
- **b** deutscher Außenminister unter Konrad Adenauer
- **c** umstrittener schwedischer Schriftsteller (»Sinn des Meuchelns«)
- **d** Schauspieler des deutschen Realismus nach dem 2. Weltkrieg

29 Andy Warhol (1928–1987)?

- **a** amerikanischer Rockmusiker
- **b** britischer Filmemacher (»New British Mouviement«)
- **c** amerikanischer Regisseur, Fotograf, Künstler (amerikanische Pop-Art)
- **d** amerikanischer Politiker und Regierungskritiker der Vietnam-Ära

30 Stephen William Hawking (* 1942)

- **a** Manager und Produzent der britischen Rockgruppe »Rolling Stones« 1963–1992
- **b** amerikanischer Filmregisseur
- **c** bedeutender britischer Physiker, Theorien und Forschungen zur Entstehung des Universums, Einführung einer neuen Zeitdimension, »Lukasischer Professor«
- **d** amerikanischer Leichtathletikstar, Gewinner von 8 Goldmedaillen

31 Jean-Paul Sartre (1905–1980)?

- **a** belgischer Filmschauspieler
- **b** französischer Schriftsteller und Philosoph, Hauptvertreter des Existentialismus
- **c** französischer Sozialwissenschaftler und Pädagoge
- **d** französischer Theaterregisseur

32 Francis Ford Coppola (*1933)?

- **a** englischer Fußballnationalspieler (»Wembley-Tor«)
- **b** amerikanischer Maler und Bildhauer, L. A.-Action-Painting

c britischer Außenminister der Regierung Thatcher, Initiator des Falklandkriegs
d bedeutender amerikanischer Filmregisseur (»Apocalypse Now«, »Der Pate«)

33 Johannes Kepler (1571–1630)?
a deutscher Astronom, Naturforscher und Entdecker der Planetengesetze
b deutscher Physiker und Entdecker der Mondkrater
c niederländischer Naturwissenschaftler, Erforscher der Mondgravitation
d österreichischer Alchemist, Vertreter der Sonnenkraft-Theorie

34 Konrad Lorenz (1903–1989)?
a schweizerischer Kabarettist der 30er und 40er Jahre des 20. Jahrhunderts
b deutscher Geologe und Seismograph (»Lorenz-Strom«)
c österreichischer Verhaltensforscher, Nobelpreisträger 1973
d deutscher Pädagoge und Philosoph

35 Alexander Fleming (1881–1955)?
a österreichischer Theaterregisseur am Hoftheater Salzburg
b britischer Bakteriologe, Entdecker des Penicillins, Nobelpreisträger 1945
c amerikanischer Arzt, Entdecker der Viren
d britischer Buchautor, Schöpfer der James-Bond-Figur

36 Jean-Jacques Rousseau (1712–1778)?
a französischer Maler, Hauptvertreter der Naiven Malerei
b französischer Autor und Philosoph, Lehre von der Souveränität des Volkes
c Anführer der Französischen Revolution
d bürgerlicher Name des französischen Königs nach der Revolution

37 Willy Brandt (1913–1992)?

a Gründer und erster Vorsitzender des DGB (Deutscher Gewerkschaftsbund)

b erster Präsident der BR Deutschland

c erster frei gewählter Präsident der Volkskammer der ehemaligen DDR

d deutscher Bundeskanzler 1969–1974, Vorsitzender der SPD 1964–1987, Präsident der Sozialistischen Internationale 1976–1992, Friedensnobelpreisträger 1971

38 Benjamin Franklin (1706–1790)?

a amerikanischer Politiker, Co-Autor der amerikanischen Verfassung, außerdem Naturforscher, Erfinder des Blitzableiters

b schottischer Opernkomponist (»Scotia Nova«)

c britischer Polarforscher, auf der Suche nach der Nordwest-Passage verschollen

d englischer Romanautor

39 Clara Schumann (1819–1896)?

a deutsche Pädagogin, Anhängerin des Waldorf-Gedankens

b deutsche Sozialistin und Gegnerin Bismarcks

c deutsche Komponistin und Pianistin

d Wiener Philosophin

40 Wilhelm Conrad Röntgen (1845–1901)?

a luxemburgischer Chemiker und Entdecker des Ozons

b deutscher Arzt und Entdecker des Tuberkelvirus

c Erfinder des Fotoapparates

d deutscher Physiker, Entdecker der Röntgenstrahlen, 1. Nobelpreisträger der Physik 1901

41 Sophie Scholl (1921–1943)?

a französische Chansonette

b deutsche Widerstandskämpferin gegen die NS-Diktatur, 1943 ermordet

c Schauspielerin bei der UFA
d deutsch-tschechische Balletttänzerin

42 August Bebel (1840–1913)?
a deutscher Politiker und Mitbegründer der Sozialdemokratie
b Gründer der Bibelgesellschaft in Stuttgart
c Arzt und Naturforscher in Patagonien
d österreichischer Operettenkomponist

43 Carl Gustav Jung (1875–1961)?
a dänischer Naturforscher und Umweltschützer
b deutscher Pädagoge, Leiter der Freiheitsschule in Mesum
c deutscher Schriftsteller und Drehbuchautor
d schweizerischer Psychologe und Begründer der psychologischen Typenlehre

44 Marco Polo (1254–1324)?
a Schriftsteller des Mittelalters, Autor von Heldenepen
b Erfinder des Polospiels in Neapel
c venezianischer Asienreisender und Verfasser von Länderbeschreibungen
d Philosoph und Mathematiker in Mailand

45 James Watt (1736–1819)?
a Erfinder des Drehstroms
b britischer Ingenieur, Erfinder der Dampfmaschine
c Erfinder der Glühbirne
d texanischer Erfinder des Revolvers

46 Käthe Kollwitz (1867–1945)?
a deutsche Bildhauerin und Graphikerin mit sozialem Engagement
b schweizerische Geologin
c deutsche Ordensschwester, Gründerin des Demutordens in Indien
d österreichische Politikerin und Frauenrechtlerin

47 Adam Smith (1723–1790)?

a amerikanischer Naturwissenschaftler und Philosoph
b australischer Geschichtsforscher und Mineraloge
c britischer Volkswirtschaftler und Moralphilosoph, Thesen zum Erlangen des Volkswohlstands durch Arbeitsteilung
d schottischer Unabhängigkeitskämpfer

48 Ernest Mandel (* 1923)?

a österreichischer Fußballnationaltrainer 1967–1976
b schweizerischer Maler und Romanautor
c deutscher Naturwissenschaftler und Sachbuchautor
d belgischer Wirtschaftswissenschaftler und Schriftsteller

49 Max Planck (1858–1947)?

a schweizerischer Theologe, Verfechter des ökumenischen Gedankens
b deutscher Physiker und Nobelpreisträger 1918, Begründer der Quantentheorie
c deutscher Philosoph und Autor
d Sozialökonom der k. u. k Monarchie

50 Françoise Sagan (* 1935)

a französische Schriftstellerin und Romanautorin (»Bonjour Tristesse«)
b belgische Filmschauspielerin
c schweizerische Tänzerin, Vertreterin des »New Hard Flamenco«
d französische Philosophin

51 Karl Marx (1818–1883)?

a deutscher Gewerkschaftsgründer
b deutsch-britischer Pädagoge, Lehre vom staatlichen Ungehorsam
c deutscher Politiker, Gründungsmitglied der SPD
d deutscher Philosoph und Begründer des wissenschaftlichen Sozialismus

52 Muhammad Ali (* 1942)?

- **a** Führer der Black-Panther-Bewegung in den USA
- **b** mehrfacher amerikanischer Boxweltmeister im Schwergewicht mit unverwechselbarem Stil (»Ali-Shuffle«)
- **c** US-Bürgerrechtler, Kämpfer für die Rechte der Schwarzen
- **d** südafrikanischer Anti-Apartheidskämpfer

53 Sokrates (470–399 v. Chr.)?

- **a** griechischer Philosoph und Lehrer, zum Selbstmord gezwungen
- **b** mazedonischer Feldherr im Kampf gegen Kreta
- **c** griechischer Mathematiker und Naturwissenschaftler
- **d** König und Erbauer des Palastes von Knossos

54 Coco Chanel (1883–1971)?

- **a** französische Philosophin, Vertreterin des Existentialismus
- **b** belgische Filmschauspielerin und Regisseurin (»Deux choses du même genre«)
- **c** französische Modeschöpferin (»Das kleine Schwarze«)
- **d** französische Frauenrechtlerin und Autorin

55 Heinrich von Kleist (1777–1811)?

- **a** schweizerischer Philosoph und Humanist
- **b** deutscher Arzt und Naturforscher
- **c** preußischer General und Heeresführer
- **d** deutscher Dichter und Schauspielautor (»Der zerbrochene Krug«)

56 Werner Heisenberg (1901–1976)?

- **a** österreichischer Komponist zeitgenössischer Musik
- **b** schweizerischer Freiheitskämpfer
- **c** Nobelpreisträger, Kernphysiker (Weltformel)
- **d** Gourmet und Fernsehkoch

57 Konrad Zuse (1910–1995)?

- **a** Vater der modernen Computertechnik
- **b** berühmter Parapsychologe
- **c** Motorrad-Ingenieur und Rennfahrer
- **d** Flugzeugbauer und Raketenkonstrukteur

58 Le Corbusier (1887–1965)?

- **a** französischer Maler und Bildhauer
- **b** französisch-schweizerischer Städteplaner und Architekt
- **c** französischer Musiker (Pianist)
- **d** schweizerischer Ingenieur

59 Julius Robert Oppenheimer (1904–1967)?

- **a** Gründer einer berühmten Fast-Food-Kette
- **b** amerikanischer Marathonläufer
- **c** deutscher Opernkomponist der Moderne
- **d** amerikanischer Konstrukteur der 1. Atombombe

60 Hugo Junkers (1859–1935)?

- **a** Autokonstrukteur
- **b** Schiffbauingenieur
- **c** Eisenbahnbauer
- **d** Flugzeugbauer

61 Heinrich Rudolf Hertz (1857–1894)?

- **a** Entwickler der medizinischen Strahlentherapie
- **b** Erfinder der Kernspintomographie
- **c** Grundlagenforscher der heutigen Hochfrequenztechnik
- **d** Grundlagenforscher für keimfreie Lebensmitteltechnologie

62 Die Brüder Joseph (1740–1810) und Jacques (1745–1799) Montgolfier?

- **a** verbunden mit der Entwicklung der Telekommunikation
- **b** bekannt als Weingutbesitzer in Frankreich
- **c** berühmte Köche der französischen Nouvelle Cuisine
- **d** Erfinder des Heißluftballons

63 Alexander Graham Bell (1847–1922)?
- **a** Erfinder der Waschmaschine
- **b** Erfinder des Telefons
- **c** Erfinder des Radios
- **d** Erfinder des Faxgeräts

64 Louis Jacques Daguerre (1787–1851)?
- **a** französischer Maler und Pionier der Fotografie
- **b** berühmter Tiefseetaucher
- **c** Banker und Rekordaufsteller im Hochsprung
- **d** französischer Musiker und Komponist

65 Samuel Morse (1791–1872)?
- **a** Nobelpreisträger und Naturforscher
- **b** Technikliebhaber und Kunstsammler
- **c** Waffenproduzent und Hobbyfotograf
- **d** Kunstmaler und Erfinder

66 Nikolaus August Otto (1832–1891)?
- **a** Maschinenbauer und Unternehmer
- **b** Bergbauingenieur und Naturwissenschaftler
- **c** Biologe und Unterseeforscher
- **d** Chemiker und Wissenschaftler

67 Alessandro Volta (1745–1827)?
- **a** Chemiker und Erfinder
- **b** Physiker und Forscher
- **c** Biologe und Techniker
- **d** Mathematiker und Philosoph

68 Jules Verne (1828–1905)?
- **a** französischer, impressionistischer Maler
- **b** Musikwissenschaftler und Komponist
- **c** erster Biochemiker und Forscher
- **d** französischer Schriftsteller utopisch-technischer und naturwissenschaftlicher Romane

69 Samuel Colt (1814–1862)?
- **a** amerikanischer Agraringenieur und Naturwissenschaftler
- **b** amerikanischer Ingenieur und Waffenfabrikant
- **c** amerikanischer Schriftsteller und Friedenskämpfer
- **d** amerikanischer Physiker und Religionswissenschaftler

70 Ludwig Erhard (1897–1977)?
- **a** Parteiengründer
- **b** Wirtschafts- und Finanzfachmann
- **c** internationaler Banker
- **d** Agraringenieur

71 Hermann Josef Abs (1901–1994)?
- **a** legendärer Staatsanwalt und Politiker
- **b** bekannter Banker und Aufsichtsratsvorsitzender
- **c** legendärer Organisationswissenschaftler
- **d** verehrter Religionswissenschaftler

72 Lothar Späth (*1937)?
- **a** ehemaliger Politiker und dann erfolgreicher Wirtschaftsmanager
- **b** Nobelpreisträger für Wirtschaftsinformatik
- **c** bekannter Journalist und Kommentator
- **d** Guru für gutes Essen und Trinken

73 Franz Hengsbach (1910–1991)?
- **a** Journalist
- **b** Naturwissenschaftler
- **c** Banker
- **d** Priester

74 Johannes Calvin (1509–1564)?
- **a** holländischer Entdecker und Eroberer
- **b** französisch-schweizerischer Reformator mit besonderem Bezug zum Gelderwerb

c erster schweizerischer Schokoladenhersteller
d schweizerischer Schatzverwalter

75 Joseph Alois Schumpeter (1883–1950)?
a Schauspieler
b Ingenieur
c Wirtschaftswissenschaftler
d Physiker und Naturwissenschaftler

76 Fidel Castro (* 1927)?
a Staatsoberhaupt
b Plantagenbesitzer
c Kirchenmann
d Finanzmogul

77 Ho Chi Minh (1890–1969)?
a japanischer Politiker
b chinesischer Staatschef
c thailändischer Oberst
d vietnamesischer Politiker und Militär

78 Yitzak Rabin (1922–1995)?
a bekannter jüdischer Maler und Philosoph
b israelischer Ministerpräsident
c palästinensischer Freiheitskämpfer
d griechischer Reeder

79 Eduard A. Schewardnadse (* 1928)?
a berühmter Chirurg
b sowjetisch-georgischer Politiker
c Maler und Bildhauer
d Naturwissenschaftler

80 Heinrich Schliemann (1822–1890)?
a Fotograf und Maler
b Mathematiker und Physiker

c Astrologe und Schriftsteller
d Kaufmann und Hobbyarchäologe

81 Claus Graf Schenk von Stauffenberg (1907–1944)?
a NS-Politiker
b deutscher Stabsoffizier
c NS-Staatsanwalt
d Außenminister, Weimarer Republik

82 Lech Walesa (*1943)?
a Friedensnobelpreisträger und Elektromonteur
b Katholik und Gewerkschaftsführer
c ehemaliger polnischer Präsident und Streikkomitee-Vorsitzender
d Alle Lösungsvorschläge sind richtig.

83 Bill Gates (richtiger Vorname: William Henry III.) (* 1955)?
a amerikanischer Wirtschaftswissenschaftler
b Informatiker
c Außenminister Kanadas
d Ingenieur und Entdecker

84 Milton Friedmann (* 1912)?
a Computer-Experte
b Nobelpreisträger Wirtschaftsforschung
c New Yorker Maler der Moderne
d Hollywood-Schauspieler

85 John Stuart Mill (1806–1873)?
a britischer Philosoph und Volkswirtschaftler
b amerikanischer Unabhängigkeits-Politiker
c australischer Historiker und Volkskundler
d Kein Lösungsvorschlag ist richtig.

86 Friedrich Schleiermacher (1768–1834)?
- **a** ein Pädagoge und Mediziner
- **b** ein Philosoph und Theologe
- **c** ein Aristokrat und Unternehmer
- **d** ein Militärstratege und Naturwissenschaftler

87 Paul Ehrlich (1854–1915)?
- **a** Physiker
- **b** Mediziner und Bakteriologe
- **c** Astronom und Mathematiker
- **d** Chemiker

88 Walter Gropius (1883–1969)?
- **a** britischer Astrophysiker
- **b** Architekt der Moderne
- **c** Entdecker des Testosterons
- **d** Begründer der Chaostheorie

89 Carl Friedrich Gauß (1777–1855)?
- **a** großer Mathematiker und Zahlentheoretiker
- **b** Astronom und Physiker
- **c** Naturwissenschaftler
- **d** Alle Lösungsvorschläge sind richtig.

90 William Turner (1775–1851)?
- **a** schweizerischer Mathematiker und Musiker
- **b** englischer Nervenarzt
- **c** österreichischer Chemiker und Biologe
- **d** englischer Landschaftsmaler

91 Christiaan N. Barnard?
- **a** belgischer Chemiker
- **b** niederländischer Fotograf
- **c** schweizerischer Volkswirtschaftler
- **d** südafrikanischer Chirurg

92 Johann Heinrich Pestalozzi (1746–1827)?
- **a** Pädagoge
- **b** TV-Moderator
- **c** Bauingenieur
- **d** Verhaltensbiologe

93 Steven Paul Jobs (*1955)?
- **a** Computerkonstrukteur
- **b** amerikanischer Internetguru
- **c** berühmter Suchmaschinenbetreiber
- **d** Kein Lösungsvorschlag ist richtig.

94 Lewis Carrol (1832–1892)?
- **a** Oxforder Professor, der ein Kinderbuch schrieb
- **b** englischer Mediziner und Hypnosetherapeut
- **c** amerikanischer Romanautor und Pädagoge
- **d** Kein Lösungsvorschlag ist richtig.

95 Georg Büchner (1813–1837)?
- **a** Maler, Theologe, Philosoph
- **b** Schriftsteller
- **c** Baumeister
- **d** Konzertmeister

96 Edgar Degas (1834–1917)?
- **a** französischer Theaterregisseur
- **b** Musiker und Komponist
- **c** Biologe und Naturwissenschaftler
- **d** Kein Lösungsvorschlag ist richtig.

97 Mary Shelley (1797–1851)?
- **a** königliche Schauspielerin
- **b** Musikerin und Komponistin
- **c** Romanschriftstellerin
- **d** erste englische Medizinerin

98 Sandro Botticelli (1445–1510)?

a römischer Astronom
b Opernsänger
c Komponist
d Maler

99 Billy Wilder (* 1906)?

a Autor
b Filmregisseur
c Schauspieler
d Theatermacher

100 Bob Dylan (* 1941)?

a englischer Schauspieler
b kanadischer Rennfahrer Formel 1
c schweizerischer Zauberkünstler
d amerikanischer Sänger

Lösungen siehe Seite 396.

23. Entdeckungen, Erfindungen, Ereignisse

1 Der Homo sapiens, der den Neandertaler später verdrängte, lebte …

a nach 50 000 v. Chr.
b vor 150 000 v. Chr.
c vor 500 000 v. Chr.
d um 100 000 v. Chr.

2 Die siebentägige Woche ist eingeführt worden …

a 2000 v. Chr. von den Ägyptern
b 1800 v. Chr. von den Babyloniern
c 1525 n. Chr. von Paracelsus auf Grund der 7 Planeten
d 999 n. Chr. von der römischen Kirche

3 Die älteste bisher gefundene medizinische Schrift mit genauen Krankheitsbeschreibungen und Therapievorschlägen entstammt …

a den Azteken 1200 Jahre v. Chr.
b den Chinesen 2000 Jahre v. Chr.
c den Babyloniern 1400 Jahre v. Chr.
d den Ägyptern 1500 Jahre v. Chr.

4 Wer war der erste Mensch, der die Vermutung äußerte, die Erde sei eine Kugel, und von Antipoden sprach?

a Aristoteles
b Pythagoras
c Demokrit
d Plato

5 Wie lang ist die chinesische Mauer?

a 1445 km
b 2450 km
c 6250 km
d 4250 km

6 Wer hat die Schaltjahre erstmalig eingeführt?

a ein ägyptischer Astronom 46 v. Chr.
b ein griechischer Astronom 120 n. Chr.
c ein babylonischer Astronom 1300 v. Chr.
d ein chinesischer Astronom 800 v. Chr.

7 Wer hat das Papier entwickelt?

a der ägyptische König Djoser
b der chinesische Hofbeamte Ts'ai-Lun
c Aschoka, der Enkel des indischen Königs Tschandragupta
d der jüdische Hohepriester und König Alexander Jannai

8 Wo wurde Porzellan ursprünglich entwickelt?

a Frankreich
b England
c China
d Russland

9 Messer und Löffel sind prähistorischen Ursprungs, die Gabel dagegen ist eine verhältnismäßig neue Erfindung. Wann wurde in Europa die erste Gabel benutzt?

a 1071 in Venedig
b 1453 in Florenz
c 1628 in Madrid
d 622 in Paris

10 Das erste Anatomiebuch wurde veröffentlicht von dem italienischen Anatomieprofessor …

a Leonardo da Vinci
b Guglielmo Marconi
c Lorenzo de'Medici
d Mondino de' Luzzi

11 Wer kam auf die Idee, konkave Linsen (für Kurzsichtige) zu erstellen?

a der deutsche Gelehrte und Kardinal Nikolaus von Kues 1451
b der niederländische Humanist und Theologe Erasmus von Rotterdam 1506
c der französische Barbier und Wunderarzt Parè 1545
d der Politiker und Naturwissenschaftler Benjamin Franklin 1783

12 Welches Buch druckte Gutenberg zwischen 1452 und 1456 mit dem von ihm neu entwickelten Druckverfahren?

a die »Göttliche Komödie« von Dante Alighieri
b den Katechismus
c die Bibel
d das Evangelium nach Matthäus

13 Wann entdeckte Kolumbus die Neue Welt?

a 12.10.1492
b 3.8.1494
c 10.12.1494
d 8.3.1492

14 Wer hat 1504 die erste Taschenuhr gebaut?

a Evangelista Torricelli
b Christiaan Huygens
c Peter Henlein
d Galileo Galilei

15 Wann fand die erste Weltumsegelung statt?

a 1489–1492
b 1387–1400
c 1506–1509
d 1519–1522

16 Wer hat das erste Mikroskop erfunden?

a Zacharias Janssen 1590
b Galileo Galilei 1581
c Hans Lippershey 1608
d Johannes Kepler 1609

17 Wer war der erste Mensch, dem es gelang, Bakterien zu sehen?

a der englische Arzt Thomas Willis 1670
b der englische Wissenschaftler Isaac Newton 1666
c der niederländische Forscher Antoni van Leeuwenhoeck 1674
d der italienische Astronom Gian Domenico Cassini 1665

18 Wer formulierte das Gravitationsgesetz?

a Isaac Newton 1687
b Galileo Galilei 1589
c Euklid 300 v. Chr.
d Pythagoras 520 v. Chr.

19 Wer konstruierte die erste Rechenmaschine, die alle 4 Rechenoperationen ausführen konnte?

a Blaise Pascal 1642
b Gottfried Wilhelm Leibniz 1693
c Isaac Newton 1666
d Benjamin Franklin 1733

20 Wer erkannte frühzeitig die Vorteile des Binärsystems, das heutzutage Grundlage der modernen Informatik ist?

a Isaac Newton 1687
b Anders Celsius 1742
c Gottfried Wilhelm Leibniz 1700
d Pierre-Simon de Laplace 1783

21 Von wem stammt die erste Enzyklopädie in modernem Sinne?

a Dante Alighieri 1313
b Aristoteles 387 v. Chr.
c Konrad Duden 1880

d Denis Diderot 1751

22 Wann wurde der Blitzableiter erfunden?

a 1752
b 1472
c 1608
d 1815

23 Was hatte der englische Chemiker Joseph Priestley 1768 erfunden?

a Bakelit
b Tafelwasser
c Silikon
d Penicillin

24 Wer fand als erster die Quelle des blauen Nil?

a die alten Ägypter 1870 v. Chr.
b Amerigo Vespucci 1502
c James Bruce 1770
d Rheinhold Messner 1989

25 Wer erfand den Heißluftballon?

a Leonardo da Vinci 1480
b Jean-Pierre-Francois Blanchard 1797
c Jean-Baptiste Biot und Joseph-Louis Gay-Lussac 1804
d die Brüder Joseph-Michel und Jacques-Etienne Montgolfier 1783

26 Wer hatte 1796 die Pockenimpfung erfunden?

a der englische Arzt Edward Jenner
b der italienische Histologe Camillo Golgi
c der Schweizer Arzt Paracelsus
d der französische Chemiker Louis Pasteur

27 Was ist auf dem Stein von Rosette eingraviert, den ein Soldat aus Napoleon Bonapartes Armee 1799 in der Nähe einer ägyptischen Stadt fand?

a das ägyptische Totenbuch
b das Siegel des englischen Königreichs
c eine Inschrift in 3 verschiedenen Sprachen
d eine Rezeptur gegen Ergotismus

28 Wann wurde die erste elektrische Batterie gebaut?

a 1780 von Luigi Galvani
b 1581 von Galileo Galilei
c 1910 von Georges Claudes
d 1800 von Alessandro Volta

29 Das Chloroform wurde entdeckt im Jahre …

a 1911
b 1742
c 1831
d 1654

30 Wann wurde das Morsealphabet entwickelt?

a 1738
b 1838
c 1938
d 1638

31 Wer entwickelte die Technik der Fotografie?

a Arthur Holly Compton
b Franz Joseph Müller
c Alexander Graham Bell
d Louis-Jaques-Mandé Daguerre

32 Was erfand der Amerikaner Elias Howe 1845?

a einen Kühlschrank
b eine Nähmaschine

c einen Geschirrspüler
d einen Staubsauger

33 Wer war der erste Arzt, der in Europa die Händedesinfektion vorschrieb, um die Sterblichkeit an Kindbettfieber zu senken?
a der Ungar Ignaz Phillip Semmelweis
b der Amerikaner Oliver Wendell Holmes
c der Deutsche Rudolf Virchow
d der Deutsche Heinrich Hoffmann

34 Wer baute den ersten mechanischen Personenaufzug?
a Luigi Palmieri
b Henry Ford
c Elisha Graves Otis
d Otto Lilienthal

35 Wann erfand der italienische Physiker Luigi Palmieri den Seismograph?
a 1492
b 1586
c 1855
d 1601

36 Was bezweckte eine von dem französischen Chemiker Louis Pasteur 1856 entwickelte Prozedur?
a Gewinnung von ätherischen Ölen
b großflächige Desinfektion von Krankenhäusern
c Sterilisation von medizinischen Geräten
d Haltbarmachung von Lebensmitteln

37 Wer veröffentlichte 1858 die Abhandlung »Die Entstehung der Arten«, deren Theorie immer noch Gültigkeit besitzt?
a Charles Robert Darwin
b Irenäus Eibl-Eibesfeldt
c Konrad Lorenz
d Gregor Johann Mendel

38 Der französische Erfinder Ferdinand Carré baute 1858 ein Gerät, das zuerst mit Wasser, später mit Ammoniak funktionierte und dazu diente, …

a die Zeit zu messen
b Lebensmittel länger aufzubewahren
c Mehl für Brot zu produzieren
d Schurwolle zu spinnen

39 Worum geht es bei den 3 Gesetzen, die Gregor Johann Mendel 1865 formulierte?

a Partialdruck der Gase
b Schallüberleitung
c Gravitation
d Vererbung

40 Beim 1865 entstandenen Möbiusschen Band handelt es sich um …

a einen Ring aus einem Papierstreifen mit einer Halbdrehung
b das Gesetzbuch einer Geheimgesellschaft
c das kleinste Buch der Welt
d das erste Ringbuch

41 Wer erfand das Dynamit?

a die Chinesen
b Alfred Bernhard Nobel
c Ascanio Sobrero
d Samuel Colt

42 Wer stellte das Massewirkungsgesetz auf?

a Cato Maximilian Guldberg und Peter Waage 1867
b Arthur Holly Compton 1923
c Jean-Baptiste Biot und Joseph-Louis Gay-Lussac 1804
d Ernst Mach 1887

43 Ein norwegischer Arzt, der in einem Lepra-Hospital in Bergen arbeitete, war der Überzeugung, diese Erkrankung sei eine Infektion. 1873 gelang es ihm, die Erreger mikroskopisch zu sichten. Dieser Arzt war …

a Robert Koch
b Sebastian Kneipp
c Emil von Behring
d Gerhard Henrik Armauer Hansen

44 Wer erfand 1876 das Telefon?

a der Deutsche Nikolaus August Otto
b der Amerikaner Alexander Graham Bell
c der Amerikaner Josiah Willard Gibbs
d der Deutsche Eugen Goldstein

45 Der deutsche Ingenieur Nikolaus August Otto konstruierte 1876 eine Maschine, die ein großer Fortschritt war und heute noch mit einigen Verbesserungen in Gebrauch ist. Es war …

a der Dieselmotor
b das Telefon
c der Viertaktmotor
d der Phonograph

46 Welche Erfindung stammt von Thomas Alva Edison, amerikanischer Telegraphist und Erfinder?

a elektromechanischer Rechner 1880
b Maschinengewehr 1883
c Schreibmaschine 1867
d Phonograph 1877

47 Wer erfand die erste brauchbare Glühbirne?

a Thomas Alva Edison 1879
b Jean-Joseph-Étienne Lenoir 1860
c Richard Jordan Gatling 1862
d Lewis Edson Waterman 1884

48 Wer baute den ersten elektromechanischen Rechner, der mithilfe von Lochkarten, in denen die Daten gespeichert wurden, statistische Auswertungen ermöglichte und mit Elektrizität arbeitete?

a Joseph-Marie Jaquard 1801
b Michael Faraday 1821
c Hermann Hollerith 1880
d Charles Babbage 1822

49 Welches Bakterium isolierte Robert Koch 1882?

a Mycobacterium tuberculosis, Erreger der TBC
b Vibrio cholerae, Erreger der Cholera
c Salmonella typhi, Erreger von Typhus
d Yersinia pestis, Erreger der Pest

50 Welche Kunstfaser ist die erste, die je hergestellt wurde?

a Polyamid
b Dralon
c Nylon
d Rayon

51 Der amerikanische Erfinder Lewis Edson Waterman erhielt 1884 das Patent auf ein Gerät, das heute noch verbreitet ist. Es handelte sich um …

a ein Blutdruckmessgerät
b eine Schreibmaschine
c einen Füllfederhalter
d das Radio

52 Das erste Automobil wurde 1885 gebaut von …

a Nikolaus August Otto
b Carl Friedrich Benz
c Henry Ford
d Ettore Bugatti

53 Wer veröffentlichte 1895 die Schrift »Studien über die Hysterie« und legte damit den Grundstein für eine neue Form der Psychotherapie?

a Karl Gustav Jung und Sigmund Freud
b Josef Breuer und Sigmund Freud
c Eugen Bleuler
d Alfred Adler

54 Der Physiker Conrad Röntgen entdeckte die so genannten »X-Strahlen« im Jahr …

a 1789
b 1925
c 1895
d 1684

55 Wann erfand Rudolf Diesel den Dieselmotor?

a 1897
b 1876
c 1845
d 1922

56 Der österreichische Arzt Karl Landsteiner beschäftigte sich mit den Eigenschaften des Blutes und fand 1901 …

a den Rhesusfaktor
b die Antikörper
c die Blutgruppen
d die Chromosomen

57 Wer hat 1901 das Radiogerät erfunden?

a Alexander Graham Bell
b Thomas Alva Edison
c Alfred Bernhard Nobel
d Guglielmo Marconi

58 Erfinder des Flugzeuges ist/sind …

a die Brüder Orville und Wilbur Wright
b die Brüder Otto und Gustav Lilienthal

c Leonardo da Vinci
d die Brüder Joseph-Michel und Jaques-Etienne Montgolfier

59 Wer hatte 1905 die spezielle Relativitätstheorie aufgestellt?
a Edward Williams Morley
b Albert Abraham Michelson
c Albert Einstein
d Hendrik Antoon Lorentz

60 Wer beschäftigte sich mit der Normalfunktion des Intellektes und entwickelte 1905 die ersten Intelligenztests?
a Hermann Rorschach
b Virginia Masters und William Howell Johnsons
c Alfred Binet
d Sigmund Freud

61 Im Jahre 1903 beschäftigte sich ein Wissenschaftler mit Lernvorgängen bei Hunden. Er stellte sich die Frage, ob angeborene Verhaltensmuster und Reflexe durch andere Reaktionsmuster überlagert werden können. Es handelte sich um …
a Thomas Hunt Morgan
b Gregor Johann Mendel
c Ernst Henry Starling
d Iwan Petrowitsch Pawlow

62 Wer führte 1908 die Fließbandproduktion ein, damit Automobile nicht mehr Luxusgüter blieben und für das große Publikum produziert werden konnten?
a Henry Ford
b Ettore Bugatti
c Carl Friedrich Benz
d Gottlieb Daimler

63 Wann wurden Nordpol und Südpol erreicht?
a 1824 und 1828
b 1726 und 1802

c 1909 und 1911
d 1937 und 1955

64 Wer bekam 1911 den Nobelpreis für Chemie wegen der Entdeckung und Reindarstellung von Radium?
a Pierre Curie
b Marie Curie
c Otto Hahn und Lise Meitner
d Antoine-Henri Becquerel

65 Was versteht man unter dem 1922 entwickelten Rorschach-Test?
a einen Intelligenztest
b einen Persönlichkeitstest
c einen Test zur psychopathologischen Diagnose
d einen Leistungstest

66 Alle Pharaonengräber wurden im Laufe der Zeit vollkommen ausgeplündert. Nur ein Grab, das 1922 von Lord Carnavon und Howard Carter geöffnet wurde, enthielt unermessliche Kunstschätze aus dem alten Ägypten. Es war das Grab von …
a Cleopatra
b Cheop
c Djoser
d Tutanchamun

67 Für welche Entdeckung bekam Alexander Fleming 1945 den Nobelpreis?
a Polio-Impfung
b Penicillin
c TBC-Bakterien
d Syphilis-Bakterien

68 Wer entwickelte den ersten Teilchenbeschleuniger?
a Watson & Crick
b Walton & Cockcroft

c Watson & Holmes
d J. B. Watson

69 Bei einem 1930 entdeckten Planeten handelte es sich um …
a Pluto
b Neptun
c Saturn
d Uranus

70 Der schottische Physiker Robert Alexander Watson-Watt erfand 1935 ein Gerät, das in der Lage war, Mikrowellen zu senden, die von Gegenständen reflektiert und vom Gerät selbst wieder aufgefangen wurden. Bei dem Gerät handelt es sich um …
a ein Sonar
b einen Reflektor
c ein Radar
d ein Luxor

71 Der Kugelschreiber wurde erfunden von …
a Ladislao und Georg Biró
b Lewis Edson Waterman
c Otto Hahn und Lise Meitner
d Graf Zeppelin

72 Wann wurde die erste Atombombe getestet?
a 1938
b 1935
c 1945
d 1950

73 Willard Frank Libby erhielt 1960 den Nobelpreis für Chemie, weil er ein besonderes Verfahren zur Altersbestimmung entwickelt hatte. Es handelte sich um die …
a A-13-Methode
b B-15-Methode

c C-14-Methode
d D-16-Methode

74 Bei dem von dem Schweizer Physiker Auguste Piccard 1953 erfundenen Bathyscaph handelte sich um die Abwandlung von …

a einem Heliumballon
b einem U-Boot
c einem Zeppelin
d einer Taucherkugel

75 Welche Wissenschaftler stellten 1953 das Doppelhelixmodell der DNS vor?

a James Dewey Watson und Francis Harry Compton Crick
b Otto Hahn und Lise Meitner
c Ernst Thomas Walton und John Douglas Cockcroft
d William Howell Masters und V. E. Johnson

76 In den 50er Jahren entwickelte der amerikanische Mikrobiologe Jonas Edward Salk einen Impfstoff gegen eine gefürchtete Kinderkrankheit. Innerhalb weniger Jahre setzte eine Massenimpfung ein. Die so genannte Salk-Impfung, später durch eine Schluckimpfung weitgehend ersetzt, schützte vor …

a Meningitis
b Keuchhusten
c Kinderlähmung
d Krupp

77 Wo und wann fanden die ersten erfolgreichen Nierentransplantationen statt?

a in den 30er Jahren in Italien
b in den 50er Jahren in den USA
c in den 60er Jahren in Frankreich
d in den 70er Jahren in Deutschland

78 Wie hieß der erste Satellit, der in eine Umlaufbahn geschossen wurde?

a Apollo 1
b Andromeda 1
c Challenger 1
d Sputnik 1

79 In welcher Stadt befindet sich das »Internationale Büro für Maße und Gewichte«, in dem u.a. ein Platin-Iridium-Stab aufbewahrt wird, der bis 1960 als internationaler Meter-Prototyp diente?

a in Sèvres bei Paris
b in Rom
c in Madrid
d in Brüssel

80 Am 12. April 1961 wurde der erste Mensch in das Weltall geschickt. Es handelte sich um …

a Alexej Leonow
b Juri Alexejewitsch Gagarin
c Neil Armstrong
d German Stepanowitsch

81 Die erste Frau, die in das Weltall geschickt wurde, kam aus …

a der Sowjetunion
b den USA
c Australien
d Europa

82 Wer führte 1967 die erste Herztransplantation durch?

a Thomas Marchioro
b Theodor Hellbrügge
c Daniel Carleton Gajudsek
d Christiaan Neethling Barnard

83 Wann ist die erste Mondlandung der Geschichte erfolgt?

a 1965
b 1969
c 1971
d 1963

84 Welcher Mann betrat als erster den Mond?

a Neil Armstrong
b Virgil Ivan Grissom
c Michael Collins
d Roger Bruce Chaffee

85 Der britische Physiker Stephen William Hawking stellte 1970 eine neue Theorie auf, die auf quantenmechanischen Überlegungen basierte. Gegenstand dieser Theorie sind …

a braune Zwerge
b schwarze Löcher
c schwarze Zwerge
d weiße Zwerge

86 Was passierte am 14. Juli 1789?

a die Erstürmung der Bastille
b die Geburt von W. A. Mozart
c die Oktoberrevolution
d die Krönung Napoleons als Kaiser der Franzosen

87 Was passierte am 28.6.1914?

a Tod von Johann Strauß
b Attentat von Sarajevo
c Ermordung von Nikolai II. und seiner Familie
d Zerstörung von San Francisco durch ein Erdbeben

88 Womit wurde der 2. Weltkrieg eingeleitet?

a mit der Ermordung von Nikolai II. und seiner Familie
b mit dem Attentat von Sarajevo

c mit dem Einmarsch der deutschen Wehrmacht in Polen
d mit der Ermordung des französischen Präsidenten Paul Doumer

89 Wann übernahm Hitler die Macht?
a 1935
b 1929
c 1939
d 1933

90 Im Mai 1968 gab es in Frankreich eine politische Bewegung, die teilweise blutige Auseinandersetzungen mit der Polizei mit sich zog. Es handelte sich um …
a eine Studentenbewegung
b DADA
c eine Friedensbewegung
d eine Bürgerrechtsbewegung

91 Wann fand die Oktoberrevolution in Russland statt?
a 1915
b 1917
c 1918
d 1921

92 Was geschah 1989–1991?
a die erste erfolgreiche Trennung siamesischer Zwillinge
b das Ende des Kaltes Krieges
c die Quantentheorie wurde formuliert
d in China wurde die Pressefreiheit rechtlich durchgesetzt

93 Wann wurde die »Allgemeine Erklärung der Menschenrechte« verabschiedet?
a 10.12.1948
b 12.10.1932
c 12.12.1955
d 10.10.1922

94 Wann fand die Unabhängigkeitserklärung der USA statt?

a 1776
b 1678
c 1789
d 1797

95 Wann fand der Dreißigjährige Krieg statt?

a 1482–1512
b 1510–1540
c 1618–1648
d 1762–1792

96 Wann stellte Luther seine 95 Thesen auf?

a 1599
b 1320
c 1210
d 1517

97 Wann wurde die »Magna Charta« unterschrieben?

a 1120
b 1345
c 1215
d 1400

98 Wann begann der erste Kreuzzug?

a 845
b 1096
c 1201
d 1340

99 Wann wurde der Tempel in Jerusalem zerstört?

a 10 Jahre n. Chr.
b 55 Jahre n. Chr.
c 33 Jahre n. Chr.
d 70 Jahre n. Chr.

100 Wann wurde Julius Caesar ermordet?

a 23 Jahre n. Chr.

b 44 Jahre v. Chr.

c 17 Jahre v. Chr.

d 37 Jahre v. Chr.

Lösungen siehe Seite 403.

Lösungen und Erläuterungen

1. Staat und Politik (Seite 15 ff.)

1 **c** Die Bundesversammlung besteht aus den Mitgliedern des Bundestags und einer gleichen Zahl von Mitgliedern, die nach den Grundsätzen der Verhältniswahl von den Landtagen gewählt werden.

2 **c** Außerdem wurde das Schengener Abkommen für eine gemeinsame Sicherheits- und Asylpolitik der EU geschlossen.

3 **d** Dabei sind die Bundesländer Staaten mit eigener Staatsgewalt und eigenem Territorium.

4 **b** Artikel 71/73 des Grundgesetzes regelt die Gesetzgebungskompetenz des Bundes.

5 **c** Erhard wurde 1963 zum Bundeskanzler gewählt, Kiesinger 1966.

6 **c** Die Abkürzung steht für »Europäische Gemeinschaft«.

7 **b** Der Kongress besteht aus Senat und Repräsentantenhaus.

8 **b** Das Parlament wird für vier Jahre gewählt.

9 **d** Das Bundesverfassungsgericht, weil es die Vereinbarkeit von Gesetzen mit dem Grundgesetz prüft.

10 **a** Da die Schweiz als neutrales Land keinem Verteidigungsbündnis angehört.

11 **b** In indirekter Wahl bestimmen die Wähler direkt die Wahlmänner, die ihrerseits den Präsidenten wählen.

12 **a** Der Bundestag beschließt laut Grundgesetz den Bundeshaushalt (mit Zustimmung des Bundesrates).

13 **c** Beim konstruktiven Misstrauensvotum reicht die absolute Mehrheit des Bundestages.

14 **a** Das Grundgesetz sollte helfen, in den Westzonen Deutschlands einen demokratischen Rechtsstaat zu errichten.

15 **d** »International Labour Organisation«

16 **b** Karlsruhe, laut Bundesververfassungsgerichtsgesetz vom 12.3.1951.

17 **c** Weil die Kulturhoheit bei den einzelnen Bundesländern liegt. Das Ressort des Kulturstaatsministers mit übergeordneten kulturellen Aufgaben ist dem Bundeskanzleramt zugeordnet.

18 d Auf Neuhebräisch bedeutet »Knesset« Versammlung.

19 d 1994 eröffnete der Schriftsteller Stefan Heym von der PDS die erste Bundestagssitzung.

20 c Nach der Wiedervereinigung kamen zu den 10 ursprünglichen so genannten alten Bundesländern 5 so genannte neue der ehemaligen DDR hinzu, sowie Berlin, das während der Teilung immer einen Sonderstatus hatte.

21 b Das Wort Fraktion leitet sich aus dem frz. »fraction« = »Bruchteil« ab und bezeichnet in den modernen Parlamenten fest organisierte Verbindungen von Abgeordneten der gleichen Partei (Ursprung: das lat. »frangere« = »brechen«.

22 c Die KSZE (gegründet am 1.8.1975 in Helsinki) hatte großen Anteil an der Öffnung des »Eisernen Vorhangs« (aus der KSZE hervorgegangen ist mit Wirkung zum 1.1.1995 die OSZE = Organization for Security and Cooperation in Europe).

23 a Das Standesamt ist die Behörde zur Beurkundung von Geburten, Eheschließungen und Todesfällen.

24 b Aufgrund der Währungsreform wurde die DM anstelle der Reichsmark am 20.6.1948 eingeführt.

25 a »Amnesty International« ist der Name einer weltumspannenden Gefangenenhilfsorganisation.

26 c Das Bundesverfassungsgericht ist ein eigenständiges Verfassungsorgan, das die Vereinbarkeit von Gesetzen mit der Verfassung prüft.

27 a Grund ist die bessere Balance und gegenseitige Kontrolle der einzelnen Staatsgewalten

28 c Der »Hammelsprung« wird praktiziert im Falle einer Uneinigkeit des Bundestagspräsidiums über das Abstimmungsergebnis.

29 d Die Freiheit der Presse ist im Artikel 5 des Grundgesetzes als Grundrecht festgelegt.

30 c Der Bundestagspräsident wird von den Mitgliedern des Bundestages gewählt.

31 **d** Für seine Entspannungspolitik mit Osteuropa erhielt Willy Brandt 1971 den Friedensnobelpreis.

32 **b** Ziel des Europarats ist die Förderung des wirtschaftlichen und sozialen Fortschritts seiner Mitgliedsländer.

33 **c** Am 1.1.1956 rückten die ersten freiwilligen Soldaten der Bundeswehr ein.

34 **a** Die kleine Koalition aus SPD und FDP von 1969–1982 beispielsweise wurde auch als »Sozialliberale Koalition« bezeichnet.

35 **d** Laut Artikel 3 (3) des Grundgesetzes darf niemand wegen seines Geschlechtes, seiner Abstammung, seiner Rasse, seiner Sprache, seiner Heimat und Herkunft, seines Glaubens … benachteiligt oder bevorzugt werden. Dieser Artikel ist dem unrühmlichen Kapitel der Verfolgung rassischer Minderheiten im Dritten Reich geschuldet.

36 **d** Das Schloß Bellevue im Berliner Bezirk Tiergarten ist der Amtssitz des Bundespräsidenten. In unmittelbarer Nähe befindet sich im Englischen Garten das Bundespräsidialamt.

37 **b** Unter »Chauvinismus« wird ein übersteigerter, blinder Nationalismus verstanden, der bis zur Missachtung der Rechte souveräner Staaten geht.

38 **a** Deutsch, Französisch, Italienisch und Rätoromanisch.

39 **c** Den Einzelstaaten wird dabei ihre Selbständigkeit weithin garantiert.

40 **b** Laut Art. 38 Abs. 2 Grundgesetz (betreffend Wahlen zum Bundestag) gilt das passive wie das aktive Wahlrecht ab Vollendung des 18. Lebensjahres.

41 **d** Der Fraktionszwang wird begrenzt durch den Grundsatz des freien, unabhängigen Mandats (Art. 38 Abs. 1 Grundgesetz).

42 **b** Die Rolle von König Juan Carlos I. ist auf repräsentative Aufgaben beschränkt.

43 **a** Der Kommunalpolitiker vertritt die Selbstverwaltung seiner Gemeinde, seiner Stadt oder seines Kreises.

44 **b** John McCain war der Kandidat der Republikaner. Hillary Clinton unterlag Barack Obama als Kandidatin der Demokraten. Richard Bruce »Dick« Cheney war Vizepräsident unter George W. Bush.

45 **d** Grundrechte sind unantastbare und unveräußerliche Rechte, die jedem Staatsbürger zustehen.

46 **c** Der Bund gewährleistet weiterhin lediglich eine flächendeckend ausreichende Versorgung mit Dienstleistungen.

47 **a** Ursprünglich bezeichnet der Begriff »Lobby« die Wandelhalle des Parlaments (im britischen Unterhaus), im heutigen Sprachgebrauch davon abgeleitet dann auch Personen, so genannte Lobbyisten.

48 **c** Der Supreme Court wacht über die Einhaltung von Text und Geist der Verfassung.

49 **b** Dies soll eine Zersplitterung des Parlaments erschweren.

50 **d** Der Begriff »Jurisdiktion« ist abgeleitet vom lateinischen »Iurisdictio« = »Gerichtsbarkeit«.

51 **c** Frankfurt ist der bedeutendste Börsen- und Handelsplatz Deutschlands.

52 **b** Vereinfachende Darstellung von politischen Themen zur Beeinflussung der Wählermeinung.

53 **c** Immunität genießt neben den Abgeordneten auch der Bundespräsident.

54 **a** Seit dem 1. Januar 1975 gilt man mit vollendetem 18. Lebensjahr als volljährig.

55 **c** Das Reichstagsgebäude in Berlin wurde 1884–1894 erbaut, heute ist es Sitz des Deutschen Bundestages. Die Aufschrift wurde erst 1916 angebracht.

56 **d** Das Gesetz wird nach Gegenzeichnung durch den Bundespräsidenten im Bundesgesetzblatt veröffentlicht und tritt zu dem Zeitpunkt in Kraft, den das beschlossene Gesetz oder Art. 82 Grundgesetz nennt.

57 **c** Schöffen haben das gleiche Stimmrecht wie Berufsrichter.

58 **c** Im Bundesrat wirken die Länder bei der Bundesgesetzgebung und Verwaltung des Bundes mit.

59 **b** Die Abkürzung für »World Health Organisation«, eine Unterorganisation der UNO mit Sitz in Genf.

60 **a** Mit der Erststimme wird der Direktkandidat einer Partei in seinem Wahlkreis gewählt.

61 **b** Das »House of Lords« (Oberhaus) geht in Großbritannien im Gegensatz zum Unterhaus (»House of Commons«) nicht aus allgemeinen Wahlen hervor.

62 **d** Das Pentagon (griech. »Fünfeck«), der Gebäudekomplex des amerikanischen Verteidigungsministeriums, wurde 1941 bis 1943 auf einem fünfeckigen Grundriss in Arlington (Virginia) errichtet.

63 **b** Kommt von lateinisch »jungere«, d.h. verknüpfen.

64 **c** Die Bürger- und Menschenrechte behandeln die Artikel 1–19 des Grundgesetzes.

65 **a** Da in Deutschland die Polizeihoheit der Länder herrscht.

66 **d** Der Bundesrat setzt sich zusammen aus Regierungsvertretern der Bundesländer.

67 **c** Die Bezeichnung »Freistaat« entstand im 19. Jahrhundert als Synonym für Republik.

68 **a** Der Internationale Gerichtshof ist mit 15 auf jeweils 9 Jahre gewählten Richtern mit 15 verschiedenen Staatsangehörigkeiten besetzt.

69 **c** Vor allem auch mit dem Ziel der Rohstoffausbeutung sowie der Schaffung neuer Absatzmärkte.

70 **d** Weil er frei und unabhängig ist, also an keine Weisung gebunden.

71 **a** UNESCO = »Unites Nations Educational Scientific and Cultural Organization«, Sonderorganisation der UNO, 1945 in London gegründet, seit 1946 mit Sitz in Paris.

72 **b** Die Lohnsteuer ist die Steuer auf Einkünfte aus nichtselbständiger Arbeit.

73 **a** Zuständig für öffentliche Sicherheit und Ordnung (Polizei-Aufgaben).

74 **c** Der Begriff kommt aus dem Lateinischen und bedeutet: zweiseitig.

75 **d** Artikel 1, Nr. 1 des Grundgesetzes: »Die Würde des Menschen ist unantastbar …«

76 **c** Bayern mit einer Fläche von 70 548 km^2.

77 **a** Zur Wahl des Bundespräsidenten zusammentretendes Gremium aus den Mitgliedern des Bundestages und einer gleich großen Zahl von Delegierten der Landtage.

78 **b** Die 1947 gegründete oberste Geheimdienstbehörde der USA.

79 **d** »United Nations International **C**hildren's Emergency Fund«, Hilfswerk der Vereinten Nationen zur Versorgung bedürftiger Kinder, gegründet 1946 mit Sitz in New York.

80 **b** Ab ca. 1832 wird die britische konservative Partei »Tories« genannt.

81 **a** Es gibt ein allgemeines Wahlrecht, jedoch keine Wahlpflicht.

82 **b** Bis 1989/90 ca. 65, nach der Wiedervereinigung ca. 80 Millionen.

83 **c** Im Rahmen internationaler Beziehungen nimmt die Schweiz einen relativ neutralen Status ein.

84 **b** Eigentum verpflichtet.

85 **d** Die Große Proletarische Kulturrevolution unter Mao Tse-tung von 1966–1969 bekämpfte die Reste westlicher und traditionell chinesischer Denk- und Lebensweisen.

86 **b** In der Reihenfolge: Adenauer: 1949–1963, Erhard: 1963–1966, Kiesinger: 1966–1969.

87 **c** An diesem Datum jährt sich der Beitritt der DDR zur Bundesrepublik (3.10.1990).

88 **a** Er wird auf Vorschlag des Bundespräsidenten vom Bundestag gewählt.

89 **b** Der Bundespräsident wird für 5 Jahre gewählt.

90 **c** Die SPD ist mehr als 130 Jahre alt.

91 **d** Die Demokraten werden eher links, die Republikaner eher rechts angesiedelt.

92 **b** Neben Brüssel ist Straßburg Sitz weiterer Einrichtungen der Europäischen Union.

93 **a** Laut Verfassungsänderung vom 7.11.1962 wird er mit absoluter Mehrheit für 5 Jahre vom Volk direkt gewählt.

94 **b** Semiten sind ursprünglich Angehörige vorderasiatischer und nordafrikanischer Steppenvölker, zu denen um Christi Geburt auch die Juden gehörten.

95 **c** Soziale Marktwirtschaft, d) ist keine zwingend demokratische Wirtschaftsform.

96 **d** Die Berliner Mauer, in der DDR-Sprache auch »antifaschistischer Schutzwall« genannt, trennte Ost- und Westberlin, im weiteren Sinne auch die beiden Hälften Deutschlands.

97 **d** Der Vertrag von Maastricht trat am 1.11.1993 in Kraft und regelte die Vollendung der Wirtschafts- und Währungsunion, eine gemeinsame Sicherheits- und Außenpolitik sowie die Zusammenarbeit in der Rechts- und Innenpolitik.

98 **c** Es besteht Versicherungspflicht für Arbeitnehmer.

99 **d** Mit 5,6% Stimmenanteil bekamen die Grünen 1983 erstmalig 27 Sitze.

100 **b** Abkürzung für »United Nations Organization« (Organisation der Vereinten Nationen), am 24.10.1945 (Tag der Vereinten Nationen) trat die UN-Charta in Kraft, die am 26.6.1945 von 50 Staaten in San Francisco unterzeichnet worden war.

101 **d** Kurt Waldheim wurde 1971, Perez de Cuellar 1981 und Butros Ghali 1991 von der Generalversammlung der Vereinten Nationen gewählt.

102 **c** Die SPD hatte das Frauenwahlrecht bereits 1891 in ihr Programm aufgenommen. 1919 betrug der Anteil der weiblichen Abgeordneten im Reichstag 9,6%.

103 **b** Ein Plebiszit ist eine Volksabstimmung über Sachfragen, im Unterschied zur Wahl (bezieht sich auf eine Personalentscheidung); Element der direkten (plebiszitären) Demokratie.

104 **a** 1949 wurde Theodor Heuss gewählt, Heinrich Lübke 1959 und Gustav Heinemann 1969.

105 **b** Im Ermächtigungsgesetz vom 24.3.1933 (so genanntes »Gesetz zur Behebung der Not von Volk und Reich«) wurde die gesamte Staatsgewalt der nationalsozialistischen Regierung übertragen. Das war die staatsrechtliche Basis des totalitären NS-Regimes. In der Bundesrepublik Deutschland ist ein Ermächtigungsgesetz nach Artikel 80 Grundgesetz ausgeschlossen.

106 **c** Länder mit mehr als 2 Mio. Einwohnern haben 4 Sitze, mit mehr als 6 Mio. Einwohnern 5, mit mehr als 7 Mio. 6 Sitze.

107 **a** Ein Kommentar ist die juristische Auslegung und Erläuterung eines Gesetzes unter Berücksichtigung seiner Historie, seines Sinns und Zwecks, seines Wortlauts und seiner Rechtsprechung.

108 **d** Er war mit 4 Legislaturperioden der Kanzler mit der längsten Amtszeit.

109 **a** Eine Öffentlichkeitsarbeit für die Bundesregierung gehört nicht zu den Aufgaben des Bundestages. Als Volksvertretung gehört zu seinen primären Aufgaben die Wahl des Bundeskanzlers, Mitwirkung bei der Gesetzgebung und die Kontrolle der Regierungsarbeit.

110 **d** Es war die Reaktion auf seine anfängliche Ablehnung der Weimarer Republik.

111 **a** Wenn der Bundeskanzler im Bundestag nicht die nötige Mehrheit erhält, ihm auf seinen Antrag das Vertrauen auszusprechen, kann der Bundespräsident dann auf Antrag des Bundeskanzlers binnen 21 Tagen den Bundestag auflösen – es sei denn, der Bundestag findet eine Mehrheit für einen anderen Bundeskanzler (Art. 68 Abs. 1 Grundgesetz).

112 **a** Die teilnehmenden Mitglieder der Landtage werden nach dem Verhältnis der Bevölkerungszahlen ihrer Länder bestimmt.

113 **d** Am 1.10.1949 rief Mao Tse-tung die Volksrepublik China aus und trat als Vorsitzender des Zentralrats der Volksregierung an die Spitze des Staates.

114 **d** 1848 erklärte die Frankfurter Nationalversammlung die schwarz-rot-goldenen Farben zu Bundesfarben.

115 **c** Ziele waren die Sicherung des Weltfriedens sowie wirtschaftliche und kulturelle Zusammenarbeit zwischen den Nationen.

116 **b** Johnson war von 1963–1969 Präsident, Eisenhower von 1953–1961, Nixon von 1969–1974 und Carter von 1977–1981.

117 **b** Im Grundgesetz ist unter Art. 17 das Petitionsrecht des Bürgers verankert.

118 **d** Phillip Jenninger trat 1988 als Bundestagspräsident zurück, wegen der Reaktionen auf seine missverständlich verfasste Rede zum 50. Jahrestag der sog. Reichskristallnacht.

119 **b** Symbolisches Schmuckstück: Bei der Krönung der Herrscher stellt der Reichsapfel, eine Weltkugel mit Kreuz, ein Sinnbild christlicher Weltherrschaft dar.

120 **d** In den USA wurde das Alkoholverbot 1917 erlassen und 1933 wieder abgeschafft.

121 **b** Die Legislative bildet im Verbund mit der Exekutive und der Jurisdiktion das System der Gewaltenteilung als konstitutives Element des Verfassungsstaates.

122 **a** In der UdSSR zunächst das Verzeichnis der Führungspositionen, später allgemeine Bezeichnung für die Führungsschicht.

123 **d** Abwertende Bezeichnung für jemanden, der Kultur und geltende Ordnung zerstören will (auch »Kulturbolschewismus«). Der Begriff entstand 1903 auf dem II. Parteitag der Sozialdemokratischen Arbeiterpartei Russlands (SDAPR) bei der Spaltung der Partei in eine Mehrheit (»Bolschewiki«) und eine Minderheit (»Menschewiki«).

124 **a** Mit der Erststimme wird die Hälfte der Abgeordneten des Bundestages direkt gewählt (gemäß Mehrheitswahlsystem). Mit der Zweitstimme wird die verbleibende Hälfte über Kandidatenlisten – Landeslisten – der Parteien gewählt (gemäß Verhältniswahlsystem).

125 **d** Und anschließend in Kassel. In der Folge wurde das Viermächte-Abkommen 1972 in Berlin unterzeichnet. Es war wesentlicher Bestandteil der Deutschland- und Ostpolitik.

126 **b** Das Grundgesetz kennt nur das freie Mandat; in der Bundesrepublik sind die politischen Mandatsträger frei und nur ihrem Gewissen verpflichtet.

127 **c** Geprüft wird die Haushalts- und Wirtschaftsführung des Bundes und der Länder.

128 **c** Seit 1993 finden Tagungen des Europäischen Parlaments und der Ausschüsse auch in Brüssel statt.

129 **d** Nach den Plänen des US-Finanzministers Henry Morgenthau aus dem Jahre 1944 sollte Deutschland nie mehr die Möglichkeit haben, einen Krieg führen zu können. Daher sollten Industrie und Bergbau zerschlagen, das Land in mehrere Staaten aufgeteilt, Ruhrgebiet, Rheinland und der Nord-Ostsee-Kanal internationalisiert werden.

130 **d** Die Bezeichnung »House of Lords« erklärt das unmissverständlich. Es besteht aus Erblords, auf Lebenszeit ernannten Mitgliedern, Bischöfen sowie Lordrichtern.

131 **b** Aus dem Lat.; im Gegensatz zur Persona grata, ein im Empfangsstaat erwünschter diplomatischer Vertreter.

132 **c** Über die Räumung der Sinai-Halbinsel sowie die Normalisierung der Beziehungen zwischen Israel und Ägypten; geschlossen 1978 am Sommersitz des US-Präsidenten, Camp David.

133 **a** Duma: zu altslawisch »dumati« = »denken«; russ. Bezeichnung für gewählte

Volksvertretungen und beratende Versammlungen; zunächst der Rat der Fürsten aus den Gefolgsleuten, später Stadt- und Reichs-, heute Staatsduma, die zweite Kammer des russischen Parlaments.

134 **b** Voraussetzung für das Schöffenamt sind u.a. deutsche Staatsangehörigkeit und ein Alter zwischen 25 und 70 Jahren.

135 **b** Die Ideale des Kommunismus: Produktionsmittel und Erzeugnisse gehen in das gemeinsame Eigentum aller Staatsbürger über, alle Klassenunterschiede werden aufgehoben.

136 **d** Europäisch-asiatischer Staatenbund von Teilrepubliken der ehemaligen Sowjetunion.

137 **a** Die unmittelbare Mitwirkung des Volkes an der Gesetzgebung oder sonstigen staatlichen Entscheidungen.

138 **d** Lohn- und Einkommenssteuer sind Gemeinschaftssteuern, die auf Bund, Länder und Gemeinden aufgeteilt werden.

139 **d** Bei einer Amnestie werden entweder bestimmte Delikte gar nicht verfolgt oder festgesetzte Strafen erlassen.

140 **c** Art. 62 Grundgesetz besagt, die Bundesregierung ist das zur allgemeinen Leitung des Bundes berufene Bundesorgan.

141 **c** Sowie deren Zuweisung an drei unterschiedliche, voneinander unabhängige Staatsorgane: Parlament, Regierung und Gerichte.

142 **d** OECD, Abkürzung für »Organization for Economic Cooperation and Development« (Organisation für wirtschaftliche Zusammenarbeit und Entwicklung) mit Sitz in Paris.

143 **b** Boris Jelzin wurde im Juni 1991 zum Präsidenten Russlands gewählt.

144 **b** Die westslawische Volksgruppe der Sorben genoss als nationale Minderheit auch in der DDR Kulturautonomie.

145 **d** Bei der Bundestagswahl 1980 konnte sich Franz-Josef Strauß als Kanzlerkandidat der CDU/CSU nicht gegen den amtierenden Kanzler Schmidt durchsetzen.

146 **c** Ziel totalitärer Herrschaft ist es, ein umfassendes, neues Wertesystem durchzusetzen und einen neuen Menschentypus nach den eigenen Vorstellungen zu schaffen.

147 **c** Die Volkskammer war das Parlament der DDR. Sie war lediglich ein Ausführungsorgan für die von der SED vorgeschriebene Politik. Die stereotype Formulierung nach Parlamentsentscheidungen lautete: »Einstimmig beschließt die Volkskammer …«. Mit dem Beitritt der DDR zur Bundesrepublik Deutschland wurde die Volkskammer aufgelöst.

148 **a** Aufgabe der UNO ist die Sicherung des Weltfriedens sowie die Förderung der internationalen Zusammenarbeit.

149 **b** Das Verhältniswahlrecht wird als die größtmögliche Annäherung an den Zustand der »Wahlgerechtigkeit« bezeichnet

150 **a** Das Völkerrecht basiert auf der Anerkennung der souveränen Gleichheit der Staaten.

2. Wirtschaft (Seite 44 ff.)

1 **c** Der Aktienindex verdeutlicht die Entwicklung des durchschnittlichen Aktienkurses. Bekannte Aktienindizes sind der DAX für Deutschland, der Dow Jones für die USA und der Nikkei für Japan.

2 **a** »Hausse« ist die Bezeichnung für den Zeitabschnitt, in dem die Börsenkurse auf breiter Front stark und anhaltend steigen. Die entgegengesetzte Entwicklung nennt man »Baisse«.

3 **d** Das deutsche Wirtschaftssystem ist die soziale Marktwirtschaft. Diese Wirtschaftsordnung steht für das Ideal wirtschaftlicher Leistungsfähigkeit und sozialer Gerechtigkeit bei einem hohen Maß an individueller Freiheit.

4 **a** Ein Pfandbrief ist eine spezielle Form der Schuldverschreibung (auch »Obligation« oder »Anleihe« genannt). Er wird im Wesentlichen von Hypothekenbanken ausgegeben. Wegen seiner strengen Besicherung ist er bei vorsichtigen Geldanlegern beliebt.

5 **d** Beim Bruttosozialprodukt handelt es sich um den Wert aller in einem bestimmten Zeitraum produzierten Güter und Dienstleistungen einer Volkswirtschaft. Das Produkt ist eine wichtige Messgröße zur Einschätzung der wirtschaftlichen Entwicklung, die den Vergleich der Leistungskraft verschiedener Volkswirtschaften zulässt.

6 **c** »IWF« steht für »Internationaler Währungsfonds«. »IWF« ist die deutsche Bezeichnung für den International Monetary Fund (IMF), der 1944 gegründet wurde. Hauptziele sind die Förderung der Zusammenarbeit bei der zwischenstaatlichen Währungspolitik und die Förderung der Währungsstabilität.

7 **d** Mineralöl-, Branntwein- und Versicherungssteuer stehen als reine Verbrauchssteuer dem Bund zu. Bei Bundessteuern handelt es sich vor allem um Verbrauchssteuern, Zölle und Gemeinschaftssteuern.

8 **b** Die Dividende ist der dem Aktionär auszuzahlende Anteil vom Reingewinn. Meist wird die Ausschüttungshöhe in Prozent vom Nennwert der Aktien angegeben. Der Vorstand und Aufsichtsrat schlägt der Hauptversammlung die Höhe vor.

9 **a** Die Provision eines Börsenmaklers heißt »Courtage«. Sie ist für alle Makler einheitlich festgesetzt. Die Höhe der Courtage richtet sich nach den verschiedenen Wertpapiergattungen, nach der Kurswerthöhe und nach der Geschäftsart.

10 **c** Subventionen sind Begünstigungen (direkte Geldleistungen oder Steuerermäßigungen), die der Staat bestimmten Wirtschaftszweigen außerhalb des staatlichen Bereichs zukommen lässt, ohne dafür marktwirtschaftliche Gegenleistungen zu bekommen.

11 **d** Beim Mobbing handelt es sich um aggressives Vorgehen gegen Mitarbeiter und Arbeitskollegen. Häufig wird mit seelischen Grausamkeiten das Ziel verfolgt, das Opfer aus dem Unternehmen zu vertreiben. Mobbing kann zu schweren psychosomatischen Beschwerden und auch zu Selbstmordhandlungen führen.

12 **b** Als »Parität« bezeichnet man das Austauschverhältnis zwischen zwei Währungen, das im Wechselkurs zum Ausdruck kommt. Bei Papierwährungen bildet sich die Parität nach der Kaufkraftparität, falls nicht abweichende, staatlich festgelegte Wechselkurse bestehen.

13 **a** Die OPEC ist die Organisation der Erdöl exportierenden Länder. Sie wurde 1960 in Bagdad (Irak) gegründet. Ihr Ziel ist die Festsetzung von Förderquoten, um den Rohölpreis und somit die Einnahmen zu sichern bzw. zu erhöhen.

14 **d** Von »Investition« spricht man, wenn Geld in Produktionsmitteln angelegt wird. Man unterscheidet hierbei Anlageinvestitionen und Vorratsinvestitionen. Investitionen können dazu dienen, die Kapazitäten der Betriebe zu erhalten, zu modernisieren oder zu erweitern.

15 **b** Ein Trust ist der Zusammenschluss von Unternehmen unter Aufgabe der wirtschaftlichen und rechtlichen Selbständigkeit. Ziel ist Marktbeherrschung. Ein Unternehmen übernimmt die Führung. Heute wird in diesem Zusammenhang häufig der Begriff »Merger« gebraucht.

16 **c** »Xetra« steht für »Exchange Electronic Trading« und ist die internationale vollelektronische Handelsplattform der Deutsche Börse AG. Über dieses Börsenhandelssystem können weltweit Marktteilnehmer sämtliche an der Frankfurter Börse notierte Aktien handeln.

17 **a** »Liquidität« bedeutet betriebswirtschaftlich die Zahlungsbereitschaft und Zahlungsfähigkeit eines Unternehmens. In anderen Worten: der Betrieb kann seinen fälligen Verbindlichkeiten termingerecht und betragsgenau nachkommen.

18 **b** Wenn man von der Wall Street spricht, ist damit das Finanzzentrum New Yorks gemeint. Die Straße selbst ist gerade einmal 1,5 km lang. In der Wall-Street-Gegend befinden sich die New Yorker Börse (New York Stock Exchange) und die Hauptquartiere der großen amerikanischen Banken.

19 **a** Tara ist die Differenz zwischen Brutto- und Nettogewicht, also das Gewicht der Verpackung. Wenn Preise angegeben werden, müssen sie sich immer auf das Nettogewicht beziehen.

20 **b** Mit »Autarkie« meint man die wirtschaftliche Unabhängigkeit eines Landes in Bezug auf Handelsverflechtungen und wirtschaftliche Beziehungen. Allerdings bedeutet diese Selbstversorgung den Verzicht auf die Vorteile der internationalen Arbeitsteilung.

21 **d** »Saldo« ist das italienische Wort für Rechnungsabschluss. Dieser Begriff steht für den Unterschiedsbetrag zwischen Soll und Haben auf einem Konto.

22 **b** Von »Konvertibilität« spricht man, wenn eine Währung in unbegrenzter Höhe eingetauscht werden kann. Diese freie Austauschbarkeit ermöglicht unbegrenzte internationale Zahlungen. In Ländern mit Devisenknappheit wird die Konvertibilität häufig beschränkt.

23 **d** Aktienbesitzer haben Anspruch auf ihre Dividende. Die Dividende ist der dem Aktionär auszuzahlende Anteil vom Reingewinn, wobei die Ausschüttungshöhe meist in Prozent vom Nennwert der Aktien angegeben wird.

24 **c** »Rendite« ist die Bezeichnung für den jährlichen Gesamtertrag eines angelegten Kapitals. Sie wird meist in Prozent des Kapitals angegeben. Bei ihrer Berechnung werden Laufzeit, Zins und Kurs berücksichtigt.

25 **a** Die Einziehung fälliger Forderungen, z.B. von Wechseln, Schecks, Akkreditiven oder Rechnungen durch Handelsvertreter und Banken nennt man »Inkasso«.

26 **b** Den bereits unterschriebenen Scheck, der noch nicht oder nur teilweise ausgefüllt ist, nennt man »Blankoscheck«.

27 **b** »Debitor« ist die Bezeichnung für einen Kunden, der Waren auf Kredit gekauft hat. Er wird in der Buchführung unter Forderungen auf Grund von Warenlieferungen und Leistungen ausgewiesen und in der Bilanz unter dem Oberbegriff »Umlaufvermögen« aktiviert.

28 **d** Prokura ist eine besonders umfangreiche Art der Vertretungsbefugnis für ein Unternehmen. Prokuristen sind zu allen gerichtlichen und außergerichtlichen Geschäften ermächtigt, die ein Handelsunternehmen mit sich bringt. Er hat grundsätzlich unbegrenzte Befugnis.

29 **c** Aufgabe des Betriebsrates ist es, die Anliegen der Belegschaft zu vertreten. Betriebsräte haben u.a. Mitbestimmungsrechte bei der Gestaltung von Arbeitsplätzen. Auch personelle Maßnahmen wie Einstellungen und Versetzungen bedürfen der Zustimmung des Betriebsrates. Gesetzliche Grundlage ist das Betriebsverfassungsgesetz.

30 **a** Den Zusammenschluss zweier oder mehrerer Unternehmen zu einer wirtschaftlichen und rechtlichen Einheit nennt man »Fusion«. Häufig verschmelzen alle beteiligten Unternehmen zu einem neuen.

31 **b** Bei einer Inflation nimmt die Geldmenge stärker zu als die Gütermenge. Als Folge kommt es zu allgemeinen Preissteigerungen. Typische Reaktion auf eine Inflation ist die Flucht in Sachwerte. Sparer werden durch die Geldentwertung benachteiligt.

32 **d** Bei frei ausgehandelten Lohnabschlüssen zwischen Arbeitgebern und Gewerkschaften spricht man von »Tarifautonomie«. Dieses Recht auf Tarifverträge ohne staatliche Einmischung leitet sich aus dem Grundgesetz ab.

33 **c** Die Buchstaben »ASEAN« stehen für »Association of Southeast Asian Nations« (deutsch: Verband Südostasiatischer Staaten). Ziel dieser Organisation ist die Festigung des Friedens durch wirtschaftliche, soziale und kulturelle Zusammenarbeit.

34 **b** Beim Lombardsatz handelt es sich um den von der Zentralbank festgelegten Zinssatz bei der Verpfändung von Wertpapieren. In Deutschland ist der Lombardsatz ein geldpolitisches Instrument der Bundesbank.

35 **d** Bei der eidesstattlichen Versicherung (früher: Offenbarungseid) handelt es sich um die Erklärung eines Schuldners über den Bestand seines Vermögens. Wenn eine Pfändung erfolglos geblieben ist, muss der Schuldner auf Antrag des Gläubigers ein Vermögensverzeichnis vorlegen (geregelt in der Zivilprozessordnung).

36 **a** Der Deutsche Industrie- und Handelstag (DIHT) ist die Spitzenorganisation aller Industrie- und Handelskammern der Bundesrepublik. Aufgaben sind die Förderung der Zusammenarbeit der Kammern untereinander und die Vertretung der Interessen der gewerblichen Wirtschaft.

37 **c** Das Nettogewicht einer Ware ist das Gewicht ohne Verpackung. Man spricht in diesem Zusammenhang auch von Reingewicht. Gewichtsangaben beziehen sich normalerweise auf das Nettogewicht.

38 **b** Unter »Rezession« versteht man die Verschlechterung der wirtschaftlichen Lage. Die Rezession ist eine der vier Konjunkturphasen: Expansion (Aufschwung), Boom (Hochkonjunktur), Rezession (Abschwung) und Depression (Tiefstand).

39 **d** Inhaltliche Regelungen hierzu sowie die Befugnisse des Bundeskartellamts sind festgelegt im Kartellgesetz, offiziell »Gesetz gegen Wettbewerbsbeschränkungen« (GWB) genannt.

40 **c** Das Verhältnis des Wertes einer Währungseinheit zum Goldwert nennt man »Goldparität«. Währungen, die in feste Beziehung zum Goldwert gesetzt werden, sind Goldwährungen. Hier entsprechen die Wechselkurse dem gesetzlichen Goldgehalt der Währungseinheiten.

41 **a** Skonto ist der Preisnachlass durch den Lieferanten, wenn der Kunde innerhalb einer bestimmten Frist zahlt. Durch das Skonto soll der Rechnungsempfänger veranlasst werden, seine Zahlung unmittelbar zu leisten.

42 **b** Bei einer Hypothek handelt es sich um ein Grundpfandrecht, mit dem ein Grundstück belastet wird. Hypotheken werden zur Sicherung von Forderungen gegeben und erlöschen bei Tilgung der Schuld. Statt einer Hypothek kann auch eine Grundschuld bestellt werden.

43 **c** »Das Kapital« ist das bekannteste Werk von Karl Marx (1818–1883). Es entstand wie seine anderen Hauptwerke in London und bildet zusammen mit dem Kommunistischen Manifest die Grundlage für den Marxismus.

44 **d** Erbhöfe waren nach dem preußischen Erbhof-Recht zum Schutz vor Überschuldung und Zersplitterung unverkäuflich und unbelastbar. Der Erbhof ging samt Zubehör ungeteilt an den Erben über. Ein Teil des Erbhof-Rechts findet sich im heutigen Höferecht wieder.

45 **b** Die konzertierte Aktion ist ein im »Stabilitätsgesetz« vorgesehenes Gremium zur Zusammenarbeit von Arbeitgeberverbänden, Gewerkschaften und weiteren am Wirtschaftsleben beteiligten Gruppen.

46 **d** Den land- und forstwirtschaftlichen Besitz des Staates nennt man »Domäne«.

Domänen waren im Mittelalter oft einzige regelmäßige Einnahmequelle des Staates. Heute unterstehen sie den Landwirtschaftsministerien der Länder und sind als Versuchsgüter von besonderer Bedeutung.

47 **a** Der Club of Rome ist eine Vereinigung von Wissenschaftlern und Industriellen, die 1968 in Rom gegründet wurde. Sie vergibt Forschungsaufträge und beschäftigt sich u.a. mit Umweltproblemen.

48 **c** Der Fachbegriff für Zwangsverwaltung lautet »Sequestration«. Es handelt sich hierbei um die gerichtliche Übergabe einer strittigen Sache an einen Dritten (Sequester) zur einstweiligen Verwaltung, z.B. die Zwangsverwaltung von Grundstücken.

49 **b** Unter »Protektionismus« versteht man den Schutz der binnenländischen Wirtschaft durch Einfuhrbeschränkungen. Inländische Produktion soll auf diese Weise gegen starke internationale Konkurrenz verteidigt werden. Protektionismus-Instrumente sind z.B. Importzölle oder Einfuhrverbote.

50 **a** Die Buchstaben »GATT« stehen für »General Agreement on Tariffs and Trade«. Ziel dieses 1948 in Kraft getretenen Vertragswerkes ist der Abbau von Zollschranken und anderen Einfuhrbeschränkungen. 1995 wurde GATT durch die Welthandelsorganisation (WTO) abgelöst.

51 **d** Der Rat der Fünf Weisen wird auch »Sachverständigenrat« genannt. Seit 1953 begutachtet dieses Gremium jährlich die gesamtwirtschaftliche Lage. Die Fünf Weisen werden vom Bundespräsidenten auf Vorschlag der Bundesregierung für 5 Jahre berufen.

52 **c** Unter »Friedenspflicht« versteht man die Verpflichtung der Gewerkschaften und Arbeitgeberverbände, während der Dauer des Tarifvertrags auf Arbeitskämpfe über die im Tarifvertrag geregelten Angelegenheiten zu verzichten.

53 **c** Die EZB ist die Zentralbank und Notenbank der Europas. Sie sitzt in Frankfurt a. M.

54 **b** Den bargeldlosen Zahlungsverkehr von Banken nennt man »Giroverkehr«. In Deutschland bilden Bankengruppen eigene Gironetze. Durch das Gironetz der Deutschen Bundesbank werden sie miteinander verknüpft.

55 **a** Der Erwerb einer Immobilie wird erst beim Eintrag ins Grundbuch rechtswirksam. Im Grundbuch werden die Eigentumsverhältnisse an einem Grundstück offen gelegt und jegliche Beschränkung des Eigentümers dokumentiert.

56 **d** Der Dow-Jones-Aktienindex wird aus den Kursen der 30 führenden US-amerikanischen Unternehmen berechnet. Die Kurse dieser Unternehmen sind an der New Yorker Börse notiert. Der Dow Jones ist der weltweit meist beachtete Aktienindex. Er ist benannt nach den amerikanischen Wirtschaftsjournalisten Charles Henry Dow (1851–1902) und Edward D. Jones (1856–1920).

57 **b** Die Kosten, die der Kreditnehmer für einen Kredit zu zahlen hat, nennt man »Zinsen«. Zins ist generell der Preis für überlassenes Geld oder Kapital. Er wird üblicherweise in Prozent des Kapitals ausgedrückt.

58 **c** Der Wirtschaftsliberalismus hat seinen Ursprung im 18. Jahrhundert. Man verbindet mit ihm die Vorstellung, dass das Wirtschaftsleben sich ohne störende Eingriffe des Staates frei entfalten sollte. Wichtige Grundlagen sind Wettbewerb auf offenen Märkten und Privateigentum. Er geht zurück auf den Engländer Adam Smith (1723–1790).

59 **d** Die Weltbank hat ihren Sitz in Washington D. C. Sie wurde 1944 auf der Konferenz von Bretton Woods gegründet und vergibt Mittel für Entwicklungsprojekte und Wiederaufbaumaßnahmen. So finanziert sie z.B. Infrastrukturprojekte.

60 **a** »Konsortium« ist die Bezeichnung für den Zusammenschluss von Unternehmen zur Durchführung risikoreicher Geschäfte. Meist sind Konsortien von kurzfristiger Dauer. Hauptanwendungsgebiet ist die Übernahme von Wertpapieren, um sie an der Börse einzuführen.

61 **a** Beim Copyright handelt es sich um Urheberrecht auf Sachen und geistige Produkte. In Deutschland sind für den Copyright-Schutz keine Formalitäten oder Registrierungen notwendig. Anders ist die Handhabe z.B. in den USA. Für dort erstmals erschienene Bücher ist eine Eintragung beim Copyright-Office in Washington erforderlich.

62 **b** Der Akkordlohn orientiert sich an Leistung oder Stückzahl. Die gebräuchlichere Form ist der Einzelakkord, jedoch gibt es auch den Gruppenakkord. Beim Akkordlohn wird das Mengenergebnis unabhängig von der benötigten Arbeitszeit vergütet.

63 **d** Die paritätische Mitbestimmung sieht vor, dass bei Unternehmen der Montanindustrie mit mehr als 1000 Arbeitnehmern der Aufsichtsrat zahlenmäßig gleich stark zusammengesetzt sein muss, d.h. 4 Arbeitnehmer, 4 Anteilseigner und 1 Neutraler.

64 **b** Brainstorming ist ein Problemlösungsverfahren, bei dem Mitglieder einer Ideensuchgruppe möglichst viele Lösungsvorschläge finden sollen. Im Verlauf der Sitzung ist jede Kritik untersagt, damit die freie Äußerung möglichst vieler Ideen nicht behindert wird.

65 **c** Die Abgeordneten, denen laut Grundgesetz eine »angemessene, ihre Unabhängigkeit sichernde Entschädigung« zusteht, legen die Höhe der Diäten durch Mehrheitsbeschluss selbst fest. Aus diesem Grunde kommt es regelmäßig zu Diskussionen über die »Selbstbedienungsmentalität der Abgeordneten«.

66 **d** Mit »Arbitrage« bezeichnet man das Ausnutzen von Kursdifferenzen an verschiedenen Handelsplätzen. Man kauft Aktien, Rohstoffe oder Devisen dort, wo sie am billigsten sind, und verkauft dort, wo der höchste Preis erzielt wird.

67 **b** Unter »Dumping« versteht man den Verkauf von Gütern im Ausland zu günstigeren Preisen als im Inland. Auf diese Weise will man die Konkurrenz verdrängen und Marktanteile sichern.

68 **c** Mit »Hedging« sind Absicherungsmaßnahmen gemeint, die das vorhandene Risiko bei Devisen- und Finanztransaktionen durch ein Gegengeschäft ausgleichen.

69 **d** Mit »Incentives« meint man Anreize für Händler oder Verkäufer, bestimmte Produkte besonders häufig zu verkaufen. Wird eine bestimmte Umsatzhöhe erreicht, gibt es Incentives in Form von Geld oder materiellen Werten, wie z.B. Reisen.

70 **c** Mit »Cash-cows« bezeichnet man im Marketing Produkte mit hohem Marktanteil. »Cash-cows« haben die Reifephase erreicht und profitieren daher von großen Kostenvorteilen.

71 **a** Unter »innerer Kündigung« versteht man die stille Arbeitsverweigerung eines Mitarbeiters. Da der Angestellte die Gründe für sein Verhalten nicht ausspricht, ist die innere Kündigung für Vorgesetzte nur schwer zu erkennen.

72 **b** Die südafrikanische Währung ist der »Rand«. Allerdings heißt auch in Südafrika die Untereinheit genau wie in den anderen drei genannten Ländern »Cent«.

73 **d** Mit »Kanban-System« ist die flexible Produktionssteuerung nach dem Just-in-Time-Prinzip gemeint. Personal und Betriebsmittel werden bedarfsgerecht eingesetzt.

74 **c** Das Erreichen der Gleichheit zwischen allen Menschen ist eines der Hauptziele des Sozialismus. Diese Gesellschaftsordnung fordert die Überführung der Produktionsmittel in Gemeinschaftseigentum.

75 **a** Kunden, die eine Schlüsselrolle für den Erfolg eines Unternehmens einnehmen, nennt man »Key-Accounts«. Im Key-Account-Management geht es also um die bevorzugte Behandlung von Abnehmern.

76 **c** Der Kommanditist hat in einer Kommanditgesellschaft (KG) eine Einlage geleistet, bis zu dessen Höhe er auch haftet. Die Haftungshöhe wird ins Handelsregister eingetragen. Im Gegensatz dazu haftet der persönlich haftende Gesellschafter ohne Beschränkung.

77 **d** Spricht man von »Bonität«, dann sind damit Aussagen über den Ruf und die Zahlungsfähigkeit einer Person verbunden. Es geht also um die Kreditwürdigkeit eines potentiellen Schuldners.

78 **c** Kostenremanenz ist ein Erklärungsansatz zur Kostenentwicklung. Auch wenn die Ertragslage eines Unternehmens sich erheblich verschlechtert, können Kosten wie Gehälter oder Mieten nicht im gleichen Maße reduziert werden.

79 **b** »Laissez-faire« bedeutet, dass der Staat auf die Beeinflussung des Wirtschaftsgeschehens verzichtet. Dahinter steht das Konzept einer sich selbst steuernden Wirtschaft.

80 **d** Diese Management-Theorie besagt, dass sich ein Unternehmen ausschließlich an den finanzwirtschaftlichen Zielen der Aktionäre orientieren sollte.

81 **b** Der Engländer John Maynard Keynes (1883–1946) veröffentlichte sein Hauptwerk im Jahr 1936.

82 **c** Ein Mischkonzern entsteht durch den wirtschaftlichen Zusammenschluss von Betrieben aus verschiedenen Branchen. Hierbei können Umsatzrückgänge einzelner Betriebe durch andere aufgefangen werden.

83 **b** Wer Me-too-Produkte herstellt, imitiert bereits vorhandene Erzeugnisse. Auf diese Weise hofft man, wirtschaftliche Erfolge der Konkurrenz wiederholen zu können.

84 **d** Ziel des Operations Research ist es, unter Berücksichtigung unterschiedlicher mathematischer Modelle eine Entscheidung aus verschiedenen Perspektiven vorab durchzuspielen.

85 **b** Der Begriff »Outsourcing« steht für die Verlagerung bestimmter Aktivitäten eines Unternehmens auf Zulieferer. Durch diese Auslagerung verringert sich die Leistungstiefe des Betriebs.

86 **a** Von »Relaunching« spricht man, wenn ein veraltetes Produkt an die veränderten Bedürfnisse der Verbraucher angepasst wird und anschließend modifiziert auf den Markt kommt.

87 **d** »Tertiärer Sektor« ist der volkswirtschaftliche Begriff für das Dienstleistungs- und Handelsgewerbe. Man spricht außerdem vom »primären Sektor« (Land- und Forstwirtschaft und Bergbau) und vom »sekundären Sektor« (produzierendes und verarbeitendes Gewerbe).

88 **b** Eine Unique Selling Proposition ist ein einzigartiges Verkaufsversprechen. Der Vorteil eines Produkts wird in den Mittelpunkt gestellt, um sich besser von Konkurrenzprodukten abzuheben.

89 **d** »Thesaurierung« ist in der Wirtschaft der Begriff für das Ansammeln oder Horten von Geld. Wenn eine Aktiengesellschaft Gewinnthesaurierung ausübt, dann werden die Gewinne nicht an die Aktionäre ausgeschüttet.

90 **a** Mit dem »Warenkorb« sind in der Volkswirtschaft ausgesuchte Waren und Dienstleistungen gemeint, deren Preisschwankungen alljährlich im Lebenshaltungs-Kostenindex festgehalten werden.

91 **c** Mit »Weißen Produkten«, häufig auch »No-Name-Produkte« genannt, sind Erzeugnisse ohne Markennamen gemeint. Die Packungen dieser Produkte sind nicht aufwendig gestaltet, sondern enthalten nur den Aufdruck der Warengattung.

92 **b** »Floating« ist der Ausdruck für das freie Einpendeln von Wechselkursen. Die Notenbanken greifen nicht ein. Angebot und Nachfrage bestimmen den Kurs.

93 **d** »Blue Chip« ist der Begriff für einen Standardwert an der Börse. Blue Chips sind die größten und umsatzstärksten Unternehmen, also die 30 im DAX 30 abgebildeten Firmen.

94 **b** Bei der Flatrate handelt es sich um eine Pauschalgebühr für die Internetnutzung. In der Flatrate sind gewöhnlich alle Gebühren und Transfers enthalten.

95 **b** »Agio« wird bei Wertpapieren der Betrag genannt, über den der Kurswert einer Aktie über dem Nennwert liegt.

96 **b** Unter Betriebsstoffen versteht man die bei der Herstellung von Erzeugnissen benötigten Rohstoffe, die aber im Gegensatz zu den Rohmaterialien nicht Teil der hergestellten Produkte werden (z.B. Schmieröl).

97 **b** Da es in der Phase der Hochkonjunktur manchmal Engpässe in bestimmten

Industrien gibt und die Einkommen der Verbraucher steigen, gibt es in der Regel keinen Grund, die Preise zu senken.

98 **c** Als »Emission« bezeichnet man die Ausgabe von Wertpapieren und deren Einführung in den Börsenhandel.

99 **d** Beim Hebesatz handelt es sich um den Prozentsatz, der als Multiplikator für die Berechnung der Grund- und Gewerbesteuer von den Gemeinden festgesetzt wird.

100 **c** Der Begriff »Franchising« steht für eine Kooperationsform. Franchise-Nehmer kaufen hierbei eine Lizenz, die ihnen das Recht gibt, Artikel nach Vorgaben des Franchise-Gebers zu produzieren oder zu vertreiben. Franchising findet man jetzt zunehmend auch im Dienstleistungsbereich.

3. Geschichte (Seite 64 ff.)

1 **d** Die Deutsche Demokratische Republik (DDR) ist 1949 aus der sowjetischen Besatzungszone hervorgegangen. Sie war bis zum Frühjahr 1990 eine Volksdemokratie unter der Führung der SED. Nach 41-jähriger Teilung bereitete der Einigungsvertrag die Modalitäten für den Beitritt der DDR zur BR Deutschland am 3.10.1990 vor, womit die deutsche Einheit wieder hergestellt war.

2 **a** Seit dem Untergang der spanischen Armada durch die Engländer verlor Spanien zunehmend an Einfluss. Nach dem Tod des Herrschers Philipp II. war der Niedergang der spanischen Macht unaufhaltsam.

3 **d** Konrad Adenauer war von 1949–1963 Bundeskanzler der BR Deutschland. Er setzte sich z.B. für die europäische Einigung ein, stellte die diplomatischen Beziehungen zur Sowjetunion her und förderte die Freundschaft mit Frankreich.

4 **b** Suffragetten sind Frauenrechtlerinnen in Großbritannien, die mit Hungerstreiks und Demonstrationen für Wahlrecht und Gleichberechtigung der Frauen im sozialen und politischen Leben kämpften.

5 **b** Der römische Kaiser Konstantin (306–337) erhob Byzanz (Konstantinopel) zur Reichshauptstadt. Im Toleranzedikt von Mailand (313) wurde den Christen freie Religionsausübung gewährt. Konstantin ließ sich 337 auf dem Sterbebett taufen.

6 **a** Zu diesen gehörten: Alabama, Arkansas, Florida, Georgia, Louisiana, Mississippi, Tennessee, Texas, Virginia sowie North Carolina und South Carolina.

7 **c** Die Patrizier stammten aus den wohlhabenden Familien und berieten die Könige.

8 **b** Francisco Franco Bahamonde (1892–1975) errichtete ein diktatorisches Regime und bezeichnete sich als »Caudillo« (= spanisch »Führer«). Benito Mussolini (1883–1945) war ein italienischer Diktator und Faschistenführer, Gamal Abd el-Nasser (1918–1970) war ein bedeutender ägyptischer Politiker und Primo de Rivera beherrschte Spanien von 1923–1930 als General und Diktator.

9 **a** Auf dem 20. Parteitag der KPdSU 1956 wurde Stalin von seinem Nachfolger Nikita S. Chruschtschow verurteilt, der im Laufe der weiteren Jahre den Kult um Stalin beendete und mit seiner Politik eine Annäherung an den Westen suchte.

10 **b** Das nach der Burg Wittelsbach bezeichnete Fürstengeschlecht stellte im Heiligen Römischen Reich Deutscher Nation zwei Kaiser sowie von 1806–1918 die Könige von Bayern. Die Staufer stellten von 1138–1254 die deutschen Kaiser bzw. die römisch-deutschen Kaiser und die Ottonen von 919–1024 die deutschen Kaiser.

11 **c** George Washington wurde 1789 zum 1. Präsidenten der USA gewählt und 1792 wiedergewählt.

12 **b** Christoph Kolumbus (1451–1506) stammte aus Genua in Italien.

13 **d** Auf der Felsenburg Canossa in Oberitalien erreichte Heinrich IV. durch dreitägige Buße von Papst Gregor VII. die Aufhebung des Kirchenbannes.

14 **c** Der 2. Weltkrieg endete mit der Eroberung Deutschlands durch die Alliierten und der bedingungslosen Kapitulation der Deutschen am 8./9.5.1945.

15 **c** Die Mitglieder der Weißen Rose Hans und Sophie Scholl wurden zum Tode verurteilt und hingerichtet. Mit »Roter Kapelle« wurde ein Agentenapparat der sowjetischen Spionageorganisation bezeichnet, der im 2. Weltkrieg aktiv wurde. Der Kraisauer Kreis war eine Widerstandsgruppe um Helmuth James Graf von Moltke und a) gibt es nicht.

16 **b** Karthago wurde in den 3 Punischen Kriegen (264–241, 218–201, 189–146 v. Chr.) besiegt. 146 v. Chr. zerstörten die Römer die Stadt Karthago bis auf den letzten Stein und erklärten das Gebiet der Karthager zur römischen Provinz Africa.

17 **d** Der 1. Weltkrieg wurde 1914 durch das Attentat von Sarajevo ausgelöst und endete am 11.11.1918 mit der Kapitulation der Mittelmächte (Deutsches

Reich, Österreich-Ungarn) gegenüber den Alliierten. Infolge des 1. Weltkrieges wurde der Frieden mit dem Versailler Vertrag vom 28.6.1919 besiegelt.

18 **d** Ab 1215 eroberten die Heere Dschingis Khans ganz Nord- und Zentralasien bis nach Russland. Seine Reiterscharen hinterließen oft ein Feld der Verwüstung.

19 **a** Gaius Julius Caesar gelangte auch als Schriftsteller zu Ruhm. Von ihm wurden z.B. die Schriften über den Gallischen Krieg (»De Bello Gallico«) überliefert.

20 **d** Die meist willkürlichen Urteile wurden grausam vollstreckt, z.B. durch Folter oder Scheiterhaufen. Unter »Prohibition« ist das staatliche Verbot der Herstellung und des Verkaufs von Alkohol zu verstehen. »Säkularisation« bezeichnet die Einziehung oder Nutzung kirchlicher Besitztümer oder Hoheitsrechte durch den Staat. Unter »Inkarnation« ist allgemein die irdische Gestaltwerdung göttlicher Wesen gemeint.

21 **b** Die Reformation wurde durch Martin Luther im 16. Jahrhundert ausgelöst. Anschlag der 95 Thesen an der Schlosskirche Wittenberg 1517. Die staatliche Anerkennung der Lutheraner erfolgte 1555 durch den Augsburger Religionsfrieden.

22 **c** Die »Magna Charta« ist das wichtigste altenglische Staatsgrundgesetz und Grundstein der englischen Parlamentsverfassung.

23 **d** Am 4. Juli 1776 nahm der Kongress Thomas Jeffersons Entwurf der Unabhängigkeitserklärung an, womit die 13 englischen Kolonien an der Ostküste als eine einzige, unabhängige Nation erklärt wurden. Dieser Tag wird heute noch als Nationalfeiertag in den USA gefeiert.

24 **a** Obwohl sich die amerikanischen Truppen bis 1972 aus Südvietnam zurückgezogen hatten und der amerikanische Sonderbeauftragte Henry Kissinger mit dem nordvietnamesischen Verhandlungspartner Le Duc Tho im Oktober 1972 einen Waffenstillstand ausgehandelt hatte, wurde der Krieg erst nach einer Offensive der Kommunisten 1975 durch die Kapitulation Südvietnams beendet.

25 **a** Hernando Cortés eroberte nicht nur die Aztekenhauptstadt für Spanien, sondern das Aztekenreich, das sich über fast ganz Mexiko erstreckte.

26 **b** Die Entente cordiale zwischen Frankreich und Großbritannien (1904) war – vor dem Hintergrund der jeweiligen Kolonialinteressen in Nordafrika – die Bekundung des gegenseitigen herzlichen Verhältnisses, ein Freundschaftsabkommen ohne Abmachungen und gegenseitige Verpflichtungen. Ständige

Besprechungen der beiden Generalstäbe führten dann aber kurz vor dem 1. Weltkrieg zu exakten Vereinbarungen.

27 **d** Die beiden Gründer des Spartakusbundes, aus dem 1918/19 die Kommunistische Partei Deutschlands hervorgegangen ist, wurden nach dem Scheitern des Spartakusaufstands von Freikorpsoffizieren ermordet.

28 **b** Nicolaus II. dankte am 15.3.1917 ab und wurde mit seiner Familie von bolschewistischen Truppen ermordet. Iwan IV. (1530–1548) wurde wegen seines Jähzorns und Verfolgungswahns auch »Iwan der Schreckliche« genannt. Alexander I. (356–323 v. Chr.) galt als Weltherrscher zu seiner Zeit, denn seine Truppen eroberten Asien bis zum Indus und viele Mittelmeerländer bis Ägypten. Peter der Große (1672–1725) wollte sein Land der westlichen Kultur öffnen, indem er große Reformen in Verwaltung, Kirche, Gesellschaft und Armee durchsetzte. 1703 gründete er Sankt Petersburg.

29 **a** Mit dem Bau der Berliner Mauer wollte die DDR-Regierung verhindern, dass immer mehr Menschen aus dem sozialistischen Teil Deutschlands nach West-Berlin übersiedelten.

30 **c** Dieser Name galt seit ca. 1254. Im 15. Jahrhundert wurde »Deutscher Nation« hinzugesetzt, um den zunehmenden Verlust der Herrschaft über die nicht deutschen Reichsgebiete in Burgund und Italien zu kennzeichnen. Durch Kaiser Franz II. wurde das auch umgangssprachlich oft als »Altes Deutsches Reich« bezeichnete Imperium aufgelöst.

31 **b** Lyndon B. Johnson war damals amtierender Vizepräsident. Er war dann von 1963–1969 Präsident der USA (36. Präsident) und setzte z.B. mit dem Motto »Krieg gegen die Armut« die Sozialpolitik Kennedys fort. Richard Nixon war der 37. Präsident (1969–1974 im Amt), James Carter der 39. Präsident (1977–1981 im Amt) und Gerald R. Ford der 38. Präsident (1974–1977 im Amt).

32 **b** 1834 wurde mit dem Deutschen Zollverein für die deutschen Einzelstaaten ein einheitliches Zollgebiet geschaffen.

33 **d** Kolumbus' eigentlicher Plan war, den Seeweg von Westen nach Indien zu erforschen. Stattdessen entdeckte er die Neue Welt und die Indianer (Indien) erhielten demzufolge irrtümlicherweise diesen Namen.

34 **b** Auf dem Höhepunkt ihrer Macht kontrollierte die Hanse den gesamten Ostseehandel. Mit a) ist der Deutsche Zollverein gemeint, mit c) die Zünfte und mit d) die Manufakturen.

35 **c** Die bürgerliche Revolution hatte die Bildung des ersten gesamtdeutschen Parlaments in der Paulskirche in Frankfurt am Main zur Folge.

36 **d** Barbarossas Regierungszeit (1152–1190) gilt als Höhepunkt der Machtstellung des Heiligen Römischen Reiches.

37 **a** Bei dieser über mehrere Jahrhunderte andauernden Rückeroberung des Landes waren die Könige von Kastilien und Aragon maßgeblich beteiligt.

38 **b** Die Pest wurde durch Rattenflöhe übertragen. Diese besonders verheerende Epidemie löschte ganze Landstriche aus. Erst durch fortschreitende Hygiene konnte die Pest ab dem 18. Jahrhundert besiegt werden. Heute ist sie in Europa ausgerottet.

39 **b** Bei dieser Niederlage der US-Kavallerie unter George Custer am 25./26.6.1876 gegen die Sioux und Cheyenne unter Crazy Horse und Sitting Bull wurden alle Soldaten und Offiziere getötet. Auf dem damaligen Schlachtfeld befindet sich heute ein Nationaldenkmal.

40 **a** Der Sturz der russischen Regierung durch die Bolschewiki unter Lenin erfolgte nach dem damaligen russischen Kalender am 25./26.10.1917.

41 **c** Die Politik Bismarcks zur Stärkung Preußens führte nach dem Deutsch-Französischen Krieg von 1870/71 zur Gründung des Deutschen Reiches.

42 **c** Durch diesen ca. 12 500 km langen Rückzug der chinesischen Kommunisten vor den Truppen der Nationalregierung festigte Mao Tse-tung seine innerparteiliche Stellung.

43 **b** Echnaton erhob die »Sonnenscheibe« (= Aton) zum einzigen Gott, wodurch er seinen Beinamen erhielt.

44 **c** Durch die drei Punischen Kriege übernahm Rom die ehemalige Vormachtstellung Karthagos. Die Stadt wurde 146 v. Chr. zerstört und sein Gebiet römische Provinz.

45 **b** Mit dieser Schlacht am gleichnamigen Kap südöstlich von Cádiz sicherte Nelson England die Seeherrschaft und den Seeweg nach Indien. a), c) und d) sind erfunden.

46 **d** Winston Churchill tat sich auch als Schriftsteller hervor und erhielt 1953 den Nobelpreis für Literatur.

47 **c** Die Mitwisserschaft Nixons und sein Versuch, den Einbruch von seinen Anhängern in das Hauptquartier der Demokratischen Partei im sogenannten

Watergate-Komplex (Büro- und Hotelgebäude in Washington D.C.) zu verschleiern, führte zu einem Amtsenthebungsverfahren gegen ihn. Unter dem Druck der Öffentlichkeit trat er am 8.8.1974 zurück.

48 **a** Die Falklandinseln, die seit 1833 unter britischer Hoheit stehen, wurden im April 1982 von der argentinischen Militärregierung besetzt. Daraufhin entsandte Großbritannien seine Kriegsflotte und eroberte die Inselgruppe zurück.

49 **a** Von Stauffenberg legte am 20.7.1944 im Hauptquartier Hitlers eine Bombe und löste mit seinen Mitverschwörern einen Putsch gegen das nationalsozialistische Regime aus, der aber scheiterte.

50 **b** Sie erfolgte 1789 in der Nationalversammlung durch 17 Artikel.

51 **a** Kennedy wurde am 22.11.1963 vermutlich durch Lee Harvey Oswald mit einem Gewehr in Dallas erschossen. Die näheren Umstände des Attentats sind bis heute nicht eindeutig geklärt.

52 **c** Maximilien de Robespierre (1758–1794) war seit 1793 Mitglied des sog. »Wohlfahrtsausschusses«, sicherte sich dadurch eine beträchtliche Machtstellung und übte schließlich eine Schreckensherrschaft aus. Charles de Montesquieu (1689–1755) schuf die Lehre der Gewaltenteilung und hatte damit großen Einfluss auf die Französische Revolution bis 1791 und auf die Verfassung der USA. Jean-Baptiste Colbert (1619–1683) war Finanzminister unter Ludwig XIV.

53 **b** Die Reformpolitik Alexander Dubceks wurde von der UdSSR nicht akzeptiert. Sie marschierten im August 1968 zusammen mit Truppen der Warschauer-Pakt-Staaten in die CSSR ein, um einer angeblichen Konterrevolution zuvorzukommen.

54 **c** Caesar wurde 44 v. Chr. von republikanischen Verschwörern unter Brutus und Cassius ermordet.

55 **b** Er wurde am 15.4.1865 im Theater von dem Schauspieler und Rassenfanatiker J.W. Booth erschossen.

56 **a** Freiheit, Gleichheit und Brüderlichkeit waren die Grundgedanken, die sich an die Idee der Menschenrechtsdeklaration der amerikanischen Revolution anlehnten.

57 **d** a) gibt es nicht. Der »Polnische Korridor« bezeichnet einen im Rahmen des Versailler Vertrags entstandenen Streifen polnischen Territoriums, der Pommern im Westen von Ostpreußen im Osten trennte. Allgemein steht der Kalte Krieg für einen militärischen Konflikt zweier Staaten, ohne dass es zu einem

Waffengang kommt. Im Besonderen umschreibt der Begriff die Konfrontation der von den USA und der UdSSR geführten Machtblöcke seit der Nachkriegszeit bis 1962.

58 **d** Martin Luther King galt als Vorkämpfer für die Bürgerrechte der Schwarzen in den USA. 1964 erhielt er den Friedensnobelpreis und wurde 1968 in Memphis ermordet.

59 **c** Karl der Große, der als einer der größten europäischen Herrscher gilt, wurde 800 in Rom vom Papst zum Kaiser gekrönt.

60 **b** Bei diesem Krieg Israels gegen Ägypten, Syrien und Jordanien besetzte Israel die Golanhöhen, die Sinai-Halbinsel, den Gaza-Streifen und das Westjordanland und siegte innerhalb von sechs Tagen.

61 **c** Gandhi trat ab 1914 für die Unabhängigkeit seines Landes von der Kolonialmacht Englands ein. 1948 fiel er einem Attentat zum Opfer.

62 **a** In dieser Versammlung einigten sich 1815 die europäischen Fürsten und Staatsmänner nach der militärischen Niederlage Napoleons über die Neuordnung Europas.

63 **d** In dieser Schlacht erlitt Napoleon die endgültige Niederlage gegen die englischen und preußischen Truppen unter den Feldherren Wellington und Blücher.

64 **d** Das Potsdamer Abkommen regelte erst nach dem 2. Weltkrieg am 2.8.1945 das gemeinsame Vorgehen von Großbritannien, der Sowjetunion und den USA gegenüber dem besiegten Deutschland. Es wurden z.B. die Entmilitarisierung, Entnazifizierung, Einrichtung der Besatzungszonen und Errichtung des alliierten Kontrollrats beschlossen.

65 **b** In beiden Weltkriegen konnte die Schweiz ihre Neutralität bewahren.

66 **a** »Tenno« ist die Bezeichnung für den japanischen Kaiser, Großmogule sind die Herrscher Indiens vom 16. bis 19. Jahrhundert und Samurai sind die Angehörigen des Kriegerstandes im alten Japan, die ab dem 16. Jahrhundert die oberste Gesellschaftsschicht bildeten.

67 **c** Pol Pot versuchte als Führer der Roten Khmer Kambodscha gewaltsam kommunistisch umzugestalten.

68 **b** Nach der u.a. von Leipzig ausgehenden friedlichen Revolution im November wurde die Mauer am 09.11.1989 geöffnet und im Laufe der nächsten zwei Jahre abgerissen.

69 **a** Der aus Korsika stammende Napoleon Bonaparte (1769–1821) stieg wegen großer militärischer Erfolge schnell auf und errichtete bis 1807 eine französische Vorherrschaft in Europa.

70 **d** Tschiang Kai-shek wurde im chinesischen Bürgerkrieg von den Kommunisten geschlagen und floh 1949 nach Taiwan, wo er die Republik China schuf.

71 **c** Dieser Krieg entstand, als die chinesische Regierung die Einfuhr von Opium aus Britisch-Indien nach China eindämmen wollte. Britische Flotten griffen daraufhin China an. Durch den Frieden von Nanking wurde der Krieg am 25.9.1842 beendet.

72 **d** Nebukadnezar II. ließ in Babylon auch die hängenden Gärten bauen, die zu den sieben Weltwundern der Antike gehören.

73 **b** Der englische Seefahrer und Freibeuter Sir Francis Drake kam durch den Untergang der spanischen Kriegsflotte, die als unbesiegbar galt, bei Königin Elisabeth I. zu großen Ehren.

74 **c** Die Weimarer Republik ist aus der Novemberrevolution hervorgegangen und gilt als demokratisch-parlamentarischer Bundesstaat.

75 **b** Der Begriff »Pogrom« kommt aus dem Russischen und bedeutet »Zerstörung«. Die Pogromnacht 1938 wird wegen der Zerstörung von Schaufenstern jüdischer Geschäfte und Synagogen auch Reichskristallnacht genannt. Im weiteren Sinn steht der Begriff auch für entsprechende Ausschreitungen gegen bestimmte Bevölkerungsgruppen. Mit a) ist der Putsch gemeint, mit c) die Shoah und mit d) die »Goldene Bulle«.

76 **b** Zu den Bedingungen des Versailler Vertrags zur Beendigung des 1. Weltkriegs gehörte z.B., dass das deutsche Heer auf ein 100 000 Mann starkes Berufsheer beschränkt, deutsches Privateigentum im feindlichen Ausland enteignet und der größte Teil der deutschen Kriegs- und Handelsflotte ausgeliefert werden sollte. Dazu kamen Gebietsabtretungen und Reparationszahlungen.

77 **c** Bis ca. 1760 war die englische Wirtschaft vorwiegend durch Schafzucht, Getreideanbau und Manufakturen geprägt. In der zweiten Hälfte des 18. Jahrhunderts setzte stattdessen die industrielle Herstellung in Fabriken ein und damit ein Wandel von der Agrarwirtschaft zur Industriewirtschaft.

78 **a** Durch diesen Vertrag wurde die Aufnahme normaler diplomatischer Beziehungen zwischen den verfeindeten Ländern erzielt. Menachem Begin und Mohammed Anwar al-Sadat erhielten 1978 den Friedensnobelpreis für ihre erfolgreichen Bemühungen um den Frieden in Nahost.

79 **d** Deutschland eroberte Polen in wenigen Wochen. Am 28.9.1939 kapitulierte Warschau.

80 **c** Friedrich Ebert (1871–1925) war in der Zeit des 1. Weltkriegs zum maßgeblichen Politiker der SPD aufgestiegen. Als Reichspräsident erwarb er sich große Verdienste um die Sicherung der Weimarer Demokratie gegen Links- und Rechtsextremisten.

81 **c** Als leitender Minister in Preußen führte Stein (1757–1831) auch die Städteordnung ein und hob die bäuerliche Erbuntertänigkeit auf.

82 **b** Nachdem Chruschtschow und die kommunale Selbstverwaltung nachgaben, die Startrampen abbauten und den Rücktransport der Raketen vornahmen, konnte die Kubakrise im Januar 1963 offiziell beendet werden.

83 **d** Der Dreißigjährige Krieg begann als Glaubenskrieg zwischen protestantischer Union und katholischer Liga und entwickelte sich immer mehr zu einem Krieg um die Vorherrschaft in Europa. Er wurde durch den Westfälischen Frieden beendet.

84 **a** »Imperialismus« benennt im weitesten Sinn das Herrschaftsstreben eines Staates, seine Macht eines Staates auf andere Gebiete auszudehnen. Der Merkantilismus ist das wirtschaftspolitische System des Absolutismus, dessen Ziel die Erhöhung der staatlichen Einkünfte war. Feudalismus ist eine auf dem Lehnswesen basierende, den Adel bevorzugende Gesellschafts- und Wirtschaftsordnung im Mittelalter.

85 **c** Am 2.8.1945 verhandelten Churchill, Stalin und Truman in der Potsdamer Konferenz ihr gemeinsames Vorgehen gegenüber dem besiegten Deutschland. Frankreich trat dieser Übereinkunft am 07.08.1945 bei.

86 **c** Bei diesem japanischen Luftangriff gelang es den japanischen Angreifern aber nicht, wie beabsichtigt, die amerikanische Pazifikflotte zu vernichten. Als Reaktion darauf erklärten die USA Japan den Krieg und Deutschland wiederum, als Verbündeter Japans, den USA den Krieg.

87 **d** Dieses verfassungsgebende Parlament ist aus der Märzrevolution von 1848 hervorgegangen. Das vom liberalen Bürgertum getragene Unternehmen scheiterte aber.

88 **d** Pablo Picasso wählte dieses Ereignis als Thema für ein großes Gemälde, mit dem er den Opfern ein beeindruckendes Denkmal setzte.

89 **b** Bei diesem Vorfall kamen ca. 1200 Menschen ums Leben, darunter über 100 Amerikaner, was die Beziehungen zwischen Deutschland und Amerika erheblich beeinträchtigte und zum Kriegseintritt der USA führte.

90 **d** Algerien war französische Kolonie und wurde während des 2. Weltkriegs Sitz der französischen Widerstandsbewegung. Seit 1962 ist der Staat unabhängig. Italienische Kolonien waren z.B. Libyen und Italienisch-Somalia, ein Teil des heutigen Somalia.

91 **b** Als Reichsminister für Propaganda und Volksaufklärung war Goebbels einer der einflussreichsten Berater Adolf Hitlers. a): Hermann Göring war Kampfflieger im 1. Weltkrieg, wurde 1933 preußischer Innenminister und baute die deutsche Luftwaffe auf. c): In seiner Funktion als Reichskanzler gestaltete Adolf Hitler Deutschland zu einem totalitären Führerstaat und fühlte sich dabei der rassistischen antidemokratischen Ideologie des Nationalsozialismus verpflichtet. d): Heinrich Himmler, der u.a. Reichsführer der SS war, baute die Konzentrationslager zu einem Terrorinstrument des nationalsozialistischen Staates aus.

92 **a** Manufakturen waren vorindustrielle Gewerbebetriebe, bei denen die Herstellung noch nicht mechanisiert war. Ihre Blütezeit war im 17. und 18. Jahrhundert.

93 **b** Der Mörder Rabins Jigal Amir bekam lebenslänglich als Strafmaß für seine Tat. Yitzak Rabin (1922–1995) erhielt zusammen mit Yassir Arafat 1995 den Friedensnobelpreis, da sie sich sehr um die Lösung der Palästinenserfrage bemühten.

94 **c** Der britische Forschungsreisende David Livingstone zählt zu den Entdeckern im 19./20. Jahrhundert. Er unternahm vor allem Reisen durch das südliche Afrika. So durchquerte er z.B. von Luanda aus den afrikanischen Kontinent in östlicher Richtung und entdeckte die Victoriafälle. a) steht für Entdeckungen des 13. Jahrhunderts, b) für die des 10. Jahrhunderts und d) für die des 15./16. Jahrhunderts.

95 **b** Ludwig Erhard, der auch als »Vater des Wirtschaftswunders« bezeichnet wird, führte die soziale Marktwirtschaft ein und trug dadurch wesentlich zum wirtschaftlichen Aufschwung der BR Deutschland bei.

96 **a** Die Alexandrinische Bibliothek trug entscheidend zur Ausbreitung des griechischen Geistes und zur Entwicklung der antiken Wissenschaft bei. Sie wurde im 3. und 4. Jahrhundert n. Chr. zerstört.

97 **d** Dieser ca. 550 km lange Schutz- und Grenzwall sollte den römisch kontrollierten Teil des heutigen Süden und Westen Deutschlands vor Angriffen der

Germanen schützen. Der Hadrianswall, der unter Kaiser Hadrian erbaut wurde, verlief von der West- zur Ostküste Britanniens. Er sollte die römische Provinz im Süden gegen die freien Stämme im Norden schützen. b) und c) sind erfunden.

98 **d** Der Arzt und Bakterienforscher Robert Koch bekam 1905 den Nobelpreis für Medizin. Die anderen jüdischen Wissenschaftler erhielten den Nobelpreis wie folgt: der Physiker Albert Einstein 1921, Fritz Haber 1918 und Paul Ehrlich 1908.

99 **b** Nach dem Morgenthauplan sollte eine Entmilitarisierung sowie Verkleinerung und Aufteilung Deutschlands in mehrere Staaten erfolgen. Ferner sollte Deutschland auf den Status eines Agrarstaates durch Zerschlagung seiner Industrie und des Bergbaus zurückgeführt werden. Ruhrgebiet, Rheinland und Nord-Ostsee-Kanal sollten internationalisiert werden.

100 **a** Dem aufgeklärten Absolutismus verschrieben, versammelte Friedrich der Große stets einen Kreis von geistvollen Männern um sich und wirkte als Schriftsteller und Musiker. Außerdem galt er als Reformer und vollendete den preußischen Beamtenstaat.

4. Geographie (Seite 86 ff.)

1 **b** Bern ist seit 1848 Bundesstadt der Schweiz und zugleich Hauptstadt des Kantons Bern.

2 **c** Asien hat über 3,6 Milliarden Einwohner. Die bevölkerungsreichsten Länder sind China, Indien und Indonesien.

3 **a** Der Ural ist eine Gebirgskette in Russland, die sich über ca. 2000 km erstreckt.

4 **b** Der Iran liegt nicht auf der Arabischen Halbinsel.

5 **c** Wilna (Vilnius) ist die Hauptstadt von Litauen, Minsk die von Weissrussland und Tallin die von Estland.

6 **c** Myanmar ist die neue Bezeichnung für das ehemalige Birma, ebenso Sri Lanka für das ehemalige Ceylon und Kaschmir ist eine Gebirgslandschaft im nordwestlichen Himalaya und im Karakorum, die überwiegend zu Indien gehört.

7 **b** Ein Tropfstein, der von unten nach oben wächst, wird Stalagmit genannt.

8 **d** Heute wird Mesopotamien auch nach seinem regionalen Bezug benannt. Mesopotamien heißt auch Unterirak oder irakisches Tiefland.

9 **c** »Kap der Guten Hoffnung« bezeichnet die Südspitze Afrikas.

10 **d** U.a. Aufgabe der Hydrogeographie.

11 **c** Basalt kommt z.B. im Hessischen Bergland vor. Wegen seiner großen Härte wird er besonders als Schotter für Straßenbau und Gleisfundamente verarbeitet.

12 **a** Die Länge des Nils beträgt 6671 km; ausgehend vom Victoriasee fließt er zum Mittelmeer durch Uganda, den Sudan und Ägypten.

13 **d** Der Panamakanal ist ca. 81 km lang und verkürzt den Seeweg zwischen der West- und Ostküste der USA um 8000 Seemeilen.

14 **c** Tschechien liegt, zu Mitteleuropa gehörend, viel zu weit westlich des Schwarzen Meeres.

15 **b** Von diesem Heilbad und Fischereihafen liefen bis in die 60er Jahren die Fahrgastschiffe nach Amerika aus.

16 **c** Diese Vegetationszone kommt besonders in Nordsibirien und in Nordamerika nördlich der polaren Baumgrenze vor und ist mit Flechten, Moosen und Zwergsträuchern bedeckt.

17 **b** Tiefdruckwetterlagen rufen häufig Wolkenbildung und trübes Wetter mit Niederschlägen hervor.

18 **b** Regensburg liegt an der Donau. Die Isar fließt durch München.

19 **c** Grönland umfasst 2 175 600 km^2 und gehört zu Dänemark. Neuguinea ist mit 771 900 km^2 die zweitgrößte, Borneo mit 754 770 km^2 die drittgrößte und Madagaskar mit 587 041 km^2 die viertgrößte Insel der Erde.

20 **d** Im Rahmen einer britischen Expedition erreichten der Sherpa Tensing Norgay und der Neuseeländer Edmund Hillary den Gipfel des Mount Everest zuerst, nachdem vorher viele Besteigungsversuche gescheitert waren.

21 **d** Der Hunsrück wird im Süden durch die Nahe, im Westen durch die Saar und im Norden durch die Mosel begrenzt.

22 **c** Der Geophysiker und Meteorologe Alfred Wegener entwickelte diese Theorie, bei der es um die Lageveränderung der Kontinente durch horizontale Verschiebungen, die Kontinentaldrift, geht.

23 **b** Der Hauptanteil der Erdoberfläche (71%) besteht aus Wassermassen.

24 **a** Slowenien grenzt an Italien, Österreich, Ungarn und Kroatien.

25 **a** Alle anderen Seen liegen nicht in der Schweiz.

26 **c** Der Golfstrom wirkt sich mäßigend auf das Klima in Westeuropa aus. So kann es z.B. an der Nordwestküste Norwegens relativ warm werden.

27 **b** Nigerias Flagge besteht aus den Längsstreifen Grün, Weiß, Grün, während sich die Flaggen der anderen Staaten aus den Farben Weiß und Rot zusammensetzen.

28 **c** Washington D.C. (D.C. = District of Columbia) wurde seit 1792 nach den Plänen von P. Ch. L'Enfant angelegt.

29 **c** Die Wolga entspringt ca. 300 km nördlich von Moskau, fließt mit einer Länge von ca. 3530 km durch den europäischen Teil Russlands und mündet ins Kaspische Meer.

30 **b** Portugal gehört zur Iberischen Halbinsel, Griechenland zur Balkanhalbinsel und Dänemark zu Nordeuropa.

31 **c** Dies bietet sich an, da man von New Orleans aus in westlicher Richtung um die Erde fliegt, um am schnellsten Tokio zu erreichen.

32 **c** Tanganjikasee. Der Titisee liegt im südlichen Schwarzwald, der Victoriasee im ostafrikanischen Hochland und der Titicacasee im Hochland Südamerikas.

33 **a** Canberra wurde nach dem Entwurf von Sir W. Burley Griffin seit 1913 als geplante Regierungsstadt erbaut.

34 **d** Eine Hängebrücke über den Bosporus mit dem Namen »Europabrücke« verbindet den europäischen und asiatischen Stadtteil von Istanbul. Sie wurde 1973 eingeweiht und war bis 1998 die größte Hängebrücke Europas.

35 **b** Der Wilseder Berg ist mit 169 Metern die höchste Erhebung der Lüneburger Heide.

36 **d** Die Tsunamis können eine Höhe von bis zu 30 Meter erreichen. Sie führen an den Küsten zu schweren Überschwemmungen. Das Wort ist japanischen Ursprungs.

37 **c** Hof liegt nicht in Thüringen, sondern in Bayern.

38 **c** Die Seychellen gehören zu Ostafrika und liegen im Indischen Ozean. Alle anderen Inseln liegen in der Karibik und gehören zu den Antillen.

39 **b** Die Appalachen erstrecken sich vom Süden der USA bis nach Kanada. Die Sierra Madre liegt in Mexiko, die Sierra Nevada an der Westküste der USA und die Macdonnelkette befindet sich in Australien.

40 **c** Die Fjordküsten sind in jungvereisten Gebieten verbreitet wie z B. Norwegen, Kanada, Island, Grönland und Südneuseeland.

41 **b** Laut Kontinentalverschiebungstheorie bestand ein Urkontinent Pangaea, bevor die Landmassen auseinander gedriftet wurden. Mit »Gondwanaland« ist der ehemalige Großkontinent auf der Südhalbkugel gemeint. »Kambrium« ist der Begriff für die untere Periode des Erdmittelalters und Ruapehu ist ein Vulkan auf Neuseeland.

42 **d** Lübeck war im Mittelalter eine bedeutende Hansestadt. Bekannt ist sie auch wegen der Herstellung des berühmten Lübecker Marzipans.

43 **c** Eine Doline ist eine charakteristische Oberflächenform in Karstgebieten. Diese rundlichen Vertiefungen entstehen durch Lösungsprozesse im Kalkgestein.

44 **b** Die Maoris kamen aus Polynesien und wurden durch die englischen Siedler im 19. Jahrhundert stark zurückgedrängt und in ihren Rechten eingeschränkt. Die Berber sind die Ureinwohner Marokkos, die Aborigines die Ureinwohner Australiens. Die Mormonen sind eine Religionsgemeinschaft, die 1848 den Staat Desert (heute: Utah) in den USA gründeten.

45 **c** Halle gehört zwar zu Sachsen-Anhalt, die Landeshauptstadt ist aber Magdeburg.

46 **a** Die Transsibirische Eisenbahn wurde am Ende des 19. Jahrhunderts erbaut und ist mit 9289 km die längste Zugstrecke der Welt.

47 **b** Bolivien hat keinen Zugang zur Küste und ist von den Staaten Chile, Peru, Brasilien, Paraguay und Argentinien umgeben.

48 **d** In Anlehnung an die Flagge des ältesten unabhängigen Staates in Afrika

(Äthiopien) wählten viele afrikanische Staaten diesen panafrikanischen Farbdreiklang für ihre Flagge.

49 **a** Podsol, auch als »Bleicherde« oder »Aschenboden« bezeichnet, ist ein Bodentyp des kühlgemäßigten, humiden Klimas. Er ist im Allgemeinen sauer, nährstoffarm und durch starke Wasserdurchlässigkeit gekennzeichnet.

50 **b** Das Pontische Gebirge bildet den Nordrand von Anatolien, der Elburs liegt im Iran, der Kaukasus in Russland und das Dinarische Gebirge in Kroatien.

51 **c** Die Beringstraße ist nach dem dänischen Seefahrer Vitus Jonassen Bering benannt. Die Davisstraße liegt zwischen Kanada und Grönland, die Drakestraße an der Südspitze Südamerikas und die Cabotstraße trennt Nova Scotia von Neufundland.

52 **d** San Marino liegt inmitten von Italien, Monaco grenzt nur an Frankreich, und Albanien gehört zur Balkanhalbinsel.

53 **b** Wenn man sich von Mitteleuropa ausgehend (15° ö. L.) auf der Erde in westliche Richtung bewegt, sind pro Längengrad eine Stunde abzuziehen und in östlicher Richtung entsprechend eine Stunde bis zur Datumsgrenze (ca. beim 180. Längengrad) dazuzurechnen.

54 **a** Dubai liegt auch in den Vereinigten Arabischen Emiraten, Doha ist die Hauptstadt von Katar und Maskat die von Oman.

55 **a** Der Aralsee verlor in den letzten 30 Jahren ca. 60% seines Volumens. Der ständig steigende Salzgehalt entsteht durch die verstärkte Wasserentnahme der angrenzenden Staaten Usbekistan, Tadschikistan und Kasachstan.

56 **b** Der Mount St. Helens liegt in den Rocky Mountains, der Mount Mitchell in den Appalachen und der Mount Cook in den Südalpen von Neuseeland.

57 **d** Der berühmte Rokokobau befindet sich in Dresden.

58 **c** Der Vatnajökull ist der größte Gletscher Europas. Island war während der Eiszeit fast vollkommen von Gletschern bedeckt.

59 **b** Die Lahn ist ein rechter Nebenfluss des Rheins, der im Rothaargebirge entspringt und u.a. durch das Gießener Becken fließt.

60 **a** Sie liegt im Indischen Ozean östlich von Madagaskar.

61 **a** Im Oberlaufgebiet der Nahe kann man viele Mineralien finden. Daher gibt es in Idar-Oberstein Edelsteinindustrie, ein -museum und eine -börse.

62 **b** Der Staat Ecuador liegt an der Westküste Südamerikas und grenzt an Kolumbien und Peru.

63 **c** Geysire sind typische Erscheinungen jungvulkanischer Gebiete. Sie entstehen durch Erhitzung von unterirdischen Wasservorräten (Vorkommen z.B. auf Island, Neuseeland).

64 **b** Der Tierpark wurde von Karl Hagenbeck 1907 in Stellingen bei Hamburg gegründet.

65 **c** Amphibien sind Lurche, Ammoniten Versteinerungen einer bestimmten Art von schneckenartigen Tintenfischen und Aleuten sind eine Inselgruppe zwischen dem Beringmeer und dem Pazifischen Ozean.

66 **a** Little Rock liegt nicht in Arizona, es ist die Hauptstadt von Arkansas.

67 **a** Der Böhmerwald trennt Bayern von der Tschechischen Republik, der Steigerwald liegt zwischen Fürth und Würzburg im Nordwesten Bayerns, und das Fichtelgebirge liegt im Nordosten Bayerns.

68 **c** Die Hauptstadt von Georgien ist Tiflis, die von Armenien ist Eriwan und die von Aserbaidschan ist Baku.

69 **a** Der Peloponnes ist nur durch den Isthmus von Korinth mit dem griechischen Festland verbunden. Er ist überwiegend gebirgig. Geschichtsträchtige Hauptorte sind Sparta, Korinth und Olympia.

70 **b** Die ehemalige französische Kolonie mit dem Namen »Elfenbeinküste« ist einer der führenden Agrarstaaten Afrikas. Neben Kakao werden auch Baumwolle, Kaffee und tropische Früchte angebaut.

71 **c** Japan hat ein sehr gut ausgebautes Eisenbahnnetz. Der Shinkansen erreicht Geschwindigkeiten bis zu 250 km/h.

72 **d** Eine Hallig ist ein Rest eines größeren Marschgebietes. Sie ist in ihrer Substanz durch Sturmfluten und Brandung permanent gefährdet.

73 **b** Die Geodäsie ist die Wissenschaft von der Ausmessung und Abbildung der Erdoberfläche. Der Begriff leitet sich vom griechischen Wort für »teilen« ab.

74 **d** Der heilige Berg Agung liegt auf Bali und ist eine vielbesuchte Wallfahrtsstätte der Hindus.

75 **c** Managua. Tegucigalpa ist die Hauptstadt von Honduras, La Paz die von Bolivien und Caracas die von Venezuela.

76 **a** Der Vulkan Fudschijama ist mit 3776 Metern der höchste Berg Japans. Für die Japaner ist er ein heiliger Ort, zu dem jedes Jahr Tausende von Pilgern ziehen.

77 **c** Die Geest ist wegen des unfruchtbaren Bodens vorwiegend mit Kiefern, Heidekraut, Birken und Wacholder bedeckt.

78 **b** In dieser ältesten deutschen Stadt sind viele Überreste aus der Römerzeit und dem Mittelalter erhalten geblieben. Die Porta Nigra ist eines der römischen Stadttore, im 3. oder 4. Jahrhundert n. Chr. erbaut.

79 **a** Bukarest. Prag ist die Hauptstadt der Tschechischen Republik, Budapest die von Ungarn und Warschau die von Polen.

80 **c** Dieser alte Straßenverlauf mit einer Strecke von ca. 4000 km wurde mittlerweile durch eine mehrspurige Interstate-Autobahn ersetzt.

81 **b** Die Öresund-Brücke ist die erste Landverbindung zwischen Dänemark und Schweden. Vorher benötigte man mit der Fähre ca. eine Dreiviertelstunde, um von Kopenhagen aus Malmö zu erreichen.

82 **c** Das Tote Meer hat eine Spiegelhöhe von 392 Metern unter Mittelwasserhöhe des Meeresspiegels und gehört zu den heißesten Gegenden auf der Erde.

83 **a** Brasilia ist nach modernsten städtebaulichen Richtlinien neu geplant und errichtet worden, um die ehemalig überbevölkerte Hauptstadt Rio de Janeiro zu entlasten.

84 **c** Die Semper-Oper befindet sich in Dresden. Sie ist nach ihrem Baumeister Gottfried Semper benannt.

85 **c** Schwarzes Meer. Die Nordsee liegt zu weit nördlich, das Mittelmeer zu weit südlich und das Kaspische Meer zu weit östlich des Verlaufs der Donau.

86 **a** Seit 1300 unter der Herrschaft von Genua, wurde die Insel 1768 an Frankreich verkauft. Es gibt Bestrebungen zur Autonomie seit den 70er Jahren des 20. Jahrhunderts.

87 **d** Lesotho liegt in Südafrika inmitten der Republik Südafrika.

88 **b** Bayern ist mit einer Fläche von ca. 70 550 km^2 das größte Bundesland der Bundesrepublik Deutschland, Niedersachsen folgt an zweiter, Baden-Württemberg an dritter und Nordrhein-Westfalen an vierter Stelle.

89 **d** Gobi: diese große Kältewüste ist die drittgrößte Wüste auf der Erde. Die

Große Sandsee liegt in Nordafrika, die Namib im südlichen Afrika und die Atacama in Südamerika.

90 **d** Chemnitz, zu DDR-Zeiten Karl-Marx-Stadt, liegt in Sachsen.

91 **a** Der Dolomit entsteht durch Einlagerung von Magnesium in Kalk. Der Teil der südlichen Kalkalpen in Italien, die Dolomiten, sind nach diesem Gestein benannt.

92 **d** Der Krüger-Nationalpark mit Tausenden von Großtieren liegt in der Republik Südafrika östlich von Johannesburg. Seine Größe umfasst ungefähr die Fläche von Rheinland-Pfalz.

93 **b** Dieses kleine unabhängige Königreich im Osthimalaya hat auch den Drachen in seiner Flagge abgebildet. Dreiviertel der Bevölkerung sind tibetischen Ursprungs, der übrige Teil setzt sich aus Indern und Nepalis zusammen.

94 **a** Formentera gehört zu den Balearen.

95 **c** In den so genannten Highlands liegt auch der größte Berg Großbritanniens: der Ben Navis mit einer Höhe von ca. 1340 Metern. Die Landschaft ist durch viele Moore und Seen (hier als »Loch« bezeichnet) geprägt. Das bekannte Loch Ness ist hier vorzufinden.

96 **d** Polnisch gehört nicht zur Familie der romanischen Sprachen, sondern der slawischen Sprachen.

97 **b** Taiwan, Singapur, Südkorea und Hongkong (seit 1997 wurde die ehemalige Kronkolonie von Großbritannien an die VR China zurückgegeben) gehören als die »Vier Tiger« mittlerweile zu den Schwellenländern, die auch als »NIC« (Newly Industrialized Countries) bezeichnet werden. Malaysia und Thailand gelten als 2. Generation, die Philippinen und Indonesien als 3. Generation der NICs.

98 **c** Theodor Fontane machte durch seine Romane und seine »Wanderungen durch die Mark Brandenburg« (1862–1882) geradezu einen Mythos aus dieser Landschaft.

99 **b** Das Silicon Valley gehört zum Santa Clara County in Kalifornien. Hier konzentrieren sich über 6000 Computer- und Elektronikunternehmen. Es hat seinen Namen vom Material des Computerchips erhalten, dem Silizium, englisch: silicon.

100 **a** Das Hauptexportprodukt ist Zucker. Kuba gehört zu den wichtigsten Exportländern von Zucker neben Brasilien, Australien und Thailand.

5. Technik (Seite 106 ff.)

1 **a** Barometer werden auch zur Höhenbestimmung verwendet. (Barometrische Höhenmessung)

2 **b**

3 **d** Sowjetischer Fliegeroffizier (Smolensk 1934–1968 Flugzeugabsturz), umkreiste die Erde in einer »Wostock«-Raumkapsel.

4 **c** Nach Heinrich Rudolf Hertz, deutscher Physiker (1857–1894).

5 **c** Die Intensität eines Erdbebens wird angegeben in Zahlenwerten der Richterskala von 0 bis (bisher maximal) 8,6. C. F. Richter, amerikanischer Seismologe (1900–1985).

6 **d** Nach dem französischen Physiker und Mathematiker André Marie Ampère (1775–1836).

7 **c** Karl Ferdinand Braun, deutscher Physiker (1850–1918).

8 **d** Englischer Erfinder (1736–1819), baute 1765 die erste direkt wirkende Dampfmaschine.

9 **a**

10 **c** Der Schmelzpunkt des Drahtes liegt bei ca. 3400 °C.

11 **b** Amerikanischer Astronaut (*1934); im Rahmen des Apollo-11-Fluges setzte Armstrong mit der Mondfähre »Eagle« am 20. Juli auf dem Mond auf und betrat ihn am 21. Juli mit den Worten: »Ein kleiner Schritt für den Menschen, ein großer Schritt für die Menschheit.«

12 **d** Die Astrologie versucht, Charakter und Schicksal des Menschen aus den Stellungen der Planeten zum Zeitpunkt der Geburt zu deuten.

13 **b** Die Sonnenuhr ist ein Zeitmesser, der aus der Lage des Schattens eines von der Sonne beschienen Stabes die wahre Sonnenzeit erkennen lässt.

14 **c** Deutscher Ingenieur (1848–1896); führte seit 1891 als Erster Gleitflüge von erhöhten Geländepunkten über mehrere hundert Meter Länge aus.

15 **c** Auch Umspanner genannt. In der Nachrichtentechnik: Überträger, in der Messtechnik: Messwandler.

16 **b** Zählrohr, benannt nach den Erfindern J. Geiger und W. Müller zum Nachweis einzelner energiereicher Teilchen.

17 **b** Zur Projektion undurchsichtiger (Aufsichts-)Bilder.

18 **c** Im 2. Weltkrieg (1939–1945) wurde von Amerikanern die erste Atombombe über Hiroshima abgeworfen.

19 **d** Auch »Brennpunkt« genannt. In der Fotografie: Fokussierung zur Scharfeinstellung.

20 **b** Johannes Gutenberg (um 1397–1468).

21 **d** Abkürzung für »binary digit«.

22 **d** Herzstück der US-Raumsonde »Mars-Pathfinder«, Größe: 50 cm lang, 28 cm hoch.

23 **c**

24 **a** Auch Resonanzkreis genannt, Anwendung in der Elektrotechnik, Elektroakustik.

25 **c** Einheit der Induktivität: Henry (H), benannt nach dem amerikanischen Physiker Joseph Henry (1797–1878).

26 **b** »AM« ist die Abkürzung für »Amplitudenmodulation«.

27 **b** Einheit der elektrischen Kapazität: Farad (F), nach dem englischen Physiker Michael Faraday (1791–1867).

28 **b**

29 **c** Bei einem V-Motor sind die Zylinder in V-Form angeordnet.

30 **b**

31 **a** Der normale 4-Zylinder-4-Takt-Motor hat 8 Ventile.

32 **d** Weil beide Elektroden durch das so genannte Dielektrikum voneinander isoliert sind.

33 **b** AC: Alternative Current = Wechselstrom, DC: Direct Current = Gleichstrom.

34 **a**

35 d

36 a ESA = Abkürzung für »European Space Agency«, Ariane Erststart: 1979

37 a

38 b Wird u.a. für das Internet benötigt.

39 a

40 d

41 d

42 c

43 a

44 a

45 a Konrad Zuse (1910–1995), Ingenieur, quasi Vater der Computertechnik: entwickelte 1941 den vollelektromechanischen Digitalrechner.

46 a Speicher für elektrische Energie auf elektrochemischer Basis.

47 d Alexander Graham Bell (1847–1922), britisch-kanadischer Erfinder, konstruierte 1876 das Telefon und brachte es zur Marktreife. Vor ihm hatte 1861 Philipp Reis die ersten erfolgreichen zukunftsweisenden Studien betrieben.

48 d Nikolaus August Otto (1832–1891), Maschinenbauer und Unternehmer, Vier-Takt-Gasmotor 1876 (Ottomotor), Vorbild für den gesamten weiteren Verbrennungsmotorenbau.

49 c Hugo Junkers (1859–1935), Flugzeugkonstrukteur, Unternehmer, 1915: erstes Ganzmetall-Flugzeug: J1.

50 d Thomas A. Edison (1847–1931), alle Gegenstände wurden von ihm erfunden und entwickelt.

6. Religion (Seite 116 ff.)

1 d In den Büchern der Bibel sind die 4 genannten Evangelien im Neuen Testament enthalten. Die Verfasser sind die Evangelisten, die in der kirchlichen Überlieferung als Nachfolger der Apostel gelten.

2 **a** Der Buddhismus ist die von Buddha im 6. Jahrhundert v. Chr. in Vorderindien begründete Religion. Er ist in Nepal, Burma, Thailand, Laos, Kambodscha, Japan und vielen weiteren Ländern Asiens verbreitet.

3 **b** Die Mormonen sind eine 1830 in Fayette (New York) gegründete Religionsgemeinschaft. Ihre Grundlage ist die Bibel, das Buch Mormon. Bis 1890 gestattete die Kirche »Jesu Christ der Heiligen der Letzten Tage« die Mehrehe.

4 **b** Sehr umstritten war beispielsweise die Enzyklika »humanae vitae« über das vom Papst Johannes Paul II. ausgesprochene Verbot der Antibaby-Pille.

5 **c** Der Titel des politischen und religiösen Oberhaupts des Lamaismus, der tibetischen Form des Buddhismus, bedeutet Ozean der Weisheit. Der 14. Dalai Lama musste 1959 vor den chinesischen Invasoren nach Indien fliehen. 1989 erhielt er den Friedensnobelpreis.

6 **c** Dort angekommen, schlichtete er interne Streitigkeiten und stand nach kurzer Zeit dem dortigen Staatswesen vor. Der Prophet Mohammed stiftete den Islam zwischen 622 und 632 n. Chr. Die Glaubensquelle ist der Koran.

7 **b** Vom Lateinischen »occultum« (»das Verborgene«), wird auch als Sammelbegriff für alle »Geheimwissenschaften« wie Kabbalistik, Magie etc. gebraucht.

8 **d** Ostern feiern die katholischen Christen das Fest der Auferstehung Jesu Christi.

9 **c** Der Papst gilt als Stellvertreter Christi auf Erden. Als Nachfolger des heiligen Petrus ist er zugleich Bischof von Rom und Träger der gesamtkirchlichen Vollmacht.

10 **b** Konstantin II., der Große, (280–337), begünstigte das Christentum und bahnte damit die Entwicklung zur Staatsreligion an. Auf dem Sterbebett ließ er sich von Bischhof Eusebius taufen.

11 **a** »Reinkarnation« bedeutet Seelenwanderung. Der buddhistische Glaube besagt, dass ein einzelnes menschliches Leben nur eine Stufe in der Entwicklung einer Seele darstellt.

12 **d** Die drei monotheistischen Weltreligionen sind Judentum, Christentum und Islam.

13 **b** Die Jungfrau von Orleans (Jeanne d'Arc) wurde 1431 auf dem Scheiterhaufen verbrannt und 1920 heilig gesprochen.

14 **d** Dieser Bußgang hatte fatale Folgen für das Ansehen des Kaisertums.

15 **a** Grundlage des Hinduismus ist die Kastenordnung und die auf sie gegründete Vormachtstellung der Priesterkaste der Brahmanen.

16 **c** Sie vertreten den Glauben an einen Gott.

17 **b** Die Reformation begann am 31.10.1517 mit Martin Luthers Veröffentlichung seiner 95 Thesen gegen den Ablasshandel.

18 **c** Die »Magna Charta« ist zum Grundstein der englischen Parlamentsverfassung
geworden.

19 **c** Die »Veden« gaben der Philosophie des Hinduismus, der Vedanta, ihren Namen.

20 **c** Der ursprüngliche Name Buddhas, des Erleuchteten, ist Siddharta Gautama (altindisch: »der sein Ziel erreicht hat«).

21 **b** Das heilige Gesetz des Islams. Es geht auf Mohammed zurück und erfasst alle Lebensbereiche.

22 **a** Am 31.3.1492 war sie mit der Eroberung Granadas endgültig zugunsten der Spanier entschieden.

23 **a** Der Koran, das heilige Buch des Islam, die »seit Ewigkeit bestehende letzte Botschaft Gottes an die Menschheit«.

24 **d** Gründe hierfür war die unterschiedliche Entwicklung in der Lateinischen und der Griechischen Kirche.

25 **a** Unter der »Thora« versteht man die fünf Bücher Mose. Sie wird in der Synagoge aufbewahrt.

26 **a** Die bereits in diesem Dasein erreichbare Befreiung aus dem Leiden des Diesseits.

27 **d** Er drängte den ägyptischen Machtanspruch in Syrien und Palästina zurück. Babylon entwickelte sich unter ihm zur prächtigsten Großstadt seiner Zeit.

28 **a** Einmal in seinem Leben sollte ein gläubiger Moslem eine Wallfahrt nach Mekka unternehmen.

29 **a** In den Evangelien angegeben als Kreuzigungs- und Beerdigungsstätte Jesu.

30 **d** Dagegen muss im Buddhismus die Seele viele Male in verschiedenen Körpern auf der Erde leben, bevor sie Vollendung erlangen kann.

31 **b** Diese wurde im 1. Vatikanischen Konzil von 1870 genau festgelegt.

32 **d** Der 50. Tag nach Ostern (Pentekoste) gilt als Tag der Begründung der Kirche.

33 **b** Die »seit Ewigkeit bestehende letzte Botschaft Gottes an die Menschheit« wurde dem Propheten Mohammed von Allah offenbart.

34 **b** Der Kardinal ist der höchste kirchliche Würdenträger nach dem Papst.

35 **b** Benediktinerin, erste deutsche Mystikerin. Ihr kulturgeschichtlich bedeutsames Werk umfasst die Beschreibung von Volksheilmitteln und Behandlungsmethoden.

36 **d** Sein Titel bedeutet im tibetischen Lamaismus Ozean der Weisheit.

37 **c** Die sieben Sakramente sind äußere Zeichen, die als heiligmachende Kraft Gnade verleihen oder sie vermehren.

38 **a** Adventisten sind eine in den USA entstandene Glaubensgemeinschaft.

39 **b** Der »verschließbare Raum«, in dem die Kardinäle zur Papstwahl zusammenkommen.

40 **a** Nach dem »Kanonischen Recht« die Aufnahme in den Kanon der Heiligen der katholischen Kirche.

41 **c** Für den nicht religiösen Agnostiker lässt sich die Frage nach dem Sinn von Dasein, Geschichte und einem Fortleben über den Tod hinaus nicht beantworten.

42 **a** Ziel asketischer Lebensführung ist es, einen Zustand der inneren Sammlung und Vergeistigung herbeizuführen.

43 **b** In der katholischen Kirche ist der Katechismus ein grundlegendes Handbuch der Glaubens- und Sittenlehre.

44 **b** Das Karma, eine Bezeichnung aus dem Buddhismus, besagt, dass das Schicksal des Menschen in seiner Wiedergeburt wiederkehrt und zu vollkommenerem Sein verbessert werden kann.

45 **a** Siddharta Gautama, das ist Buddha. Nachdem er unter dem Bodhi-Baum zur Erleuchtung gekommen war, verbreitete er seine Lehre von der Überwindung des Leidens. (Bodhi-Baum: Feigenbaum)

46 **c** Franz von Assisi (Assisi 1181/82–1226) stellte sein Leben ganz in den Dienst der Nachfolge Christi. Er gründete den nach ihm benannten Franziskaner-Orden. 1939 erklärte Papst Pius XII. ihn zum Schutzheiligen Italiens.

47 **d** Es ist von katholischen Priestern und Nonnen abzulegen.

48 **b** Jeder gläubige Moslem sollte bei seinem Besuch in Mekka mehrmals die Kaaba umrunden. Die Kaaba in Mekka ist ein Gebäude, in das der schwarze Stein eingelassen ist.

49 **d** Der 7. Tag der jüdischen Woche gilt vom Freitagabend bis Sonnabend-Abend als strenger Ruhetag. Er wird im Alten Testament auf den Willen Gottes zurückgeführt.

50 **c** Dem Propheten Mohammed wurden von Gott (Allah) die heiligen Gesetze des Islam offenbart.

7. Philosophie und Mythen (Seite 126 ff.)

1 **b** Weil der Mensch nach Bacon »so viel vermag, als er weiß«. Francis Bacon, englischer Philosoph (1561–1626). Aus den »Essays« 1597: »Ipsa scienta potestas est«, »knowledge itself is power«.

2 **b** Griechisch: philos = Freund und sophia = Weisheit. Philosophia = »Weisheitsliebe«.

3 **d** In seinem Bestreben und Kampf zur »Umwertung aller Werte« setzte er sich mit dem Nihilismus auseinander, dessen »Heraufkunft« er kommen sah.

4 **b** Standpunkt oder die Lehre der bedingungslosen Verneinung bestehender Anschauungen, Glaubenssätze oder Verhältnisse.

5 **d** Sartres Grundthema ist der Begriff der Freiheit. Dieser Freiheit entstammt jeder menschliche Wert, da der Mensch für sein Handeln verantwortlich ist.

6 **d** Der Schamane gilt als Mittler zwischen Mensch und Jenseits. Kultische Person, die mit Geistern und Seelen Verstorbener Verbindung aufnimmt. Besonders bei den Völkern Zentralasiens und Sibiriens, bei Indianern, in Ozeanien und Südostasien.

7 **b** Der Mensch ist frei geboren, aber »überall liegt er in Ketten«. Zur Überwindung der Ungleichheit wollte Rousseau einen »contract social«, einen Gesellschaftsvertrag schließen. Jean-Jaques Rousseau, französisch-schweizerischer Schriftsteller und Philosoph (1712–1778).

8 **b** Gott und dem Suizid ein Nein, dem Leben ein Ja entgegenzusetzen, trotz der Absurdität menschlichen Daseins, war das Motto seiner illusionslosen Lebenshaltung.

9 **b** Daidalos (griechisch), Dädalus (lateinisch), griechischer Mythos: attischer Heros. Selbst von Minos im Labyrinth gefangen, fertigte er für sich und seinen Sohn Ikarus Flügel und floh nach Sizilien.

10 **d** Griechischer Mythos: Sohn des Dädalus. Auf der Flucht von Kreta nach Minos kam er mit seinen durch Wachs zusammengehaltenen Flügeln der Sonne zu nahe und stürzte bei Samos ins Meer.

11 **a** Thomas Hobbes, englischer Philosoph (1588–1679): Ursprünglich wird die menschliche Natur nur von der Machtgier getrieben. Der Naturzustand des Menschen ist der Krieg aller gegen alle.

12 **c** Sokrates (427–347 v. Chr.) hielt sich nur höchst selten zu Hause auf. Man vermutete, dass daran seine Frau Xanthippe schuld war. So wurde sie wahrscheinlich zu Unrecht zum Inbegriff des zänkischen und launischen Eheweibs.

13 **c** Rudolf Steiner (1861–1925) wollte seine Jünger zu geistigem Schauen befähigen. Er suchte den Ausdruck des Spirituellen in der Kunst und durch die Kunst. 1919 begründete er die Waldorfschulen, die auf der anthroposophischen Erziehungslehre fußen, in besonderer Zusammenarbeit zwischen Schule und Elternhaus.

14 **d** Der Mensch soll im Einklang mit den Gesetzen der Natur leben, gewissenhaft gegen sich und andere. Konfuzius, latinisiert aus chinesisch K'ung-(Fu-) Zzu, chinesischer Philosoph (um 551 v. Chr. – 479 v. Chr.), von großem Einfluss auf den Buddhismus.

15 **d** Minotaurus wurde mit Menschenleib und Stierkopf geboren. Er lebte der Sage nach in einem Labyrinth auf Kreta.

16 **d** Nietzsche gilt als einer der wichtigsten Zeugen der Suche des modernen Menschen nach einem neuen Selbstverständnis.

17 **b** Metaphysisch ist die Lehre von den letzten Gründen des Seins, seinem Wesen und Sinn. Sie zerfällt in die Lehre vom Sein (Ontologie), vom Wesen der Welt (Kosmologie), des Menschen (philosophische Anthropologie) und von der Existenz und den Wesen der Gottheit (Theologie).

18 **a** Aristoteles war Schüler Platons und Lehrer Alexander des Großen.

19 **d** Im »kategorischen Imperativ« formulierte Kant (1724–1804) allgemeingültige sittliche Vorschriften.

20 **c** »Handle nur nach derjenigen Maxime, durch die du zugleich wollen kannst, dass sie allgemeines Gesetz werde!« – aus Kants Werk: Kritik der praktischen Vernunft (1788).

21 **a** Ares, ein griechischer Kriegsgott, gehört nicht dazu. Asgard = Göttersitz, Hel = Unterwelt, Midgard = Menschenwelt getrennt durch die Midgardschlange

22 **a** Hobbes, engl. Philosoph (1588–1679), Verteidiger des Absolutismus. Um die Menschen voreinander zu schützen, forderte er: »Alle Macht dem Staat!«

23 **d** Ende des 18. Jahrhunderts entstand die geistesgeschichtliche Epoche der Aufklärung, die sich von England und Frankreich ausgehend zu einer bestimmenden Denkrichtung des europäischen Geisteslebens entwickelte und bis ins 19. Jahrhundert wirksam war. Kant forderte beispielsweise, dem Menschen mit Hilfe der Vernunft »aus seiner selbstverschuldeten Unmündigkeit« zu helfen.

24 **c** Im griechischen Mythos ist Kassandra Tochter des Priamos, die vergebens davor warnte, das hölzerne Pferd in die Stadt Troja hineinzubringen.

25 **b** Voltaire (1694–1778), beeinflusste mit seinen philosophischen und literarischen Werken die gesamte abendländische Geschichte und Kultur. Er gilt als bedeutender Vertreter der Aufklärung.

26 **c** Samson = Simson (hebr. »Sonnenmann«), Kämpfer des israelischen Stammes Dan. Sein Haar verlieh ihm außergewöhnliche Kraft. Delila verriet das Geheimnis, man schnitt ihm die Haare und überwältigte ihn. Als sie nachwuchsen rächte er sich an den Philistern.

27 **a** Sokrates (427–347 v. Chr.), überliefert durch Platon und Xenophon. »Der ist der Weiseste, der wie Sokrates einsieht, dass er wirklich, was Weisheit anbelangt, nichts wert ist«, so sagte Platon in der »Apologie des Sokrates«.

28 **a** Friedrich Nietzsche (1844–1900). »Gott ist tot! Gott bleibt tot! Und wir haben ihn getötet!«, so ruft der »tolle Mensch« im 125. Stück von Nietzsches »Fröhliche Wissenschaft« (1882) aus. Christentum und christlich-jüdisch-abendländische Werte werden dort als Merkmale einer Sklavenmoral angesehen, die es zu überwinden gilt.

29 **c** Die lateinische Form des bereits in der Antike mehrfach belegten Ausdrucks mit der Bedeutung »unbeschriebenes Blatt« (wörtlich: glattgeschabte Wachstafel) lässt sich zuerst im Mittelalter nachweisen, und zwar in der »Schrift über die Seele« des Philosophen, Theologen und Naturforschers Albertus Magnus (um 1200–1280).

30 **c** Der Ausdruck geht zurück auf die griechische Mythologie: Tantalus, ein Sohn des Zeus, lud die Götter an seine Tafel. Um ihre Allwissenheit zu prüfen, setzte er ihnen das Fleisch seines getöteten Sohns Pelops als Speise vor. Die Götter straften ihn mit ewig unstillbarem Hunger und Durst.

31 **d** Prometheus (griechisch: Vorbedacht) galt als Schöpfer des Menschen und der Anfänge menschlicher Kultur. Da er gegen den Willen des Zeus den Menschen das Feuer brachte, wurde er zur Strafe an einen Felsen im Kaukasus geschmiedet.

32 **d** Spinoza vertrat die Position, Gott und die Natur sind eins.

33 **d** Aristoteles unterschied zwischen den praktischen (Ethik, Politik) den theoretischen (Mathematik, Physik, auch Theologie) und den kreativen Wissenschaften (Kunst, Dichtung).

34 **a** König Priamos von Troja raubte Helena, die Frau des Menelaos. Mit Hilfe des Trojanischen Pferdes, in dem sich 30 Griechen versteckt hielten, gelang schließlich die Eroberung Trojas.

35 **d** Fabelwesen mit dem Körper eines Löwen und dem Kopf eines Königs, seltener einer Königin. Sinnbild des Herrschers bei den Ägyptern.

36 **b** Er war der Begründer der Anthroposophie, die christliche, fernöstliche und kabbalistische Gedanken, aber auch Ideen Goethes beinhaltet. Der Unterricht wird auf der Grundlage von 7-Jahres-Rhythmen erstellt. Künstlerische und handwerkliche Fächer stehen im Vordergrund.

37 **b** Diogenes (412–323 v. Chr.) vertrat »als Kyniker« die Bedürfnislosigkeit und das asketische Leben als Weg zur Unabhängigkeit.

38 **d** Pegasus ist ein griechischer Mythos: das geflügelte Ross, das aus dem Rumpf der Medusa entsprang, von Bellerophon eingefangen und gezähmt wurde. Als Bellerophon sich zum Himmel aufschwingen wollte, warf es ihn ab. Zur Strafe wurde es als Sternbild an den Himmel gebannt.

39 **d** In Frankreich als »Existenzialismus« bezeichnet, fand die Existenzphilosophie besonders in der von J. P. Sartre entwickelten – von G. W. F. Hegel, E. Husserl und M. Heidegger ausgehenden – atheistischen, pessimistischen und marxistischen Philosophie große Verbreitung. Ein weithin bekanntes Werk existentialistischer Literatur ist Albert Camus' »Der Mythos von Sisyphos« (mit der Empfehlung, sich Sysiphos als glücklichen Menschen vorzustellen).

40 **a** Aus pädagogischer Leidenschaft lehrte Sokrates seine Mitbürger, besonders die vornehme Jugend. Seine Lehre erschütterte die Ordnung der athenischen Polis. Er wurde wegen angeblicher Gottlosigkeit zum Tode verurteilt, lehnte aber die ihm angebotene Flucht aus dem Gefängnis ab und nahm den ihm gereichten Schierlingsbecher (Gift).

41 **d** René Descartes (1596–1650), französischer Naturforscher, Philosoph und Mathematiker. Autor der »Principia philosophiae«, der »Prinzipien der Philosophie«. Die Ergebnisse seines Denkens und Forschens fasste er in der Aussage zusammen: »ego cogito, ergo sum est omnium prima et certissima« (»Ich denke, also bin ich, ist von allen die erste und zuverlässigste Erkenntnis«.)

42 **c** Der höchst Berg Griechenlands, der Olymp (2918 m) galt als Sitz der Götter.

43 **b** Machiavelli (Florenz 1469–1527), Republikaner, Stadtherr von Florenz, italienischer, politischer Schriftsteller, Verfasser von »Il Principe«, der »Fürst«.

44 **a** Nach der Ethik der Stoiker gibt es nur eine einzige, wahrhaftige Glückseligkeit: Das Leben im Einklang mit der Allnatur, den Gehorsam gegen das göttliche Gesetz und das Pflichtgebot der Vernunft.

45 **a** Die Redensart geht zurück auf die philosophische These »ex nihilo nihil fit« (»aus nichts entsteht nichts«), bei Lukrez, Aristoteles, Thomas von Aquin u.a.. Der römische Dichter Lukrez (um 95–55 v. Chr.) behandelt diesen Satz in seinem philosophischen Lehrgedicht »De rerum natura«.

46 **c** Athene, Tochter des Zeus, war Schutzgöttin Athens und Göttin der Weisheit.

47 **b** Hedonismus (griechisch: Lust, Genuss): Das höchste Gut, das Ziel des Handelns ist die psychische und physische Lust.

48 **c** Amun wurde als Windgott verehrt. Als Gott der Luft repräsentierte er die Unsichtbarkeit (»der Verborgene«).

49 **a** Hermes hieß bei den Römern Merkur. Saturn = Kronos, Mars = Ares, Juno = Hera.

50 **a** Kierkegaard sprach vom Paradox des Religiösen, weil es begrifflich nicht erklärbar sei. Von dem dänischen Philosophen gingen zwei geistige Strömungen aus: die dialektische Theologie und die Existenzphilosophie.

8. Fremdwörter, Redewendungen, Sprichwörter (Seite 135 ff.)

1 **c** Wörtlich »Pflücke den Tag!« Nutze den Tag, genieße den Augenblick. Lebensregel des römischen Dichters Horaz (65–8 v. Chr.) aus seinen »Oden«.

2 **c** Wird dem lateinischen Kirchenvater Hieronymus (347–419 n. Chr.) zugeschrieben.

3 **d** Im Strafrecht bedeutet Delikt, eine »tatbestandsmäßige rechtswidrige und schuldhafte Handlung, die eine Bestrafung des Täters nach sich zieht«.

4 **d** Als das Gegenteil von Egoismus oder Ichbezogenheit.

5 **d** Jemand, der aus Erfahrung gewandt und/oder geschickt handelt.

6 **c** Oder die niedere Dienerschaft eines herrschaftlichen Haushalts.

7 **d** Besonders die kirchlichen Dogmen sind unumstößliche Wahrheiten und Festlegungen von bestimmten Tatbeständen (päpstliche Unfehlbarkeit).

8 **b** Die sich ergänzenden Prinzipien, die nach der traditionellen chinesischen Philosophie alle Dinge durchdringen und beherrschen.

9 **a** Ein sinnverwandtes Wort, das mit dem ursprünglichen Wort bedeutungsähnlich oder bedeutungsgleich ist.

10 **b** Insbesondere von Autos oder Schiffen.

11 **c** Vergehen gegen Gegenstände und Stätten religiöser Verehrung (Kirchenraub, Gotteslästerung). Ursprüngliche Bedeutung: tempelräuberisch.

12 **d** Das letzte Buch der Bibel: Es schildert das Weltende und die Vollendung des Reiches Gottes nach der Überwindung des Satans (Die Offenbarung des Johannes im Neuen Testament).

13 **b** Im 5. Jahrhundert n. Chr. beherrschten die Vandalen das Mittelmeer und plünderten die Küstengebiete. Vandalismus steht für sinnlose Zerstörungswut.

14 **a** Bei der beide Partner aus diesem Zusammenleben Nutzen ziehen.

15 **b** Den Griechen ging es beim Symposium neben dem Genuss von Wein um den unterhaltsamen Dialog. Heute bezeichnet man mit dem Begriff Symposium (Symposion) eine Tagung, besonders von Wissenschaftlern, auf der in Vorträgen und Diskussionen bestimmte Themen erörtert werden.

16 **b** Griechischer Gott der Heilkunde. Sein Stab wurde zum Sinnbild der Heilkunde.

17 **d** Sabbat (hebräisch: Ruhetag). Sabbatjahr: Dem Ursprung nach ein im alten Judentum in der Landwirtschaft alle sieben Jahre wiederkehrendes Brach- oder Ruhejahr (2. Gen. 23,107).

18 **d** Die Mimose zieht bei Berührung die Blätter stengelabwärts zusammen. Sinnbild für Empfindlichkeit.

19 **b** Er steht in einem persönlichen Treueverhältnis zu seinem Schutz- oder Lehnsherrn (mittelalterlich).

20 **b** Im antiken Rom war die Ovation eine Auszeichnung für den siegreichen Feldherrn.

21 **a** Alte lateinische Maxime. Geht zurück auf die von Benedikt von Nursia (um 480) verfasste so genannte Benediktinerregel.

22 **d** Ursprünglich: »auf den Konferenztisch bringen«.

23 **c** Etwas ad absurdum führen bedeutet, die Unsinnigkeit bzw. Nichthaltbarkeit einer Behauptung beweisen (widerlegen).

24 **d** Zu versuchen, mit kleinem Einsatz (z.B. kleine Geschenke) etwas Großes zu erzielen.

25 **b** Bedeutet so viel wie eine unumstößliche Feststellung, ideale Lösung. (Goethe, Faust II, 5. Akt: »Das ist der Weisheit letzter Schluss, nur der verdient sich Freiheit wie das Leben, der täglich sie erobern muss«).

26 **a** Jemand hat das Schlimmste zu erwarten, ist (finanziell) am Ende. Aus dem 4. Hauptstück von Luthers Katechismus. In Luthers Text »am Ende des Matthäus-Evangeliums«, »bis ans Ende der Welt«, Weltuntergang, Ende aller Dinge.

27 **b** Ursprünglich Text- und Bildinterpretation. Heute mehr »Kunstlehre des Verstehens«, »Methodologische Grundlegung der Geisteswissenschaften«, von W. Dilthey so verstanden und ausgebaut.

28 **a** 49 v. Chr. überschritt Caesar den Rubikon und löste damit den Bürgerkrieg zwischen Italien und Gallien (Gallia Cisalpina) aus.

29 **d** Übersetzung: (Der) Gott aus der Maschine. Gemeint ist eine Theatermaschine, eine kranähnliche Vorrichtung, die Hilfe bringende Götter auf die Bühne schweben ließ. Dieser löste die verworrene Handlung auf.

30 **b** Lateinisch: »das andere Ich«. Als Urheber wird der griechische Philosoph und Mathematiker Pythagoras (um 570–480 v. Chr.) genannt.

31 **c** Deutscher Rechenmeister, lebte von 1492–1559.

32 **d** Advocatus Dei (Anwalt Gottes), Bezeichnung für den Vertreter eines positiven Antrags. Ironisch: Advocatus Diaboli (Anwalt des Teufels).

33 **a** Weil es widersinnig bzw. absurd ist. Siehe Frage 23.

34 **c** Vor aller Welt, vor aller Augen; öffentlich.

35 **d** In der griechischen Antike ein von Musik und Tanz begleitetes, besonders feierliches, religiöses Fest und Opfergesang zu Ehren der Götter. Heute gewöhnlich bekannt aus dem Begriff »Nationalhymne«.

36 **d** Bedeutet so viel wie »davon habe ich keine Ahnung«, »ist mir unverständlich«.

37 **a** Mittelhochdeutsch: »Federbüschel, Büschel von einem Baum«.

38 **c** Auf einem Bankett mit der Behauptung konfrontiert, seine Entdeckung Amerikas sei gar nicht so außergewöhnlich, fragte er die Anwesenden, wer von ihnen ein Ei auf einem seiner beiden Enden zum Stehen bringen könne. Als dies niemandem gelang, schlug Kolumbus es auf den Tisch – und es stand.

39 **d** Heute: »klare Verhältnisse schaffen«. In der griechischen Antike: »unbeschriebenes Blatt« (wörtlich: »glattgeschabte Wachstafel«).

40 **a** Breiter, flacher Kahn als Teil einer Brücke.

41 **d** Schwierig, peinlich, unangenehm, so beschaffen, dass es schwierig ist, richtige Maßnahmen zu treffen. (Prekär: lateinisch-französisch: durch Bitten erlangt, widerruflich.)

42 **a** Um den »Übermenschen zu verwirklichen«, der über sein bisheriges Wesen hinaus wächst. Aus Nietzsches »Zarathustra«. Bei einem beschwerlichen Gipfelaufstieg macht Zarathustra sich Mut: »Wer sich stets viel verschont, kränkelt zuletzt an seiner vielen Schonung. Gelobt sei, was hart macht.«

43 **d** Die entscheidende Frage, Gewissensfrage, Frage nach der politischen Überzeugung (Gretchen stellt diese Frage an Faust).

44 **d** Nach den Krethern und Philistern benannt. Schon zu Luthers Zeit war diese Bezeichnung für eine gemischte Gesellschaft bekannt. Heute wird sie abwertend gebraucht für Menschen, die man nicht sehr schätzt.

45 **b** Kommt von »offerieren«. Eine Offerte ist ein schriftliches (Waren-)Angebot.

46 **c** Mittelhochdeutsch: Weg, auf dem Holz fortgeschafft wird, der also nicht zur nächsten menschlichen Siedlung führt; irrtümlicher Weg.

47 **b** Umfassend, allgemein, weltweit, die ganze Welt umfassend.

48 **b** Aus dem Italienischen: strapazzo, mit großen Anstrengungen verbunden, mühevoll, beschwerlich.

49 **a** Die Grenzen der kognitiven Erfahrung und der sinnlich wahrnehmbaren Welt überschreiten, übersinnlich.

50 **d** Unverzüglich, schnell, als Reaktion auf etwas erfolgend.

9. Biologie (Seite 144 ff.)

1 **d** Amöben sind Einzeller wie beispielsweise Bakterien und viele Algenarten.

2 **b** Das vegetative Nervensystem hat diese vom Willen unabhängige Aufgabe.

3 **d** Testosteron bewirkt die sekundären Geschlechtsmerkmale des Mannes, die Spermiengenese und ist mitverantwortlich für Muskel- und Knochenwachstum.

4 **d** Unter »Thrombose« versteht man die Verstopfung eines Blutgefäßes. Dies geschieht durch Bildung fester Blutpfropfen.

5 **b** Es bestimmt das Geschlecht, beim Mann XY, bei der Frau XX.

6 **a** Vor über 100 000 Jahren wurden in Afrika die ersten menschlichen Spuren gefunden.

7 **c** Vor allem Vitamin C, enthalten in Zitrusfrüchten, aber auch Kiwis, roter Paprika, Sanddorn u.a..

8 **d** Hormon des Nebennierenmarks, das die Pupillen erweitert, Vertiefung der Atmung, Erhöhung des Herzschlags und Blutdrucks, Drosselung der Magen-Darm-Tätigkeit.

9 **c** Nach der Naegeleschen Regel geht man von durchschnittlich 267 Tagen aus.

10 **d** Die Haut ist das größte Organ und macht etwa 4 % des Körpergewichts aus.

11 **c** Der Knollenblätterpilz ist ein sehr gefährlicher Giftpilz.

12 **b** Ist vom kleinsten zum größten Blatt richtig.

13 **d** Der Pinguin ist ein Vogel und brütet seinen Nachwuchs (Ei) aus.

14 **c** Das Zwerchfell ist eine halb-kuppelförmige Muskelplatte, die Brust- und Bauchhöhle trennt.

15 **d** Die Wechselbeziehung sichert den Fortbestand des Ökosystems. Jedes Ökosystem besitzt besondere physikalische, chemische und biologische Strukturen und Funktionen. Ökosysteme sind offene Systeme mit der Fähigkeit zur Selbstregulation.

16 **d** Die Sargassosee liegt in der Karibik, östlich von Kuba.

17 **c** Unter »Photosynthese« wird der Aufbau chemischer Verbindungen durch Einwirkung elektromagnetischer Strahlung (Sonnenlicht) verstanden, besonders die Bildung organischer Stoffe aus Kohlendioxid und Wasser bei grünen Pflanzen.

18 **a** Etwa 50 Arten von Fiebermücken übertragen die Malaria, in Europa besonders die Anopheles Maculipennis.

19 **d** »Mutation« ist ein Begriff aus der Genetik: Erbänderung, der entwicklungsgeschichtliche Vorgang, der zum Entstehen eines abgeänderten Erbmerkmals in einer Zellgruppe oder einem Individuum führt. Entsteht spontan und dient dem Überleben einer Art. Mutationen sind nicht umkehrbar.

20 **c** Zu den Aufgaben von Enzymen zählen die Zellversorgung, das Auslösen des Abbaus toxischer und anderer Stoffe (Fett, Glykogen) und der Prozesse, die zur Gewinnung der für den Organismus notwendigen Energie erforderlich sind.

21 **c** Skorbut wurde früher als Seemannskrankheit bezeichnet, da sie mangels frischem Vitamin C häufig auf Segelschiffen aber auch in Gefängnissen oder auf Expeditionen auftrat.

22 **a** Klimatische Bedingungen bewirken die Entstehung vielfältiger Lebensformen. Bei den Pinguinen beispielsweise nimmt die Größe von den antarktischen Arten (Kaiserpinguin 120 cm) zu den am Äquator lebenden (Galapagos-Pinguin 50 cm) fast kontinuierlich ab.

23 **b** Das menschliche Nervensystem gliedert sich in das periphere Nervensystem (z.B.: Sinneszellen) und das Zentralnervensystem, ZNS (Gehirn und Rückenmark). Das ZNS setzt sich aus etwa 100 Milliarden Neuronen zusammen, nur etwa 25 Millionen verbinden die Peripherie unseres Körpers mit dem ZNS.

24 **c** Insekten haben ihre Geruchsorgane meist auf den Fühlern, deren oft vergrößerte Oberfläche zahlreiche Rezeptoren trägt.

25 **d** Entsprechend ihres komplexen Bewegungsapparats sind Schlangen fähig, auf verschiedene Weise zu kriechen (teils artspezifisch, teils biotopangepasst). Schlängeln tritt bei langen dünnen Arten auf (Wasserschlangen), Seitwärtswinden z.B. bei Klapperschlangen. Einige Arten bewegen sich auch geradlinig durch die Bewegung ihrer Rippenmuskeln fort.

26 **d** Spezifische Rezeptoren sind nachgewiesen, wie z.B. Schmerzpunkte in der Haut oder Rezeptoren in vielen Organen. Auch zahlreiche körpereigene Substanzen können Schmerzreiz auslösen.

27 **a** Die Verbindung von Antikörper und Antigen ist eine der wichtigsten Abwehrmechanismen des Organismus und Grundlage der Immunreaktion.

28 **a** Im Cortex werden komplexe sensorische Nachrichten verarbeitet. Er ist zuständig für Sprechen, Denken, Lernen und Gedächtnis.

29 **b** Man rechnet beim Erwachsenen etwa $^{1}/_{12}$ seines Körpergewichts, bei 70 kg ca. 5–6 Liter.

30 **d** Wegen der Resistenzen gegen Chinin wird es heute von wirksameren Mitteln verdrängt.

31 **c** Die Keimzellen des Menschen enthalten 23, die Körperzellen 46 Chromosomen.

32 **b** Abweichungen sind meist der Anzahl der »Weisheitszähne« geschuldet.

33 **b** Das Facetten- oder Komplexauge bei Insekten, Spinnen und Krebstieren besteht aus wabenartig zusammengesetzten Einzelaugen. Das wahrgenommene Bild setzt sich mosaikartig aus den Blickpunkten des Einzelauges zusammen.

34 **a** Viren können Erreger von Infektionskrankheiten bei Menschen, Tieren, Pflanzen und Bakterien sein. Sie sind auf lebende Wirtszellen angewiesen und besitzen keinen eigenen Stoffwechsel.

35 **c** Ursprüngliches Verbreitungsgebiet: Südwestafrika, Galapagos-Inseln und Neuseeland. Pinguine kommen nur in der südlichen Hemisphäre vor.

36 **b** Das wichtigste Blutgruppen-System umfasst die klassischen oder AB0 (AB-Null) – Gruppen. Hierzu zählen die vier Hauptgruppen: 0, A, B und AB. Die Blutgruppe entscheidet über die Verträglichkeit des Spenderbluts bei Bluttransfusionen.

37 **d** Gleichgewichtsorgane sind Sinnesorgane, die die Schwerkraft als Reiz aufnehmen und für das Gleichgewicht im Raum sorgen. Im inneren Ohr bei Mensch oder Wirbeltier sind es Organe mit festen Gebilden, die auf so genannten Sinnesborsten ruhen. Das Gleichgewichtsorgan befähigt den Menschen zu kontinuierlich aufrechtem Gang.

38 **b** Von griechisch »ornitha«, das Huhn. Ornithologie ist die Wissenschaft von den Vögeln, Vogelkunde.

39 **d** In der Luft sind 78 Volumen-Prozent Stickstoff enthalten.

40 **c** Im Falle einer Verstopfung der Herzkranzgefäße wird die Blutzufuhr wiederhergestellt oder verbessert, ein Engpass oder ein Verschluss beseitigt.

41 **b** Stoffwechsel ist die Gesamtheit der chemischen Umsetzungen im Körper der Lebewesen in Verbindung mit Energieumwandlung. Aus den Bestandteilen der Nahrung entnimmt der menschliche Körper alle chemischen Verbindungen, die er zum Einbau in die Körperzellen und zu deren Funktion braucht. Bei den Oxidationsvorgängen des Stoffwechsels wird die lebensnotwendige Energie gebildet. Stoffwechsel ist unabdingbar, je nach Umfeld sind die weiteren Elemente ebenso wichtig.

42 **a** »Farbstoff« der roten Blutkörperchen (O_2-Transportprotein), zusammengesetzt aus dem farblosen Eiweißanteil Globin und dem eisenhaltigen roten Bestandteil Häm.

43 **a** Antibiotika sollen Mikroorganismen abtöten oder an ihrer Vermehrung hindern. Das erste Antibiotikum (Penicillin) fand A. Flemming bei Schimmelpilzen.

44 **b** Ohrtrompete. Hier sitzen der Gehör- und Gleichgewichtsnerv.

45 **b** Krokodile zählen zu den Reptilien. Die Weibchen legen bis zu 100 hartschalige, gänseeigroße Eier.

46 **a** Die Schilddrüse, lateinisch »glandula thyroidea«, produziert das Hormon Thyroxin, das für Wachstum und Entwicklung wichtig ist.

47 **a** Hormone sind Botenstoffe, die Stoffwechsel, Fortpflanzung und Wachstum steuern. Gemeinsam mit dem Nervensystem dienen sie der Informationsübertragung.

48 **b** Der Jaguar ist die größte amerikanische Raubkatze, verbreitet von Mittelpatagonien bis Texas.

49 **d** Die ökologische Nische wird durch verschiedene Umweltfaktoren bestimmt. Die Ökologie, Teilgebiet der Biologie, hat besondere Bedeutung für die Lösung von Umweltproblemen gewonnen.

50 **b** Jeder Zellteilung geht eine Kernteilung voraus, bei der genetisches Material auf beide neuen Kerne übertragen wird.

51 **d** Aids ist eine Virusinfektionskrankheit, die das Immunabwehrsystem ausschaltet und meist tödlich verläuft.

52 **a** Insulin ist ein Hormon der Langerhansschen Inseln der Bauchspeicheldrüse, regelt die Blutzuckerkonzentration und beeinflusst den Kohlenhydrat-, Eiweiß- und Fettstoffwechsel.

53 **d** Deshalb richtet sich die Bekämpfung von Stechmücken auf das Begiften der Brutgewässer.

54 **a** Bei der Impfung wird ein abgewandelter Kuhpocken-Virus verwendet.

55 **c** Bei Wassermangel verdurstet und dehydriert der Mensch.

56 **c** Ursprünglich »Pferd aus der Walachei«.

57 **b** Die zukünftige Entwicklung der Weltbevölkerung wird überwiegend durch die Länder der 3. Welt bestimmt werden.

58 **a** Der Kniescheibensehnenreflex. Er gibt einen Hinweis auf eine eventuelle zentralmotorische Störung z. B. nach einem Unfall. Liegen Rezeptor und Effektor im gleichen Organ, bezeichnet man das als »Eigenreflex«.

59 **c** Gregor Johann Mendel (Heinzendorf (Mähren) 1822–1884 Brünn), Augustinerprior und Lehrer für Naturgeschichte und Physik. Die 3 nach ihm benannten Vererbungsgesetze sind das Gesetz der Uniformität und Reziprozität, das Spaltungsgesetz und das Gesetz der Neukombination von Genen.

60 **c** Wasserstoffbrücken halten jeweils 2 Moleküle, Guanin/Cytosin bzw. Adenin/Thymin, zu einem Doppelstrang (Doppelhelix) zusammen.

61 **c** Erstaunlicherweise kleine Beckenknochen. Ein rudimentäres Organ ist ein Überbleibsel alter Lebensformen, ein rückgebildeter, funktionslos gewordener Teil eines Lebewesens.

62 **c** Ein menschliches Skelett besteht aus 208 bis 212 Einzelknochen. Etwa jeder zwanzigste Mensch hat eine überzählige Rippe. Umgekehrt kann durch Verwachsungen eine Verringerung der Knochenzahl eintreten.

63 **a** Die Zwiebel ist kein Nachtschattengewächs, sie ist ein Liliengewächs.

64 **b** Ähnlich wie Morphium oder Opium werden sie auch als Glückshormon bezeichnet.

65 **d** Kaltblüter sind wechselwarme Tiere: z.B. Fische, Lurche, Kriechtiere, wirbellose Tiere. Gegensatz: Warmblüter.

66 **c** Ziegenpeter wird in der Medizin als »Mumps« bezeichnet. Mumps ist eine leicht übertragbare Viruskrankheit, die durch eine entzündliche Anschwellung der Ohrspeicheldrüse gekennzeichnet ist.

67 **b** Genauer: Nervus ulnaris. Bei einem Stoß ist er für den elektrisierenden Schmerz in der Hand verantwortlich.

68 **d** Die Blutbildung erfolgt vom Keimling selbst aus.

69 **c** Meist ist das Blut in den Venen sauerstoffärmer als in den Arterien, weil sie das »verbrauchte« Blut aus den Gefäßen zum Herzen zurückführen.

70 **a** Das Down-Syndrom ist eine Chromosomen-Anomalie, bekannt auch als Mongolismus oder Trisomie 21.

71 **c** Der Drang zur Entleerung tritt schon bei a) auf, ist dann aber noch willkürlich steuerbar.

72 **c** Ist Scharlach überstanden, so ist man im Regelfall immunisiert.

73 **b** Abweichungen sind bedingt durch die allgemeine körperliche Verfassung, besonders im Alter.

74 **b** Lepra ist eine der ältesten Infektionskrankheiten der Menschheit. Ursprünglich weit verbreitet, tritt Lepra heute überwiegend in warmen Ländern mit niedrigem Lebensstandard auf.

75 **d** Alle Nennungen sind richtig.

76 **a** Die Blutgruppe AB ist die seltenste, Blutgruppe 0 die häufigste.

77 **c** Leukozyten, Erythrozyten und Thrombozyten sind neben dem Blutplasma die Hauptkomponenten des Blutes.

78 **a** Keinen Bluthochdruck, aber alle anderen Symptome. (Neurodermitis ist eine chronisch-entzündliche Hauterkrankung.)

79 **c** Wenn Chlorophyll, auch Blattgrün, im Herbst abgebaut wird, verfärben sich die Blätter.

80 **d** Kortison hat eine stark entzündungshemmende Wirkung, wird eingesetzt beispielsweise bei rheumatischen Beschwerden oder Arthritis. Kortison (auch mit c geschrieben) ist eines der wichtigsten Nebennierenrinden-Hormone.

81 **a** Verringerung der Zahl roter Blutkörperchen und/oder des roten Blutfarbstoffes.

82 **c** Bekannt als EKG zeichnet es die Herzströme auf, z.B. bei Herz-Rhythmus-Störungen.

83 **b** Ein hoher Cholesterinspiegel fördert Arterienverkalkung und damit den Herzinfarkt.

84 **c** Mutierte Eiweißpartikel; sie gelten als Erreger von BSE und der Creutzfeldt-Jakob-Krankheit.

85 **b** Zange ist falsch.

86 **b** Bei der Staupe handelt es sich um eine typische Hundeerkrankung.

87 **c** Knochenerkrankung, bei der das feste Knochengewebe schwindet, die Markräume jedoch zunehmen.

88 **b** Auberginen sind so genannte Eierfrüchte, im Englischen »eggplants«.

89 **c** Nicht Wasser, sondern Fett ist des Rätsels Lösung.

90 **c** Der ölhaltige Raps ist der Kraftstofflieferant.

91 **d** Opium ist der zu dunkelbrauner Masse eingetrocknete Milchsaft des Schlafmohns.

92 **b** Bezeichnung für die Zeitspanne, in der bei der Frau die Eierstöcke die Produktion reifer Eizellen einstellen; etwa zwischen dem 45.–55. Lebensjahr.

93 **d** Feromone (Pheromone) sind chemische Substanzen, die der Kommunikation von Individuen einer Art untereinander dienen, bei Insekten: Sexuallockstoffe und Alarmsubstanzen, bei Säugetieren und staatenbildenden Insekten: Markierungsstoffe.

94 **a** Streptokokken sind Krankheitserreger, die über Haut- und Schleimhäute in den Körper eindringen. Sie erzeugen vielfältige Krankheitsbilder.

95 **c** Charles Darwin (1809–1892) schrieb das Buch »Über den Ursprung der Arten durch natürliche Zuchtwahl«, seine bis heute nicht widerlegte Theorie: Der Mensch stammt vom Affen ab.

96 **d** Der Greifreflex ist angeboren, muss nicht erlernt werden.

97 **b** Eine seltene, sehr gefährliche, weil meist tödlich verlaufende Infektionserkrankung.

98 **b** Kinderlähmung (Polio) ist eine Erkrankung, bei der sich Viren im Darm befinden und durch Ausscheidung und Schmierkontakt oral übertragen werden.

99 **a** In der Leber wird die Gallenflüssigkeit gebildet und fließt in die Gallenblase, wo sie gespeichert wird.

100 **a** Die Katze ist durch ihren Kot Überträger. Toxoplasmose: Der Erreger lebt intrazellulär. Ein Parasit, der – vereinfacht ausgedrückt – im Hirn einen Entzündungsprozess verursacht.

10. Psychologie, Pädagogik, Soziologie (Seite 164 ff.)

1 **c** Der Begriff stammt von Carl Gustav Jung und ist ein Grundbegriff seiner Psychologie: Er bezieht sich auf Urbilder, die bei allen Menschen unbewusst vorhanden sind (z.B. Mutter, Kind, Arzt).

2 **b** Klaustrophobie ist die Neigung zu Angstanfällen in geschlossenen Räumen – oft fälschlicherweise umgangssprachlich als »Platzangst« bezeichnet (Platzangst ist aber dagegen die Angst auf weiten Plätzen oder auch Straßen, das Fachwort lautet »Agoraphobie«).

3 **d** In der psychoanalytischen Behandlung erlebt der Patient seinen Psychoanalytiker z.B. unbewusst wie seinen Vater und »überträgt« gleichartige Gefühle wie früher dem realen Vater gegenüber (z.B. Angst) auf ihn.

4 **d** Die Psychosomatik und ihre Lehre von der krank machenden Bedeutung von Stress ist eigentlich altes Volkswissen (»es schlägt mir etwas auf den Magen«, »bereitet mir Kopfzerbrechen«, »geht mir an die Nieren« usw.).

5 **d** Andere gebräuchliche Worte: »emotionale Kompetenz«, »emotionale Intelligenz«

6 **d** Hauptsymptom einer Depression ist die Unfähigkeit, Aufgaben in Angriff zu nehmen.

7 **b** Im Gegensatz zur Neurose (z.B. Angstneurose, depressive Neurose) leidet bei einer Persönlichkeitsstörung (z.B. zwanghafte Persönlichkeitsstörung) meistens die Mitwelt unter der problematischen Person, nicht aber der Betroffene selbst.

8 **d** Die Bulimie (griechisch: »Ochsenhunger«) ist eine sehr verbreitete Form der Essstörung, bei der aber im Gegensatz zur Pubertätsmagersucht (Anorexia nervosa) meist Normalgewicht besteht.

9 **c** Das Wort ist griechisch-byzantinischen Ursprungs (»heilige Herrschaft«) und bezeichnet jede Organisations- und Herrschaftsform, bei der eine Rangordnung zwischen Übergeordneten und Untergeordneten besteht.

10 **d** Die pädagogische Psychologie behandelt vor allem Fragen der Eltern-Kind- und der Lehrer-Schüler-Beziehung.

11 **c** Die Sexualpädagogik befasst sich vor allem mit Fragen der altersgemäßen Aufklärung und des pädagogisch richtigen Umgangs zu allen Fragen von Kindern und Jugendlichen zum Thema Sexualität.

12 **d** Die Erziehungskonzeption der antiautoritären Erziehung basiert auf Theorien der Psychoanalyse, der Reformpädagogik und der Gesellschaftskritik und wurde maßgeblich durch das Werk des britischen Pädagogen A. S. Neill geprägt.

13 **b** Sigmund Freud hielt auch nach seiner Zeit als Hypnosearzt an der Couch fest, weil es den Patienten im Liegen, und ohne den Therapeuten ansehen zu müssen, besser gelingt, ihren freien Assoziationen nachzugehen.

14 **a** Auch die Aufnahme in einen Geheimbund wird durch einen Initiationsritus geregelt.

15 **c** In die Literatur eingegangen sind diese gehobenen Kreise der alten New Yorker Familien besonders durch die Romane der amerikanischen Schriftstellerin Edith Wharton (»Zeit der Unschuld«, 1920).

16 **c** Allein z.B. bei der Gewaltkriminalität hat sich die Anzahl der Delikte seit 1990 mehr als halbiert.

17 **b** Transsexuelle stehen wegen des Gefühls, dass ihr psychisches Geschlecht im

Gegensatz zum körperlichen Geschlecht steht, oft unter einem erheblichen Leidensdruck

18 **b** Griechisch: »philanthropia« = »Menschenliebe«, von J. B. Basedow begründete Richtung des Aufklärungsdenkens, die unter dem Einfluss Rousseaus für eine Erneuerung der Erziehung auf der Grundlage einer vernünftigen, naturgemäßen Lebensweise kämpfte.

19 **d** Die Midlifecrisis geht häufig mit dem Abbruch bestehender Verbindungen und der starken Suche nach einer Neuorientierung im Leben einher.

20 **c** Der Untertitel dieses berühmten Werkes lautet: »Krisen der politischen Ökonomie«, das Werk erschien 1867.

21 **a** Die Verhaltenstherapie wurde auf der Basis psychologischer Lerntheorien entwickelt und verwendet gezielte Übungen.

22 **d** Sigmund Freud veröffentlichte seine für die damalige Zeit revolutionären und anstößigen Forschungen zur Entwicklungspsychologie des Kindes in seinen »Drei Abhandlungen zur Sexualtheorie« (1905).

23 **c** Die gegenwärtige Renaissance der Astrologie basiert vor allem auf der Synthese traditioneller astrologischer Interpretationsregeln und der Psychoanalyse nach C. G. Jung.

24 **c** Placebos wirken interessanterweise allein durch den »Glauben« an die Wirksamkeit der eingenommenen Tablette.

25 **a** Die niedergedrückte Stimmung ist das grundlegende Symptom einer Depression, die unter b, c und d genannten Symptome können hinzutreten.

26 **d** Furcht bezeichnet ein konkreteres Gefühl als Angst, die meist sehr diffus und in einem existenziellen Sinn erlebt wird.

27 **c** Der Waschzwang ist ein Symptom der Zwangsneurose.

28 **b** Die Tochter Sigmund Freuds war Wegbereiterin der psychoanalytischen Behandlung von Kindern und Jugendlichen.

29 **b** Der wertende Begriff »Psychopath« wurde durch den der »abnormen« oder »gestörten« Persönlichkeit ersetzt; im Vordergrund steht, dass die Gesellschaft sehr unter den abnormen Persönlichkeiten leidet (seien sie nun fanatisch, extrem geltungssüchtig, asozial oder kriminell).

30 **c** Sigmund Freud führte den Ausdruck »Ödipuskomplex« in Anlehnung an die bekannte griechische Sage von König Ödipus in die Psychoanalyse ein, als Urbild und Muster für Dreieckskonflikte im Leben.

31 **c** Passende Lektüre zu dieser Frage: das Theaterstück »Der eingebildete Kranke« von Molière.

32 **c** Eine Amnesie tritt beispielsweise nach Unfällen auf, für den Zeitraum des Ereignisses besteht dann eine Erinnerungs- und Gedächtnisstörung.

33 **b** Grundlegende Beschreibungen der Hysterie stammen von Jean Martin Charcot (1895) und Sigmund Freud (ab 1900).

34 **d** Schizoide (griechisch: »schizein« = »spalten«) versprühen den »Charme eines frisch geöffneten Kühlschranks«.

35 **b** Die Nach-Innen-Wendung von aggressiven Impulsen ist ein Haupthintergrund der Depression (Frage: »Auf wen bin ich depressiv …?«).

36 **b** Paranoide Persönlichkeiten leben in einem ständigen Gefühl des Bedrohtwerdens.

37 **b** Der russische Physiologe I. P. Pawlow (1849–1936) erforschte an Hunden den Mechanismus der Konditionierung (bedingter Reflex).

38 **b** Die Parapsychologie erforscht okkulte Erscheinungen (so genannte »Psiphänomene«) – es gibt eben mehr zwischen Himmel und Erde, als wir uns in unserer Schulweisheit erträumen (Shakespeare).

39 **b** Die Ordnung der Gesellschaft in Kasten findet sich im heutigen Indien.

40 **a** Maria Montessori war eine der bedeutendsten Pädagoginnen.

41 **b** Das Wort kommt aus dem Englischen »to mob« (= »über jemanden herfallen«) und bezeichnet über einen längeren Zeitraum von einem Vorgesetzten oder von Kollegen ausgehende feindselige Handlungen (Intrige, Schikane, sexuelle Belästigung) gegen einen Arbeitnehmer.

42 **d** Aggressionen basieren primär auf unerfüllten, d.h. frustrierten Basisbedürfnissen des Menschen (Liebe, Sicherheit, Anerkennung usw.)

43 **b** Eine besonders im Kindesalter auftretende tiefgreifende Kommunikationsstörung, verbunden mit der Entwicklung stereotyper, bizzarer Handlungen.

44 **b** Eine große Rolle spielt die Demoskopie in der Wählerforschung sowie in der Marktforschung.

45 **b** Die Projektion (Begriff aus der Psychoanalyse) ist ein Abwehrmechanismus, bei dem eigene verdrängte Bedürfnisse, als negativ erlebte Eigenschaften unbewusst einer anderen Person zugeschrieben werden (vergleichbar der Funktionsweise eines Projektionsapparats im Kino).

46 **b** Das Über-Ich (Gewissen) ist eine der drei seelischen Instanzen in der Psychoanalyse (die anderen beiden sind das Es = Unbewusstes / Triebe und das Ich als steuernde, handelnde Instanz).

47 **d** Die moderne psychologische Astrologie in der Nachfolge C. G. Jungs interpretiert ein Horoskop als symbolische seelische Landkarte, die Platzierung von Mars lässt dabei eine Aussage über das psychische Anlagemuster bezüglich des Umgangs mit Aggressionen zu.

48 **b** Die Pubertät stellt eine so genannte »normale« Krise in jedem Menschenleben dar. Die in dieser Zeit typischen »Auseinandersetzungen« mit den Eltern dienen letztlich der Ichfindung und der zunehmenden Selbständigkeit.

49 **b** Transvestismus tritt überwiegend bei heterosexuell orientierten Männern auf, die im Unterschied zu Transsexuellen (siehe Frage Nr. 17) ihre angeborene Geschlechtszugehörigkeit akzeptieren.

50 **a** Max Weber (1864–1920) gilt als Begründer der »verstehenden Soziologie«. In seinem Hauptwerk »Wirtschaft und Gesellschaft« (1922) spricht er bei der Beschreibung der modernen Industriegesellschaft von der »Entzauberung der Welt«.

11. Literatur (Seite 175 ff.)

1 **b** »Die Räuber« gilt von der Anlage und der Sprache her als wichtiges Beispiel der Sturm- und Drang-Epoche. Diese literaturhistorische Bewegung rebellierte im aufklärerischen Geist gegen feudal-absolutistische Machtverhältnisse, betrieb einen Geniekult und stritt für die Emanzipation des Bürgertums.

2 **c** »Die toten Seelen« ist ein Roman von Nikolai W. Gogol, erschienen 1842. Mit diesem Roman wird das russische Leben zu Beginn des 19. Jahrhunderts in der russischen Provinz beschrieben.

3 **c** Die erste deutschsprachige Gesamtausgabe der Bibel ist von 1534. Martin Luthers Übersetzung geht auf den griechischen und hebräischen Urtext zurück. Die dialektfreie Sprache und ihre Anschaulichkeit aus Sprichwort, Lied und Schwank verschaffte der Bibelübersetzung eine weite Verbreitung und war von entscheidender Bedeutung für die Reformation.

362

4 **d** Stephen Crane (1871–1900) gilt als Naturalist. Sein bekanntestes Werk ist »The Red Badge of Courage« (deutsch: Die rote Tapferkeitsmedaille).

5 **c** Mit seinem Familienroman »Die Buddenbrooks« (1901) wurde Thomas Mann (1875–1955) schon in jungen Jahren berühmt. Der Roman schildert den Verfall einer Lübecker Kaufmannsfamilie über vier Generationen. Für diesen Romen erhielt er den Nobelpreis.

6 **b** Astrid Lindgren (*1907) hatte ebenso großen Erfolg mit dem Buch »Kinder aus Bullerbü« wie mit der Serie »Pippi Langstrumpf«. a) ist von Selma Lagerlöf, c) von der englischen Schriftstellerin Enid Blyton und d) vom deutschen Autor Ottfried Preußler.

7 **a** In diesem babylonischen Epos in sumerischer Sprache geht es um Gilgamesch, Sohn des Lugalbandar, der etwa 2600 v. Chr. göttlich verehrt wurde. Dieser Stoff wurde später in verschiedenen Fassungen weiter überliefert.

8 **a** »Die Physiker«, eine Komödie in zwei Akten (1962) schrieb Friedrich Dürrenmatt während der Zuspitzung des Kalten Krieges und der öffentlichen Diskussion über die atomare Rüstungspolitik.

9 **b** Epik, Lyrik und Drama sind die drei literarische Grundformen. Großformen der Epik sind Roman und Epos und Kleinformen sind z.B. Novelle, Sage, Märchen und Kurzgeschichte. Zur Lyrik gehören z.B. Sonette, Balladen und Elegien. Das Drama lässt sich in die Komödie und Tragödie gliedern.

10 **a** Heinrich Böll (1917–1985) gehört zu den im In- und Ausland meistgelesenen zeitgenössischen deutschen Autoren. Er galt als kritischer Beobachter und Interpret der deutschen Geschichte und setzte sich für Außenseiter und Minderheiten der deutschen Gesellschaft ein.

11 **d** Die Nationalen Forschungs- und Gedenkstätten der klassischen deutschen Literatur wurden 1953 in Weimar vom damaligen Ministerrat der DDR gegründet. Sie umfassen mehrere Institutionen.

12 **a** Da Homers Dichtungen kaum biographisches Material enthalten, weiß man wenig über das Leben dieses großen griechischen Dichters (8. Jahrhundert v. Chr.). Mit seinen beiden Großepen »Odyssee« und »Ilias« gilt er als Begründer des abendländischen Epos.

13 **b** Das Werk von Hermann Hesse ist u.a. durch die Begegnung des Dichters mit der Welt der Psychoanalyse und der altchinesischen Weisheit bestimmt. Die Beeinflussung durch die indische Philosophie kommt besonders in der indischen Dichtung »Siddharta« zum Ausdruck.

14 **b** »Nana« ist ein Roman des französischen Schriftstellers Émile Zola, der 1880 erschienen ist.

15 **d** »Romeo und Julia«, eine Tragödie in 5 Akten, die auch in den unterschiedlichsten Adaptionen verfilmt wurde, schrieb Shakespeare 1591 oder 1595. Sie gehört zur so genannten »tragischen« Schaffensperiode des Lyrikers und Dramatikers.

16 **b** Goethe wurde 1749 in Frankfurt a. M. geboren und starb 1832 in Weimar.

17 **d** Der italienische Philosoph und Schriftsteller Umberto Eco schrieb diesen Roman 1980. Er wurde auch verfilmt.

18 **d** Leitgedanke der existentialistischen Literatur sind die fragwürdige, sich selbst problematisch gewordene Existenz des Menschen. Beispiele sind die Dramen »Huis-clos« (1944) und »Les mouches« (1943) von J. P. Sartre sowie der Roman »La peste« (1947) von A. Camus.

19 **b** Neben diesem Hauptwerk schrieb Chatwin auch das Reisebuch »In Patagonien« (1977). Beide enthalten Autobiographisches, philosophische Reflexionen, fiktionale Elemente und ethnologische Informationen.

20 **b** Die 1912 erschienene Novelle »Der Tod in Venedig« stammt von Thomas Mann. Sie wird mit der Neuklassik in Verbindung gebracht, einer literarischen Strömung um 1910.

21 **a** Der Roman »Bildnis einer Dame« des amerikanischen Autors Henry James erschien 1881.

22 **b** »Warten auf Godot« wurde 1953 in Paris uraufgeführt. Die Reaktionen des Publikums waren gespalten. 1975 wurde es vom Autor selbst am Schiller Theater in Berlin inszeniert. Samuel Beckett (1906–1989) wurde 1969 der Nobelpreis verliehen.

23 **d** Das Sonett wurde in Italien im 13. Jahrhundert entwickelt. Die ersten Meister dieser strengen Gedichtform sind Petrarca und Dante. a) beschreibt einen Knittelvers, b) ein Haiku und c) einen Limerick.

24 **a** Carl Zuckmayer (1896–1977) schrieb das Drama »Der Hauptmann von Köpenick« 1931. Es ist ein Beispiel seiner Volksstücke, in denen ihm eine treffsichere Milieu- und Personendarstellung gelungen ist.

25 **b** Gemeinsam mit Henriette Vogel ging Kleist am 21.11.1811 in Berlin am Kleinen Wannsee in den Freitod. Sein Ehrengrab befindet sich auf dem Auferstehungsfriedhof in Berlin-Zehlendorf.

26 **a** Der 1929 erschienene Roman »Berlin Alexanderplatz« des Berliner Arztes Alfred Döblin (1878–1957) trägt den Untertitel »Die Geschichte vom Franz Biberkopf«. Das Werk wurde zweimal verfilmt.

27 **a** Der Naturalismus versucht die Wirklichkeit ohne subjektive Beurteilung genau abzubilden. Das Stück mit dem Thema des schlesischen Weberaufstandes von 1844 stellt das erste historische Drama des deutschen Naturalismus dar. Die soziale Sprengkraft dieses Dramas zeigt sich in dem Verbot der geplanten Uraufführung 1892 im Deutschen Theater durch die Behörden des deutschen Kaiserreiches.

28 **d** Goethe (1749–1832) verfasste »Faust«, die Tragödie über die Verzweiflung eines Gelehrten, zunächst als Fragment (1790). Ein erster Teil erschien 1808 und der zweite postum 1832. Nach seinem Tod wurde 1887 der so genannte »Urfaust« entdeckt.

29 **a** Den höfischen Versroman »Persifal« schrieb Wolfram von Eschenbach zwischen 1200 und 1210. Er gehört zu den verbreitetsten volkssprachlichen Texten des Mittelalters.

30 **b** »Die Blechtrommel« (1959 erschienen) ist Teil der Danziger Trilogie, zu der Günter Grass auch die Novelle »Katz und Maus« von 1961 und den Roman »Hundejahre« von 1963 zählte. Der Roman wurde Ende der 70er Jahre von Volker Schlöndorff verfilmt.

31 **d** Zahlreiche Romane über den Pariser Kriminalkommissar Jules Maigret wurden verfilmt, u.a. mit Jean Gabin und Heinz Rühmann.

32 **c** »Der Räuber Hotzenplotz«, erschienen 1962, ist das erfolgreichste Kinderbuch von Ottfried Preußler (*1923).

33 **b** G. E. Lessing (1729–1781) wurde mit »Emilia Galotti« (1772) zum Begründer des bürgerlichen Trauerspiels.

34 **d** Das Drama »Der Stellvertreter« wurde unter der Regie von Erwin Piscator in Berlin 1963 uraufgeführt. Thema ist die Haltung des Vatikans unter Papst Pius XII. angesichts der Judenvernichtung im Dritten Reich.

35 **a** Der französische Schriftsteller Jules Verne gilt als Begründer der so genannten Science-Fiction-Literatur, die z.B. mögliche zukünftige Entwicklungen, Reisen in den Weltraum, außerirdische Lebewesen sowie den Einsatz von Robotern thematisiert. b) ist von George Orwell, c) von Aldous Huxley und d) von Thomas Morus.

36 **a** In »Moby Dick (1851) wird der Kampf des verkrüppelten Kapitän Ahab mit einem riesigen Wal geschildert.

37 **d** Der Prolog (nach dem Griechischen = »Vorrede«) ist das Gegenteil zum Epilog (= »Nachwort«) und steht für einleitende Worte des Dichters oder eines Schauspielers, die z.B. zur Werbung in eigener Sache, zur Begrüßung des Publikums oder zum besseren Verständnis des Werks dienen.

38 **b** Den Roman »Stiller« veröffentlichte der Schweizer Schriftsteller Max Frisch im Jahr 1954.

39 **c** Remarque, ursprünglich Redakteur einer Sportzeitung, wurde durch den Antikriegsroman »Im Westen nichts Neues« (1929) weltweit bekannt. Der Roman wurde in über 30 Sprachen übersetzt und verfilmt.

40 **d** Shakespeares um 1600 verfasste Tragödie »Hamlet«, in der es um die inneren Konflikte des jugendlichen Prinzen von Dänemark geht, gehört zu den berühmtesten Dramen der Weltliteratur.

41 **c** Der Roman »Vom Winde verweht« (1936) von Margaret Mitchell (1900–1949) stellt das Schicksal von Scarlett O'Hara im Sezessionskrieg und in der Nachkriegszeit dar. Der Roman wurde mit Vivien Leigh und Clark Gable in den Hauptrollen verfilmt.

42 **a** Anthologien werden unter den verschiedensten Gesichtspunkten zusammengestellt und spiegeln Zeitgeschmack und Forschungsergebnisse wider. b) beschreibt eine Biographie, c) ein Konvolut und d) einen Almanach.

43 **d** Das Drama »Prinz Friedrich von Homburg« (1821) von Heinrich von Kleist bezieht sich auf die Ereignisse des Brandenburgisch-Schwedischen Krieges zur Zeit des Großen Kurfürsten Friedrich Wilhelm.

44 **b** Das Schauspiel »Iphigenie auf Tauris« ist das bedeutendste Zeugnis von Goethes Frühklassik. Die Erstaufführung der endgültigen Fassung fand 1802 in Weimar statt.

45 **d** Mit diesem Versepos »Canto Generol« besang der chilenische Dichter Pablo Neruda (1904–1973) Lateinamerika in seiner Gesamtheit. Das ca. 13 000 Verse umfassende Gedicht ist in 15 Gesänge aufgeteilt.

46 **d** Saavedra Cervantes (1547–1616) entzaubert in einer parodistischen Form die Ritterromane der damaligen Zeit und gestaltet das Verhältnis von Dichtung und Lebenswahrheit sowie von Illusion und Wirklichkeit.

47 **b** Als Hauptvertreter dieser Schriftsteller, die auch Beatniks genannt wurden, gelten Jack Kerouac und Allen Ginsberg.

48 **b** Die Ode »An die Freude« schrieb Friedrich von Schiller 1785 als Ausdruck des Dankes für die selbstlose Freundschaft von Ch. G. Körner, der ihm zu gewisser materieller Unabhängigkeit verhalf.

49 **c** »Der Malteser Falke« ist ein Kriminalroman von 1930, in dem Hammett die realistische Welt der Unterprivilegierten und der Gewalt darstellt. Später wurde er mit Humphrey Bogart verfilmt.

50 **d** Das Werk »Die menschliche Komödie«umfasst mit ca. 90 Romanen nur zwei Drittel des ursprünglich geplanten Umfangs. Balzac (1799–1850) stellte hier mit einer realistischen Genauigkeit die unterschiedlichsten Personen aus allen Klassen der französischen Gesellschaft dar.

12. Musik (Seite 186 ff.)

1 **a** George Gershwin (1898–1937) komponierte die Oper »Porgy und Bess« kurz vor seinem Tod.

2 **b** Das Horn ist kein Holz-, sondern ein Blechblasinstrument. Bedeutende Kompositionen für Horn gibt es von Joseph Haydn, Wolfgang Amadeus Mozart und Richard Strauß.

3 **b** Die Beatles trennten sich inoffiziell am 11. April 1970, offiziell lösten sie ihre Vierer-Partnerschaft allerdings erst im Dezember 1974 auf.

4 **c** Arnold Schönberg (1874–1951) entwickelte die atonale Zwölftonmusik, bei der von einer Reihe von 12 aufeinander bezogenen Tönen als Grundstruktur ausgegangen wird. Die Reihenfolge der Töne wird dann in der Komposition nach bestimmten Regeln verändert.

5 **a** Giacomo Puccini (1858–1924) zählt nach Giuseppe Verdi zu den Hauptvertretern der italienischen Oper. Neben »Tosca« komponierte er die Opern »La Bohème«, »Madame Butterfly« und »Turandot«.

6 **b** Haydn, Mozart und Beethoven stammten alle nicht aus Wien, bestimmten aber die europäische Musik entscheidend, die sich durch sie in Wien konzentrierte. Die Wiener Klassik bezieht sich auf die Werke dieser drei Komponisten von 1781–1827. Richard Strauß (1864–1949), der u.a. auch Leiter der Wiener Staatsoper war, stand in der Tradition der Spätromantik. Seine Opern »Salome«, »Der Rosenkavalier« und »Ariadne auf Naxos« wurden weltberühmt.

7 **d** Eine Oktave ist der 8 Stufen umfassende Tonraum zwischen zwei gleichnamigen Tönen (z.B. von C bis c oder von E bis e).

8 **c** Johann Strauß (1825–1899), der älteste Sohn des Wiener Hofballdirektors mit gleichem Namen, wurde als »Walzerkönig« gefeiert. Neben seiner Operette »Die Fledermaus« ist er vor allem durch die Walzer »Kaiserwalzer« und »An der schönen blauen Donau« berühmt geworden.

9 **b** Johann Sebastian Bach (1685–1750) gilt als Hauptvertreter der barocken Orgelmusik. Den größten Teil seiner Orgelwerke komponierte er als Hoforganist in Weimar, z.B. die berühmte Toccata d-Moll.

10 **c** »Oh, wie so trügerisch« ist ein Stück aus dem dritten Akt von Verdis Oper »Rigoletto«, die 1851 in Venedig uraufgeführt wurde.

11 **b** Die französische Chansonsängerin Edith Piaf (1915–1963) wurde auch »der Spatz von Paris« genannt.

12 **c** Der Name »Okarina« leitet sich vom italienischen »oca« = »Gans« ab. Bei dieser Flöte in Form eines Gänseeis befindet sich anstelle der Flötenröhre ein Hohlraum, der mit ca. 6–10 Grifflöchern versehen ist. Die Okarina hat einen sanften, etwas dumpfen Klang.

13 **d** Der am 8.12.1980 ermordete John Lennon prägte durch seine Songs den Stil der Beatles. Nach der Trennung der Beatles schuf er in einer Solo-Karriere u.a. die berühmt gewordenen Songs »Imagine«, »Happy Xmas (War is over)« und »Give peace a chance«.

14 **b** »Zar und Zimmermann«, eine komische Oper in 3 Akten, wurde von Albert Lortzing (1801–1851) in Leipzig 1837 uraufgeführt. Lortzing wird als Meister der deutschen Spieloper des 19. Jahrhunderts angesehen.

15 **d** Der Minnesang macht den größten Teil der mittelalterlichen Lyrik aus. Diese höfisch-aristokratische Gesellschaftslyrik verwendet das Mittelhochdeutsche und ist für eine einzelne Singstimme vorgesehen. Walther von der Vogelweide zählt zu den Hauptvertretern des Minnesangs.

16 **c** Ludwig van Beethoven (1770–1827) schuf mit praktisch vollständiger Taubheit u. a. die zweite Messe »Missa solemnis, op. 123«, die 9. Sinfonie, op. 125 und mehrere Streichquartette.

17 **d** Der Gitarist der »Who«, Pete Townshend, erklärte diese Rockoper als ständiges Spiel zwischen Wirklichkeit und Illusion. Sie wurde u.a. im Metropolitan Opera House in New York aufgeführt und später verfilmt.

18 **c** Franz Lehár (1870–1948) gehörte zu den bedeutendsten Operettenkomponisten des 20. Jahrhunderts. Er schuf auch die Operetten »Die lustige Witwe«, »Paganini«, »Der Zarewitsch« sowie »Schön ist die Welt«.

368

19 **a** Antonio Stradivari fertigte insgesamt ca. 1100 Instrumente an. Die klangliche Besonderheit der Stradivari-Violinen basieren auf der Wahl des Holzes, der Bauweise und der Zusammensetzung des Lackes.

20 **b** Der Name dieser Popgruppe setzt sich aus den Anfangsbuchstaben der Vornamen ihrer Mitglieder zusammen. Abba gewann mit »Waterloo« 1974 den ersten Preis beim Eurovisionswettbewerb und entwickelte sich bald danach zu einer der erfolgreichsten Popgruppen seit den Beatles.

21 **c** Der Deutsch-Amerikaner Kurt Weill (1900–1950) zählt zu den führenden Komponisten der Berliner Avantgarde der 20er Jahre. 1928 komponierte Weill die Musik zur »Dreigroschenoper« von Bertold Brecht.

22 **d** Der österreichische Komponist Franz Schubert (1797–1828) schuf den Liederzyklus »Die Winterreise« 1827 zu den Gedichten von Wilhelm Müller. Schubert gehört zu den bedeutendsten Komponisten der klassisch-romantischen Stilepoche.

23 **a** »Chromatik« leitet sich vom griechischen »chroma« = »Farbe« ab. Der Begriff »Chromatik« benennt somit die »Färbung« einer diatonischen Stufe um einen Halbton nach oben oder nach unten. Die chromatische Tonleiter setzt sich aus einer Abfolge von 12 diatonischen und chromatischen Halbtönen innerhalb einer Oktave zusammen.

24 **c** »Carmina Burana«, das erfolgreichste Werk des deutschen Komponisten Carl Orff (1895–1982), wurde 1937 uraufgeführt. Orff erlangte auch große Bedeutung in musikpädagogischer Hinsicht durch sein Orff-Instrumentarium.

25 **c** Richard Wagner (1813–1883) entwickelte in seiner dritten Schaffensperiode die Idee des Musikdramas, bei der Dichtung und Musik zu einer Ganzheit verschmelzen. Ein Grundthema – später in der Wagner-Literatur als Leitmotiv bezeichnet – prägte hierbei das dramatische Geschehen.

26 **a** Eine gewöhnliche Gitarre hat heute 6 Saiten. Gitarren mit 6 Saiten gibt es aber erst seit dem 18. Jahrhundert. Bis zur Mitte des 15. Jahrhunderts bestanden die Gitarren noch aus 4 Saiten.

27 **c** Enrico Caruso gilt als bedeutendster Tenor seiner Zeit durch seinen großen Stimmenumfang und lyrischen sowie dramatischen stimmlichen Ausdruck.

28 **d** Elvis Aaron Presley (1935–1977) hat mit seiner Rhythm&Blues-Stimme und seinem Rockabilly-Personalstil die Entwicklung der amerikanischen Unterhaltungsmusik der Nachkriegszeit entscheidend beeinflusst. Er wurde auch weltweit zum Idol vieler Jugendlicher – sogar bis zum heutigen Tag.

29 **c** Der Jurist und Musikgelehrte Ludwig von Köchel (1800–1877) verfasste ein Verzeichnis sämtlicher Werke von Wolfgang Amadeus Mozart.

30 **c** Der amerikanische Jazzmusiker Miles Davis (1926–1991) beherrschte eine große Bandbreite der Jazzmusik. Er spielte Modern Jazz bis Rockjazz und entwickelte einen ganz eigenen Trompetenstil.

31 **a** Der Kunstreferent im österreichischen Unterrichtsministerium Carl Zeller (1842–1898) hat eigentlich nur nebenbei als Hobby komponiert. Seine volkstümliche Operette »Der Vogelhändler«, die 1891 in Wien uraufgeführt wurde, erlangte Weltruhm.

32 **b** Bob Marley, Peter Tosh und Jimmy Cliff können als wichtigste Vertreter der Reggae-Musik angeführt werden.

33 **a** Die Oper »Aida« wurde erst am 24.12.1871 in Kairo uraufgeführt, da die in Paris angefertigten Bühnenbilder und Kostüme wegen des Deutsch-Französischen Krieges nicht versandt werden konnten. Für den Triumphmarsch wurde die so genannte Aida-Trompete, eine lang gestreckte, scharf klingende Fanfarentrompete, konstruiert.

34 **d** Diese ca. 1,20–1,50 m lange Holztrompete wird aus Bambus oder einem ausgehölten Baumstamm angefertigt. Mit dem Didgeridoo werden im Norden Australiens fast alle Chorgesänge begleitet.

35 **a** Zwischen dem österreichischen Schriftsteller Hugo von Hofmannsthal (1874–1929) und Richard Strauß (1804–1849) bestand eine sehr ergiebige und kooperative Zusammenarbeit. Hugo von Hofmannsthal schrieb für Strauß u.a. die Opern »Elektra« (1909), »Der Rosenkavalier« (1911) und »Ariadne auf Naxos« (1916).

36 **d** Der Habanera wird in Kuba und Spanien getanzt.

37 **b** Bruce Springsteen wird von vielen als das größte Rockidol in der Geschichte Amerikas seit Elvis Presley angesehen. Springsteen zeichnet sich in seinen Songs durch eine gewisse Bodenständigkeit aus und präsentiert sich als Sprachrohr der Unterdrückten und Außenseiter.

38 **d** Das Musical »My Fair Lady« von Frederick Loewe (1904–1988) basiert auf der Romanze »Pygmalion« von George Bernard Shaw. Die Uraufführung fand am 15.3.1956 in New York statt.

39 **b** Das Lied »Beatnik beach« nahm die amerikanische Girlgroup »The Go-Go's« im Jahr 1982 für das Album »Vacation« auf.

40 **c** Mit der 1842 in der Mailänder Scala uraufgeführten Oper »Nabucco« erzielte

Giuseppe Verdi seinen Durchbruch. Der darin enthaltene »Gefangenenchor« bewirkte schon bei der Uraufführung regelrechte Begeisterungsstürme und wurde zur Hymne gegen die österreichische Fremdherrschaft.

41 **d** Das phantastische Ballett in zwei Akten »Giselle« wurde vom französischen Komponisten Adolphe Adam (1803–1856) geschrieben. Die Uraufführung des Balletts fand am 28.6.1841 in Paris statt.

42 **d** Der charismatische Gründer und Sänger der Doors hieß Jim Morrison, der von vielen als Sexsymbol der Hippiegeneration angesehen wurde. Als weitere berühmte Rocksongs der Doors können »Break on through to the other side«, »Light my fire« oder »Riders on the storm« genannt werden.

43 **b** Das Fest auf dem Venusberg bildet den Auftakt zu Wagners »Tannhäuser«, der 1845 in Dresden uraufgeführt wurde.

44 **c** Andy Warhol förderte z.B. die Produktion des Debüt-Albums der 1965 in New York gegründeten amerikanischen Rockband The Velvet Underground. Er gestaltete das Cover, auf dem eine Banane abgebildet ist.

45 **b** Die Erklärung leitet sich von der Übersetzung des italienischen Wortes »staccato« = »abgestoßen«, »abgetrennt« ab.

46 **a** Die romantische Volksoper »Der Freischütz« wurde von Carl Maria von Weber 1820 komponiert. Die Oper spielt in Böhmen kurz nach Ende des Dreißigjährigen Krieges.

47 **a** Die irische Rockgruppe Thin Lizzy, nach dem berühmten Ford Modell T benannt, wurde erst 1970, ein Jahr nach dem legendären Rockfestival von Woodstock, gegründet.

48 **d** Mahalia Jackson (1911–1972) wurde auch als die »Queen of gospel« bezeichnet. Sie war in ihrer Stimmgebung und Vortragsweise stark vom Blues beeinflusst. Auf dem Newport Jazzfestival wurde sie 1958 erstmalig vom Duke-Ellington-Orchester begleitet.

49 **c** Der Swing zeichnet sich durch ein Nebeneinander von zwei verschiedenartigen Rhythmen aus. Während die Rhythmusgruppe einen gleich bleibenden Grundrhythmus, den Beat, schlägt, improvisiert die Melodiegruppe dazu einen freien Rhythmus, den so genannten Offbeat. Berühmte Big Bands waren die von Duke Ellington, Count Basie, Benny Goodman und Glenn Miller.

50 **a** Die Rockband Pink Floyd trat besonders durch ihren elektronischen und psychedelischen Sound sowie ihre großen Lightshows in Erscheinung.

13. Kunst, Architektur, Design (Seite 197 ff.)

1 **b** Salvador Dali war seit etwa 1928 einer der Hauptvertreter des Surrealismus (Begriff aus dem Französischen von »surréaliste« = »die Wirklichkeit übersteigernd«). Durch die Psychoanalyse angeregt stellte Dali mithilfe von ungewöhnlichen räumlichen Perspektiven und Formkombinationen in seinen Bildern meistens phantastische, traumähnliche Visionen dar.

2 **d** Die Romanik gilt als erster Stil der mittelalterlichen Kunst, der ungefähr die Zeit von etwa 1000–1250 umfasst und seine größte Ausprägung in der kirchlichen Baukunst hat.

3 **a** Die griechische Baukunst kennt nur die drei Säulenarten, die von den Römern übernommen wurden: dorische, ionische und korinthische Säulen. Die Römer entwickelten zusätzlich die toskanische und die römische, komposite Säule. Die schneckenförmig eingerollten Enden der ionischen Säulen werden als Voluten bezeichnet. Bei kleineren Tempelbauten wurde der Schaft oft auch durch eine weibliche Figur (= Karyatide) ersetzt, die das Gebälk stützte.

4 **d** Sandro Botticelli (1444–1510) schuf 94 Zeichnungen zu Dantes »göttlicher Komödie«, die teilweise im Kupferstichkabinett in Berlin zu besichtigen sind.

5 **b** Franz Marc (1880–1916) gehört zur Künstlergruppe »Der Blaue Reiter«, die 1911 gegründet, den Aufbruch zu einer neuen, geistigen Kunst symbolisiert. »Der blaue Reiter« ist der Name eines Almanachs, den W. Kandinsky und F. Marc 1912 in München herausgaben und der zur bedeutendsten Programmschrift der Kunst des 20. Jahrhunderts wurde. Marcs expressionistische und später abstrakte Bilder zeigen besonders häufig Tiermotive.

6 **b** Leonardo da Vinci (1452–1519) hat wegen seiner bedeutenden Arbeiten in der Baukunst, Technik, Anatomie und Malerei Geltung als Universalgenie erlangt. Das Porträt der Mona Lisa, das im Louvre besichtigt werden kann, gehört zu den wohl berühmtesten Bildnissen der abendländischen Malerei. Es stellt wahrscheinlich die Frau des reichen Florentiner Kaufmanns Francesco del Giocondo dar und wird deshalb auch »La Gioconda« genannt.

7 **c** Van Gogh (1853–1890) hatte zwar den Impressionismus mit seinen glühenden Farben hinter sich gelassen, lebte und malte aber noch deutlicher vor der Zeit der typischen Expressionisten (1880–1920) wie z.B. Nolde und Kirchner. Trotzdem werden hier schon die Übergänge sichtbar..

8 **b** Als Beispiel für den gotischen Baustil kann das Straßburger Münster genannt werden. Die Merkmale unter a) stehen für einen romanischen, die unter c) für einen klassizistischen und die unter d) für einen barocken Baustil.

9 **d** Das Taj Mahal wurde 1631–1648 als Grabgebäude der Frau des Schah Dschahan bei Agra gebaut. Es wird als Meisterwerk der indo-islamischen Kunst angesehen, gehört aber nicht zu den sieben Weltwundern der Antike.

10 **b** Die expressionistisch orientierte Künstlervereinigung »Die Brücke« wurde 1905 in Dresden von Ernst Ludwig Kirchner, Karl Schmidt-Rottluff, Erich Heckel und Fritz Bleyl gegründet. Von 1906–1907 schloss sich Emil Nolde dieser Gruppe an. In Berlin befindet sich ein »Brücke-Museum«, das aus umfangreichen Schenkungen von Karl Schmidt-Rottluff und Erich Heckel hervorgegangen ist.

11 **c** Max Ernst (1891–1976) gilt als ein wichtiger Vertreter des Dadaismus und Surrealismus.

12 **a** Diese französische Kunstrichtung des 19. Jahrhunderts begründete eine neue Art der Wirklichkeitswiedergabe. Sie wollte die Gegenstände der Natur nicht in ihrer Körperlichkeit, sondern in der farbigen Auflösung zeigen, die Licht, Luft und Sonne hervorrufen.

13 **a** Das Leben des niederländischen Malers Vincent van Gogh war durch Krisen, Krankheiten und finanzielle Not geprägt, die 1890 zu seinem Freitod führten. Dennoch zeichnet sich seine künstlerische Schaffenszeit durch große Intensität und Ausdruckskraft aus.

14 **b** Henri de Toulouse-Lautrec (1864–1901) stellte als gesellschaftlicher und künstlerischer Außenseiter die Theater, Cafes und das Nachtleben von Paris in Gemälden, Zeichnungen und Lithographien dar. Durch seine Plakat-Lithographien für das Nachtlokal »Moulin Rouge« gab er der Plakatkunst wichtige Anregungen.

15 **c** Zu den bekanntesten Vertretern der amerikanischen Pop-Art gehören Andy Warhol, Roy Lichtenstein und Claes Oldenburg. Motive dieser Strömung waren z.B. überdimensionale Kuchenstücke, Suppendosen, Telefone, Coca-Cola-Flaschen sowie Film- und Rockidole. Als Gestaltungstechniken wurden häufig die Fotomontage und Collage verwendet.

16 **a** Filippo Brunelleschi (1377–1446) schuf beim Dom San Lorenzo die für die damalige Zeit größte Kirchenkuppel, die in der Schalenbauweise gebaut wurde und aus acht Seiten bestand. Brunelleschi gilt auch als der Entdecker der Zentralperspektive für die Malerei.

17 **c** Der Kölner Dom gilt als das bedeutendste Bauwerk der Hochgotik in Deutschland und ist die größte Kirche Deutschlands. Er wurde nach dem Vorbild der gotischen Kathedralen in Frankreich geplant, seit 1248 gebaut und erst 1880 vollendet.

18 **b** Der Däne Arne Jacobsen schuf 1955 den am häufigsten imitierten Stuhl der Moderne.

19 **a** Die Bezeichnung leitet sich aus dem Italienischen »al fresco« (= »aufs Frische«) ab. Da die Farben auf den frischen noch nassen Kalkbewurf einer Wand aufgetragen werden, sind sie nach dem Trocknen fest mit diesem verbunden und können nicht abblättern. Will man später eine Änderung vornehmen, kann dies nur nach Abkratzen einer Kalkschicht und Auftragen einer neuen erfolgen.

20 **d** Das Reichstagsgebäude wurde 1884–1894 nach Plänen von Paul Wallot (1841–1912) erbaut. Durch den Reichstagsbrand am 28.2.1933 wurde der Plenarsaal und 1945 das gesamte Gebäude durch Kriegseinwirkungen zerstört. Seit 1995 wurde der Reichstag vom britischen Architekten Sir Norman Foster umgebaut und dient seit 1999 als offizieller Sitz des Bundestages.

21 **b** Antonio Gaudí (1852–1926) schuf mit dieser »Sagrada Familia« einen der interessantesten Sakralbauten der Moderne, der bis heute unvollendet ist und wegen seiner bizarren und kühnen Stilelemente keiner Stilrichtung eindeutig zuzuordnen ist.

22 **b** Gauguin (1848–1903) verabschiedete sich von der westlichen Zivilisation und ließ sich 1895 in Tahiti nieder. Mit seinen Südseebildern, die sich durch eine Großflächigkeit und gesteigerte Farbigkeit auszeichnen, wollte er die traumhafte Welt naiver Schönheit aufzeigen und nicht das realistische Leben wiedergeben.

23 **a** Die Lithographie (= Steindruck) ist das älteste Flachdruckverfahren, das von Alois Senefelder 1797 in München erfunden wurde. Als Druckform dient hierbei eine Kalksteinplatte.

24 **b** Albrecht Dürer (1471–1528), wichtigster Vermittler zwischen der Kunst Süd- und Nordeuropas, schaffte die Grundlage für die Hochrenaissance in Deutschland. Seine Bildidee für die »Vier Apostel« geht auf die beiden Altarflügel zu dem großen Marienbild des Giovanni Bellini von 1488 in der Frari-Kirche in Venedig zurück.

25 **c** Der Apotheker Carl Spitzweg (1808–1885) bildete sich selbst zum Maler aus. Mit seinen Bildern schildert er humorvoll das kleinbürgerliche Leben der Biedermeierzeit. Zu den bekanntesten gehören: »Der arme Poet«, »Der Kaktusfreund« oder »Der Liebesbrief«.

26 **b** Goya (1746–1828) malte »die nackte Maya« und »die bekleidete Maya« um 1797. Er verstand es, sowohl das Anmutige als auch die Schwächen seiner Zeit durch Motive wie Elend, Krieg und Not in seinen Werken offen darzulegen.

27 **b** Dieses Bild entstand um 1618. Es ist eines der in Figur und Farbe üppig und sinnlich gestalteten barocken Bilder von Peter Paul Rubens, der neben religiösen und historischen Themen auch mythologische und allegorische Motive für seine Bilder wählte und als repräsentativer Maler des Barock angesehen wird. Rubens wirkte in Antwerpen, geboren wurde er in Siegen.

28 **b** In der Sixtinischen Kapelle im Vatikan bemalte Michelangelo (1475–1564) von 1508–1512 die gewölbte Decke mit Szenen aus dem alten Testament. Von 1534–1541 schuf er sein berühmtes Wandgemälde »Das jüngste Gericht« auf der Altarwand. Da Michelangelo sich als Maler, Bildhauer, Baumeister und Dichter hervorgetan hat, zählt er neben Leonardo da Vinci zu den vielseitigsten Künstlern überhaupt.

29 **c** Das Bauhaus wurde 1919 in Weimar von Walter Gropius gegründet, siedelte 1925 nach Dessau und 1932 nach Berlin über und wurde 1933 von den Nationalsozialisten geschlossen. Die Bauhauskünstler gingen überwiegend in die Emigration. 1937 fand das Bauhaus einen neuen Sitz in Chicago. Der Bauhausstil zeichnet sich durch eine zweckgerichtete, technisch-geometrische Bauweise aus.

30 **c** »Art Nouveau« ist der französische Ausdruck für »Jugendstil«, eine Kunstrichtung zwischen 1890 und 1910, die durch Pflanzenornamente sowie das Dekorative mit geschwungener Linie gekennzeichnet ist.

31 **b** 1997 wurde das Guggenheim Museum des amerikanischen Architekten Gehry in Bilbao eröffnet.

32 **d** Die Philharmonie entstand von 1960–1963 als neue Form eines Konzertsaales. Der Bau der Staatsbibliothek vollzog sich in mehreren Bauabschnitten von 1967–1978. Seine Fertigstellung konnte Scharoun (*1893) nicht mehr miterleben, da er am 25.11.1972 verstarb.

33 **c** Die Temperamalerei benutzt Farben, deren Bindemittel ölige und wässrige oder harzige Stoffe enthalten. Es gibt verschiedene Techniken: Wachs-, Gummi-, Kasein-, Öl- und gefirnisste Temperamalerei. Bis zur allgemeinen Verbreitung der Ölmalerei im 16. Jahrhundert war die Temperamalerei die gebräuchlichste Maltechnik (besonders die gefirnisste Temperamalerei).

34 **b** In seinen Holzplastiken zeigt der expressionistische Bildhauer und Dichter Ernst Barlach (1870–1938) den menschlichen Körper oft als eine »bedeutungslose plumpe Masse«, der Gesichtsausdruck wird dagegen besonders betont.

35 **c** Die Glasmalerei erzielte in der Gotik ihren Höhepunkt, da in dieser Zeit die Kirchenwände immer weniger tragende und stützende Funktion hatten und somit durch große lichtdurchlässige Glaswände künstlerisch gestaltet werden konnten. Bedeutende Glasmalereien gibt es in der Kathedrale von Chartres, im Straßburger Münster und in der Notre Dame in Paris.

36 **c** Der Stil des russisch-französischen Künstlers Marc Chagall (1887–1985) kann keiner der Strömungen des 20. Jahrhunderts fest zugeordnet werden. Neben seinen Gemälden hat er Illustrationen, Bühnenbilder und Entwürfe für Mosaike und Glasfenster geschaffen.

37 **b** Das Hauptmerkmal des Rokoko ist die Rocaille, das zentrale Dekorationsmotiv dieser Stilrichtung, nach dem auch das Rokoko benannt ist. Dieses Hauptornament besteht aus meist asymmetrischen, muschelähnlichen Formen. Freistehende Säulen und Kolonnaden gehören dagegen zu den wichtigsten Merkmalen von klassizistischen Bauwerken.

38 **d** Caspar David Friedrich (1774–1840) gilt mit seinen symbolhaltigen, allegorischen und stimmungsvollen Landschaftsbildern wie z. B. »Kreidefelsen auf Rügen« oder »Zwei Männer in Betrachtung des Mondes« als der bedeutendste deutsche Landschaftsmaler. Als weiterer deutscher Künstler der Romantik kann Philipp Otto Runge (1777–1810) genannt werden.

39 **a** Neben den sozialkritischen Themen, wie z.B. Leid und Elend der Arbeiterschicht, wählte die Graphikerin und Bildhauerin Käthe Kollwitz (1867–1945) häufig Mutter-Kind-Motive für ihre Werke.

40 **d** Die Alhambra (= arabisch »Die rote Burg«) befindet sich in Granada. Die gesamte Anlage besteht aus Pavillons, Säulenhallen und Innenhöfen, von denen der so genannte Löwenhof der berühmteste ist.

41 **b** Wassily Kandinsky (1866–1944) schuf die abstrakte Malerei, die sich völlig von der dinglichen Darstellung abhob und sich durch neue künstlerische Ausdrucksweisen mit neuen Symbolgehalten auszeichnete. Er gründete zusammen mit Franz Marc und Alfred Kubin 1911 in München die Künstlergruppe »Der blaue Reiter«.

42 **d** Ein seit dem 6. Jahrhundert v. Chr. mit Tempeln, Heiligtümern, Markt- und Amtsgebäuden sowie Ehrenmalen überbauter Versammlungsplatz.

43 **b** Bei dieser Tröpfchenmalerei wurde die Farbe direkt auf die auf dem Boden liegende Leinwand gespritzt oder getropft bis die gesamte Bildfläche mit labyrinthisch verschlungenen Farbnetz-Strukturen versehen war. Hierbei trat der malerisch spontane Prozess in den Vordergrund, daher wurde diese Malart von Jackson Pollock auch als »action-painting« bezeichnet.

44 **d** Das Gebäude war bis zum 17. Jahrhundert Königssitz. In der Französischen

Revolution wurden die königlichen Kunstschätze zum Nationaleigentum erklärt und für das Volk geöffnet. Innerhalb der Reihe der wiederholten baulichen Veränderungen kann der Bau einer Glaspyramide 1988/1989, die heute als Eingang dient, als bedeutender Höhepunkt angesehen werden.

45 **c** Emil Noldes (eigentlich Emil Hansen, 1867–1956) Bilder stellen seine norddeutsche Heimat, Groteskes und religiöse Motive dar. Seine religiösen Bilder zeichnen sich durch die Hässlichkeit der dargestellten Figuren, die Verzerrtheit und die ungewöhnliche Farbgebung aus, weswegen er von den Nazis verurteilt wurde und Malverbot erhielt. Trotz Malverbots fertigte Nolde von 1938–1945 auf kleinstem Format die so genannten »Ungemalten Bilder« an – über 1300 Aquarelle auf Fetzen von Reispapier, aus denen später über 100 große Ölbilder entstanden sind.

46 **b** Die hinduistisch-buddhistische Tempelanlage Angkor Wat liegt im Nordwesten Kambodschas (12. Jahrhundert). Sie gilt als das gewaltigste Bauwerk Südostasiens und gehört zum Weltkulturerbe der UNESCO.

47 **a** Picasso (1881–1973) hat nach seiner »blauen« und »rosa« Phase in seiner dritten Schaffensperiode mit George Braque zusammen den Kubismus begründet, der der modernen Malerei eine ganz neue Dimension eröffnete. Im Kubismus wird versucht, alle Aspekte eines Gegenstandes, die der Künstler in drei Dimensionen wahrnimmt, auf die zweidimensionale Bildfläche zu übertragen.

48 **c** Die Würzburger Residenz stellt an Umfang und Bedeutung das Hauptwerk der deutschen Schlossbaukunst des Barocks dar. Die Kathedrale von Chartres ist ein Beispiel für die gotische und der Dom zu Speyer für die romanische Baukunst. Der Sankt-Peters-Dom in Rom ist im Stil der Hochrenaissance erbaut worden und gilt als größter Kirchenbau der Erde.

49 **a** Der französisch-schweizerische Architekt Le Corbusier (eigentlich Charles-Edouard Jeannerel, 1887–1965) schuf dem Funktionalismus entsprechende Gebäude, bei denen sich die Form aus der Funktion ableitet. Sachlich und klar gegliederte Wohnblöcke aus Stahlbeton bestehen aus kubischen Elementen mit flachen Dächern, großen Fenstern und keinerlei Bauornamenten (z.B. große Wohneinheiten in Marseille, 1947–1952 oder in Berlin, 1957). Die Wallfahrtskirche in Ronchamp ist ein Beispiel für seinen Baustil mit skulpturalen Formen unter Verwendung von rohen Materialien wie z.B. Sichtbeton.

50 **b** Rembrandt gilt als vielseitigster holländischer Maler des 17. Jahrhunderts, da seine Kunst alle Stile und Stoffgebiete der Zeit umfasst. Er ist aber vor allem für seine Porträtkunst und seine religiösen Werke in Helldunkelmalerei berühmt geworden. Bekannte Beispiele seines Schaffens sind »Die Nachtwache« und »Die Staalmeesters«.

14. Film und Theater (Seite 208 ff.)

1 **d** Charlie Chaplin (1889–1977) ging durch seine einmalige Mischung von grotesker Situationskomik und der tragik-komischen, auch sozialkritischen Darstellung des »kleinen Mannes« in die Filmgeschichte ein. In »Es war einmal in Amerika« (1982) mit Robert de Niro hatte Sergio Leone die Regie.

2 **a** James Bond – der Verführer und Topagent im Dienste ihrer Majestät. Den Ruhm der Serie begründete Sean Connery 1962 mit »Dr. No« (Roger Moore ab 1973, Timothy Dalton ab 1987, Pierce Brosnan seit 1995, Daniel Craig seit 2006).

3 **b** Anthony Hopkins (* 1937) ist ein besonders vielseitiger Charakterschauspieler. International berühmt wurde er in der Rolle des Dr. Hannibal Lecter in »Das Schweigen der Lämmer« (1990) nach dem Bestseller von Thomas Harris, mit Jodie Foster als Clarice Starling.

4 **c** Madonna, eigentlich Louise Veronica Ciccone (* 1958) ist vielleicht die letzte große Ikone des Pop. Evita ist die Gattin des argentinischen Generals und Politikers Juan Domingo Peron.

5 **d** »Der blaue Engel« (1930) war der Start der Weltkarriere von Marlene Dietrich (1901–1992). In diesem Film von Josef von Sternberg nach dem Roman »Professor Unrat« von Heinrich Mann spielt Marlene Dietrich in der Rolle der Lola ein Spelunkenflittchen der 20er Jahre.

6 **c** Die Filmfestspiele in Cannes (an der französische Reviera) wurden 1946 gegründet.

7 **b** U.a. in international erfolgreichen Filmen wie »Vier für ein Ave Maria«, »Mein Name ist Nobody«, »Zwei außer Rand und Band«. Eigentlich hieß er Mario Girotti.

8 **c** In diesem Film in der Regie von Francis Ford Coppola (1971) wird mit dem Mythos von der Mafia als »ehrenwerte Gesellschaft« aufgeräumt. Brillant in der Rolle des Don Corleone: Marlon Brando. Es ist die Verfilmung des gleichnamigen Romans von Mario Puzo.

9 **d** Der teuerste Streifen der Filmgeschichte spielte allein in den USA am ersten Wochenende 29 Millionen Dollar ein. In Deutschland waren es sensationelle 14 Millionen.

10 **b** Die schwedische Schauspielerin Ingrid Bergman (1915–1985) spielte außer in diesem Kultfilm u.a. in den Filmen »Wem die Stunde schlägt«, »Johanna von Orleans«, »Mord im Orientexpress« und »Herbstsonate«.

11 **b** »Pretty Woman« (1989) ist ein Film über Geld, über den Spaß, sich alles kaufen zu können – Symbol einer Zeit, in der man glaubte, Geld und Glück sind dasselbe.

12 **b** »Spiel mir das Lied vom Tod«: Claudia Cardinale an der Seite von Charles Bronson und Henry Fonda in einem Film, der vor allem durch die eindringliche Musik von Ennio Morricone und die unheimliche Mundharmonika-Melodie berühmt wurde.

13 **d** Die Internationalen Kurzfilmtage Oberhausen finden jährlich seit 1955 statt.

14 **c** Alfred Hitchcock (1899–1980), der Meisterregisseur, dem es in seinen Thrillern wie kaum einem anderen gelang, auf subtil-raffinierte Weise Spannung zu erzeugen.

15 **b** Tina Turner (* 1939) gehört seit Anfang der 60er Jahre zu den erfolgreichsten Sängerinnen.

16 **b** Die norwegische Kultgruppe A-ha sang in diesem Film den Titelsong »The Living Daylights« (so auch der amerikanische Originaltitel des Films): »Hey driver, where're we going / I swear my nerves are showing / Set your hopes up way too high / the living's in the way we die …«

17 **a** Stanley Kubrick (1928–1999) drehte u.a.: »Lolita« (1961), »Uhrwerk Orange« (1971), »Shining« (1980), »Eyes Wide Shut« (1999), eine seiner Spezialitäten war der wirkungsvolle Einsatz von Musik.

18 **c** Woody Allen (* 1935) ist der Meister der intellektuellen Komödie und der Schilderung neurotischer Charaktere, die lebenslänglich auf der Suche nach der idealen Liebe sind. (»Die Outsider« ist ein Film von Francis Ford Coppola«.)

19 **c** Bei den Dreharbeiten für den Film »Manche mögen's heiß« (1959) ließ der Regisseur Billy Wilder mehr als 50-mal eine Szene wiederholen, in der die Monroe nur einen einzigen Satz zu sagen hatte: »Wo ist der Bourbon?«

20 **b** George Bernhard Shaw (1856–1950) schrieb das Theaterstück »Pygmalion« im Jahre 1912. Pygmalion ist ein sagenhafter König von Zypern, der sich – wie Ovid berichtet – in das nach seinem Idealbild geschaffene Standbild einer Jungfrau verliebte. Die Liebesgöttin Aphrodite erweckte die Statue zum Leben und Pygmalion nahm sie zur Frau.

21 **d** Thomas Bernhard (1931–1989) ist einer der bedeutendsten deutschsprachigen Schriftsteller. Im Mittelpunkt seiner Dramen stehen stark selbstbezogene tragikomische Figuren, die gegen die Verzweiflung, die Sinnlosigkeit und die Absurdität der menschlichen Existenz ankämpfen. »Der Dichter als Schwein« ist von Franz Xaver Kroetz (1996).

22 **b** Leonardo di Caprio spielte die Rolle des Romeo in dieser überaus tragischen Liebesgeschichte zwischen verfeindeten Familien. Shakespeare schrieb »Romeo und Julia« im Jahr 1597.

23 **b** Molière (1622–1673) starb auf der Bühne während einer Vorstellung seines Stückes »Der eingebildete Kranke«. Er spielte die Titelrolle.

24 **c** Arthur Miller war von 1956–1961 mir Marilyn Monroe verheiratet.

25 **b** Schiller schrieb »Die Räuber« 1777–1780. Das Stück steht in der Tradition des Sturm und Drang und brachte Schiller Schreibverbot und Arrest durch den baden-württembergischen Herzog Carl Eugen ein, der darin einen Angriff auf die bestehende Feudalordnung sah.

26 **d** Samuel Beckett (1906–1989) ist einer der Begründer des absurden Theaters, »Warten auf Godot« wurde sprichwörtlich für das Warten als eine menschliche Grundsituation. Er erhielt 1969 den Nobelpreis.

27 **c** Heiner Müller (1929–1995) war Dramatiker, Lyriker, Übersetzer, Regisseur und Intendant in Berlin. Sein bevorzugtes Thema waren Konflikte des Arbeitsalltages (Theaterstücke: »Die Lohndrücker«, 1957; »Die Umsiedlerin oder das Leben auf dem Lande, 1961«), später verwendete er klassische antike und mythologische Stoffe sowie shakespearesche Dramen, um existenzielle Widersprüche der Gegenwart und der deutschen Geschichte aufzuzeigen (»Philoktet«, 1965; »Macbeth«, 1972; »Der Horatier«, 1973; »Die Hamletmaschine«, 1977; »Wolokolamsker Chaussee I–V«, 1987).

28 **c** Das Wiener Burgtheater, zunächst »Theater an der Burg«, wurde 1741 von Kaiserin Maria Theresia gegründet. Seit dem 19. Jahrhundert gilt das Theater als das führende Schauspielhaus deutscher Sprache.

29 **b** Gustaf Gründgens (1899–1963) inszenierte die beiden Teile des Faust 1957/58 am Deutschen Theater in Hamburg, er selbst spielte die Rolle des Mephisto.

30 **b** Bertolt Brecht prägte den Begriff »episches Theater« als theoretischen Hintergrund für seine Theaterstücke. Brechts Intention: Der Zuschauer soll sich nicht mit den Gestalten und dem Geschehen in den Stücken identifizieren, sondern die dargestellten gesellschaftlichen Verhältnisse reflektieren.

15. Alte und neue Medien (Seite 214 ff.)

1 **c** Die audiovisuellen Medien vermitteln Informationen in optischer und akustischer Form. Die Zeitung dagegen gehört zu den gedruckten Informationsvermittlern, den so genannten Printmedien, Schallplatte und Magnettonband sind auditive Medien.

2 **c** Der Begriff kommt von »feuillet« = »Blättchen« und stand ursprünglich für ein der Zeitung beigelegtes Blatt, in dem Nachrichten und meinungsbildende Beiträge aus dem Kulturleben abgedruckt waren.

3 **a** Bei diesem Flachdruckverfahren, das auch als »Lithographie« bezeichnet wird, erfolgt der Druck von einem Stein aus. Beim Rotationsdruck, der besonders für Massenauflagen von Zeitungen und Zeitschriften verwendet wird, geschieht der Druck auf endlosen Papierbahnen. Der Siebdruck wird auch als Durchdruck (Serigraphie) bezeichnet. Es ist ein Schablonendruckverfahren. Offsetdruck ist ein Flachdruckverfahren, bei dem der Druck nicht unmittelbar von der Druckform erfolgt.

4 **c** »ISDN« bedeutet Integrated Services Digital Network. Es bietet gegenüber dem herkömmlichen, analogen Netz viele Vorteile: z.B. gleichzeitige Internetnutzung und Telefonieren auf einer zweiten Leitung.

5 **a** »URL« steht für Uniform Resource Locator, übersetzt würde dies »einheitlicher Quellenlokalisator« heißen. Die Adresse besteht aus verschiedenen Einzelteilen: ein Dienstkennzeichen für die Art des Zugangs (z.B. http oder ftp), dem Server-Namen mit seiner Domain und dem Namen des Dokuments.

6 **b** Emma ist die größte und bekannteste feministische Zeitschrift in Deutschland, gegründet 1977 von der Herausgeberin und Verlegerin Alice Schwarzer.

7 **d** Die öffentlich-rechtliche Rundfunkanstalt konnte am 1.4.1963 zum ersten Mal senden, nachdem die technischen Voraussetzungen für die Ausstrahlung eines weiteren Programms außer der ARD im UHF-Frequenzbereich geschaffen waren. Zunächst war dieses Programm nur vierstündig.

8 **b** Der Begriff steht für »Stöberer«. Beispiele für Webbrowser sind: Netscape Navigator, Microsoft Internet Explorer und Opera.

9 **c** Die Wochenzeitung Die Zeit wurde vom Verleger Gerd Bucerius gegründet. Herausgeber sind zur Zeit: Dr. Marion Gräfin Dönhoff, Helmut Schmidt, Dr. Josef Joffe und Dr. Michael Naumann.

10 **d** Die Deutsche Welle besteht aus deutschsprachigen und 37 fremdsprachigen Sendungen, die in verschiedenen ausländischen Zielregionen ausgestrahlt werden. Das Deutschlandradio sendet zwei bundesweite Hörfunkprogramme. b) und c) sind Rundfunksender, die vor der deutschen Einheit bestanden und aus denen zusammen mit dem RIAS Berlin das Deutschlandradio hervorgegangen ist.

11 **a** Die Digital Versatile Disc (DVD) ist ein Speichermedium, das im Gegensatz zur CD eine ca. siebenmal größere Speicherkapazität aufweist, d.h. rund 4,7 Gigabyte. Dank dieser Speicherfähigkeit lässt sich auf einer einseitig bespielten Einschicht-DVD ein ganzer Spielfilm unterbringen – komplett mit digitalem Mehrkanalton in mehreren Sprachen sowie zusätzlichen Untertiteln.

12 **a** Der Begriff leitet sich von dem lateinischen Wort »ars« = »Kunst« ab. Öffentliche Bibliotheken haben manchmal eine Artothek angeschlossen, in der die Bibliothekskunden auch Bilder und Graphiken ausleihen können.

13 **b** Die Herstellung des Papiers begann erst wesentlich später. Grundlagen für die Papierherstellung in Deutschland wurden in China gelegt. In Deutschland begann sie im 14. Jahrhundert, wobei das Papier zunächst manuell hergestellt wurde. Die maschinelle Papierherstellung erfolgte erst Anfang des 19. Jahrhunderts.

14 **b** Die GEMA ist eine der Verwertungsgesellschaften, die die Urheberrechte der von ihnen vertretenen Urheber und Verlage wahrnimmt. Während sie für den Bereich Musik zuständig ist, gibt es die Verwertungsgesellschaft Wort für alle gedruckten Werke sowie Bild- und Tonträger und die Verwertungsgesellschaft Bild-Kunst für Kunstwerke.

15 **b** 3sat wurde ursprünglich vom ZDF, dem österreichischen Fernsehen ORF und dem schweizerischen Fernsehen SRG veranstaltet. Seit November 1993 ist auch die ARD beteiligt. Arte ist der deutsch-französische Kulturkanal, Phoenix ein Ereignis- und Dokumentationskanal von ARD und ZDF und CNN ein amerikanischer Nachrichtenkanal.

16 **a** Mit b) ist ein Feature umschrieben, mit c) eine Retusche und d) ist ausgedacht.

17 **c** Der Scanner nimmt punktweise die Farb- und Helligkeitswerte eines Bildes auf. Im Computer wird daraus eine Bilddatei zusammengesetzt. a) ist ein Router, b) eine Suchmaschine und d) eine Soundkarte.

18 **d** »Susanna Lennox« (u.a. mit Greta Garbo) gehörte zu den ersten Lichttonfilmen, die es ab 1921 gab. In der Zeit von 1900–1928 wurden kurze und lange Stummfilme gezeigt, die durch Ansager, begleitende Musik (Orgel, Klavier, Orchester) oder Zwischentitel begleitet wurden.

19 **b** Der Bücherliebhaber (= Bibliophile) sammelt besonders Erstausgaben, Original- und Luxusausgaben, die er bei Auktionen und im Antiquariatsbuchhandel erwirbt. Unter »Kalligraphie« versteht man Schönschreibschrift oder Schönschrift und unter »Typographie« die künstlerische Gestaltung eines Druckwerkes. Bibliophobie ist die krankhafte Abneigung gegen Bücher.

20 **b** 9 – dies sind abgekürzt: BR, HR, MDR, NDR, RBB, RB, SR, SWR und WDR.

21 **b** Sie bekamen ihren Namen nach dem Eintrittsgeld, denn der Besuch kostete 10 Cents = 2 Nickel. a) ist ein Warenzeichen für ein Verfahren für Breitbandfilm mit Raumton, auf einer breiten Konkavleinwand widergegeben.

22 **b** Der bekannteste Emoticon ist der Smiley. Doppelpunkt, Bindestrich und zu schließende Klammer kennzeichnen z.B. Lachen oder Fröhlichkeit.

23 **a** Unter b) sind dagegen Platten zu verstehen, die aus Kunststoff (Vinyl) hergestellt werden. c) und d) bestehen auch aus Vinyl. Der Unterschied zwischen beiden liegt im Durchmesser und in der Drehzahl. c) hat in der Regel einen Durchmesser von 30 cm und eine Drehzahl von 33 1/3 U/Min. Singles sind kleiner im Durchmesser und werden bei 45 U/Min. abgespielt.

24 **d** »MAZ« ist das Kurzwort für magnetische Bildaufzeichnung.

25 **c** Der Morseapparat wurde 1837 vom Amerikaner Samuel Morse erfunden. Die Nachrichten werden mittels Tastendruck entsprechend dem Morsealphabet in kurzen oder langen Stromstößen über Leitung oder Antenne zum Empfänger geschickt.

26 **c** Eine Zimelie ist ein besonders kostbares altes Buch oder besonderes Einzelstück einer Bibliothek wie z.B. eine seltene Handschrift. Alle anderen drei Begriffe bezeichnen die ersten Drucke der Gutenbergzeit. Es gibt ca. 40 000 Wiegendrucke, die Auflagenhöhe betrug im Durchschnitt 400 bis 500 Exemplare.

27 **a** Die Prime-Time umfasst ungefähr den Zeitraum von 19.00 bis 23.00 Uhr, in dem in Deutschland die Fernseher am häufigsten eingeschaltet werden.

28 **d** Die korrekte Länderkennzeichnung für Großbritannien ist ».uk« (= United Kingdom; Vereinigtes Königreich).

29 **b** Der Wissenschaftsverlag Walter De Gruyter & Co. wurde 1923 vom gleichnamigen Verleger in Berlin gegründet und ist aus fünf Verlagen hervorgegangen.

30 **a** 1861 erfand Johann Philipp Reis zwar ein Gerät, mit dem Töne durch elektromagnetische Wellen übertragen werden konnten. 1876 verbesserte Alexander

Graham Bell diese Technik, indem er einen Telefonapparat entwickelte, der auch Sprache verständlich übermitteln konnte, und patentierte diesen. Bell gründete auch 1877 die Bell Telephone Company in den USA.

16. Mathematik (Seite 221 ff.)

1 **c** Pythagoras, griechischer Philosoph und Mathematiker aus Samos (rund 570–496 v. Chr).

2 **b** Der reziproke Wert ist der Kehrwert, 1 wird durch die Ausgangszahl (6) dividiert.

3 **d** Positive, negative, natürliche Zahlen und die Null sind ganze Zahlen.

4 **c** Der Faktor Pi (π) heißt Kreiszahl. Pi = Umfang geteilt durch den Kreisdurchmesser, $\pi = U/d$. Da die Kreislinie gekrümmt ist, kann man ihre Länge, den Kreisumfang, nicht als Summe der Längen von Strecken berechnen.

5 **c** Satz des Pythagoras. Siehe Nr. 7.

6 **a** $1 m^3$ = 1 Kubikmeter = 1000 Liter = 10 Hektoliter.

7 **d** Im rechtwinkligen Dreieck ist die Summe der Flächeninhalte der Quadrate über den Katheten gleich dem Flächeninhalt des Quadrats über der Hypotenuse.

8 **b** Eine natürliche Zahl a, die nur die Teiler 1 und a besitzt ist eine Primzahl. Dabei gilt: 1 ist keine Primzahl, 2 ist die kleinste Primzahl.

9 **a** Flächeninhalt (A)= 3,14159 (π) mal den Radius zum Quadrat (r^2).

10 **d** In einem Rechteck ist die Summe der Winkel 360°. Ein Rechteck kann man sich aus zwei Dreiecken bestehend denken.

11 **b** Im Produkt zweier Summen wird jedes Glied einer Summe mit jedem Glied der anderen Summe multipliziert, um dann die Gesamtsumme aus all diesen Teilprodukten zu bilden.

12 **c** 10 000 m^2 = 1 ha; 1 m^2 = 10 000 cm^2.

13 **c** 1 mg = 0,1 cg = 0,001 g = 0,000 001 kg

14 **d** Von 100% entspricht ein Fünftel 20%.

15 **d** Multipliziert man Dezimalzahlen, so addieren sich im Ergebnis die Stellen hinter dem Komma der einzelnen Multiplikatoren.

16 **a** 30 cm auf der Karte entsprechen 15 000 000 cm in der Wirklichkeit. Also entspricht 1 cm auf der Karte 15 000 000/30 = 1:500 000.

17 **c** 18/3 = x/2; 2 mal 18 = x mal 3; 36 = x mal 3; x = 36/3; x = 12.

18 **b** In einer Stunde fressen sie zusammen $1 + \frac{1}{3} + \frac{1}{6}$ Antilopen, also 1,5. Ein ganzes Tier dauert dann 60 min geteilt durch 1,5. So brauchen sie gemeinsam 40 min.

19 **c** Man dividiert durch eine Bruchzahl, in dem man mit ihrem Kehrwert multipliziert.

20 **d** Ein Parallelogramm ist ein Viereck, dessen gegenüberliegende Seiten parallel sind. Ein Parallelogramm ist ein Rechteck, wenn benachbarte Seiten rechte Winkel bilden.

21 **d** Ist die Quersumme durch 3 teilbar, ist die Zahl selbst durch 3 teilbar.

22 **a** Als natürliche Zahlen gelten ganze, positive Zahlen, die Null gehört nicht dazu.

23 **c** 60 : 5 = 12, 1 Liter $\hat{=}$ 12 km, bei 7 Litern = 7 × 12 = 84 (Dreisatz)

24 **b** 12, weil Punktrechnung (12 + 24) = 36 vor Strichrechnung geht; dann 36 : 3 = 12; außerdem gehen die Rechenoperationen vor, die innerhalb der Klammer stehen.

25 **d** Zwei Tage vor Samstag ist Donnerstag. Der Tag nach übermorgen liegt 3 Tage davor, also Montag. Von Montag gesehen ist der vorgestrige Tag Samstag.

26 **b** Paul und Robert fallen als die beiden besten Schüler heraus. Frank und Simon sind gleich. Da Frank besser ist als Alex, bleibt die letzte Position nur für Alex.

27 **d** Jede Tochter hat zwei Schwestern und mit 4 doppelt so viele Brüder wie Schwestern.

28 **b** Ein von 20 deckungsgleichen, gleichseitigen Dreiecken begrenzter regelmäßiger Körper.

29 **c** Weil darauf alle höheren Konstrukte der euklidschen Geometrie aufbauen. (Für den Kreis braucht man trotzdem einen Winkel).

30 **a** Weil eine lineare Funktion keine Sinuskurve bildet.

17. Physik (Seite 227 ff.)

1 **d** Kann sich im Vakuum nicht ausbreiten, da kein Medium zur Schallübertragung vorhanden ist, braucht gasförmiges oder flüssiges Medium.

2 **a** Z.B. bei hydraulischen Bremssystemen oder einer hydraulischen Hebebühne.

3 **c** Oder ca. 11,2 km/s muss die Rakete schnell sein, um die Anziehungskraft der Erde zu überwinden.

4 **d** Elektrisch geladenes Teilchen, das weniger oder mehr Ladung als in seinem Normalzustand aufweist.

5 **d** Die Massendichte eines Stoffes, z.B.: 1 cm^3 Wasser wiegt bei 4°C 1g.

6 **c** Eine Anlage zur Beschleunigung elektrisch geladener Teilchen (Ionen) durch ein starkes Magnetfeld für physikalische Versuchsanordnungen.

7 **a** Die Lichtgeschwindigkeit ist als konstante Größe überall gleich; sie beträgt etwas weniger als 300 000 000 m/s oder 18 000 000 km in der Minute bzw. 1 080 000 000 km/h (also über 1 Milliarde km).

8 **d** Der Gegensatz ist nach außen gewölbt, konvex.

9 **b** Wasser ohne Kalkgehalt, aber: Wasser, das radioaktiv strahlt, nennt man schweres Wasser.

10 **c** Weil auf Grund der gewaltigen Masse im schwarzen Loch die Gravitationskraft so groß ist, dass sogar Licht nicht entweichen kann.

11 **d** André Marie Ampere entdeckte die Anziehung und Abstoßung elektrischer Ströme.

12 **d** Vom althochdeutschen »bumiz«: »aus Lava erstarrtes Gesteinsglas«.

13 **a** Von R. J. E. Clausius (1822–1888) eingeführte makrophysikalische Zustandsgröße thermodynamischer Systeme, ist für die Berechnung des Wirkungsgrades von Wärmekraftmaschinen von Bedeutung.

14 **d** Metall, weil Wärme stets vom wärmeren auf den kälteren Körper übergeht.

15 **b** Die Geschwindigkeit, die beispielsweise eine Rakete benötigt, um die Anziehungskraft der Erde zu überwinden.

16 **a** Nach Michael Faraday (1791–1867), englischer Physiker; am weitesten verbreitete Version eines Faraday-Käfigs ist das Auto.

17 **c** Albert Einstein (Ulm 1879–1955 Princeton/New York), Physiker. Die Relativitätstheorie erklärt die Massenanziehung oder Gravitation.

18 **d** Z.B. bei Geige, Gitarre, Cello.

19 **b** Der vom Licht zurückgelegte Weg beträgt 299 793 km/s, erstmalige Messung der Lichtgeschwindigkeit durch Beobachtung der Jupitermonde durch Olaus Rømer (1640–1710). In einem erdgebundenen Experiment erstmals gemessen 1849/50 von Fiteau und Foucault.

20 **a** Quarks sind neben den Leptonen die fundamentalen Bausteine der Materie.

21 **a** Zur Erzeugung elektomagnetischer Schwingungen.

22 **c** Induktivität ist die Konstante, die die Größe elektrischer Ströme und Spannungen angibt.

23 **b** Weil in ihnen keine elektrische Leistung umgesetzt wird.

24 **d** Ist auf Grund von Messungen festgelegt.

25 **a** Weil auf Grund ihrer gleichen Schwingungsdauer Resonanz zwischen ihnen auftritt.

26 **d** Mehr als 360.

27 **d** Der Kondensator speichert elektrische Ladungen.

28 **b** Bauelement zur Umwandlung (Gleichrichtung) von Wechsel- in (pulsierenden) Gleichstrom.

29 **d** Je nach Art der Materie breitet sich Schall schneller oder langsamer aus als im Wasser (rund 1500 m/s), schneller z.B. im Eisen: 4480 m/s.

30 **c** Wegen seiner Unbrennbarkeit bevorzugt für den Ballonflug eingesetzt.

18. Chemie (Seite 234 ff.)

1 **c** Kohlenstoffverbindungen bilden die stoffliche Grundlage des gesamten organischen Lebens.

2 **c** Vom griechisch-lateinischen Begriff »Hydragyrum«, chemisches Element. Ein silbrigweißes, flüssiges Metall.

3 **a** Eigentlich »Brennstein«, tertiärzeitliches Baumharz. Als Schmuckstein bekannt.

4 **b** Glasröhre zum Aufsaugen und Abmessen von Flüssigkeiten.

5 **b** Diamant ist der härteste natürliche Stoff. Dennoch kann er verdampft werden.

6 **a** Benzin wird auch als Lösungs- und Reinigungsmittel benutzt.

7 **c** Elemente sind die mithilfe chemischer Methoden nicht weiter in einfachere Stoffe zerlegbare Grundbestandteile der Materie.

8 **b** In der Wechselwirkung mit elektromagnetischer Strahlung erhält man Aufschluss über die Bauweise eines Moleküls.

9 **a** Prozessfördernd sind die Emulgatoren, die die Oberflächenspannung herabsetzen und so die Feinverteilung ermöglichen.

10 **c** Bei Kontakt mit Säuren färbt sich Lackmuspapier rot.

11 **c** Erreicht man entweder über Abkühlung oder Druckerhöhung.

12 **a** Der Katalysator tritt dabei im Endprodukt nicht auf.

13 **c** Als 0,1–0,5 %ige Lösung kommt sie in der Magensäure vor.

14 **c** Kann beispielsweise nachhaltige Nervenlähmungen bewirken.

15 **b** In einer Tellerzentrifuge wird beispielsweise Milch entrahmt.

16 **b** Bei Kohlenmonoxid handelt es sich um ein Gas, dessen Moleküle ein Kohlenstoffatom und ein Sauerstoffatom enthalten. Es entsteht z.B. beim Heizen und kommt aus dem Auspuffrohr des Automotors.

17 **c** Nitride sind meist Stickstoffverbindungen mit elektropositiven Elementen, Metallen. Es gibt salzhaltige, kovalente und legierungsartige Nitride.

18 **d** Phosphor ist kein Edelgas.

19 **b** Schwarzpulver, auch Schießpulver, ist in China etwa seit dem 8. Jahrhundert bekannt. In Deutschland schreibt man seine Entdeckung einem Mönch (Bertold Schwarz) zu. Es besteht aus Kalisalpeter, Schwefel und Holzkohle.

20 **c** Maß für das Fließverhalten einer Flüssigkeit. Je höher die Viskosität, desto dickflüssiger und zäher die Flüssigkeit. Hohe Viskosität bei Motoröl verhindert z.B. das Reißen des Ölfilms.

21 **a** Mit ca. 85% ist es der Kohlenstoff. Erdöl ist ein fossiler Brennstoff aus der geologischen Vergangenheit.

22 **c** Mittels elektrischer Ströme werden Stoffe in ihre chemischen Bestandteile zerlegt. Die Reaktionen laufen durch Außenwirkung angeregt ab. So kann bei Redoxvorgängen die Reaktion umgedreht werden.

23 **b** Die Vereinigung eines Elements mit Sauerstoff bezeichnet man als Oxidationsprozess. In diesem Beispiel entsteht Eisenoxid (FeO).

24 **b** Glukose ist Traubenzucker, vorhanden in süßen Früchten sowie im Blut und auch in Honig.

25 **d** Einfaches Tafelsalz ist eine Verbindung aus Natrium und Salzsäure.

26 **d** Sauerstoff und Stickstoff, sowie verschiedene andere Gase in geringer Konzentration (z.B. Kohlendioxid zu etwa 0,03%).

27 **d** Ammoniak kann sowohl flüssig oder als Gas auftreten und ist eine Stickstoffverbindung.

28 **c** Sulfit ist das Salz der schwefligen Säure; Sulfat, das der Schwefelsäure.

29 **b** Der ph-Wert zeigt den Säuregrad einer Lösung an. Er wird durch die Wasserstoffionen-Konzentration bestimmt. Die Skala reicht von 1–14. Je saurer eine Lösung, desto niedriger ihr ph-Wert. Bei 7 liegt der Neutralpunkt; Lösungen mit höherem ph-Wert als 7 bezeichnet man als »Laugen«.

30 **b** Die 3 möglichen Aggregatzustände (Erscheinungsformen der Materie) unterscheidet man nach fest, flüssig und gasförmig. Die meisten Stoffe lassen sich durch Druck und Temperatur in alle drei Aggregatzustände überführen.

19. Sport (Seite 240 ff.)

1 **d** Begründer der modernen olympischen Bewegung ist Pierre de Coubertin (1863–1937), ein französischer Pädagoge und Historiker.

2 **b** Schach war nie ein olympischer Wettbewerb – lediglich bei den Olympischen Spielen 1900 in Paris war Schach Teil des Programms, allerdings nur in Demonstrationswettbewerben.

3 **c** Der amerikanische Boxer Muhammad Ali (bis 1965 unter seinem ursprünglichen Namen Cassius Clay) gewann erstmals 1964 die Weltmeisterschaft im Schwergewicht. Nachdem er 1971 den Weltmeisterschaftskampf gegen Joe Frazier verloren hatte, holte er sich 1974 den Titel gegen George Foreman zurück.

4 **a** Zwischen den Treffern darf kein Torerfolg eines Spielers der eigenen oder der gegnerischen Mannschaft liegen. Werden die Tore alle in einer Halbzeit geschossen, spricht man von einem so genannten »lupenreinen« Hattrick.

5 **b** Andere Schreibweise: »Taiji quan«, aus einer Selbstverteidigungsmethode entstanden, besteht aus einer Abfolge bestimmter langsamer, anstrengungsfreier, fließender Bewegungen, zur Harmonisierung der polaren Urkräfte Yin und Yang.

6 **c** Wissen Sie, in welcher Höhe sich der Korb beim Basketball befindet?
In 3,05 m Höhe.

7 **d** Der olympische Triathlon, auch »Kurztriathlon« genannt, besteht aus 1,5 km Schwimmen, 40 km Radfahren und 10 km Laufen.

8 **c** In der vom unvergesslichen Sepp Herberger trainierten Mannschaft von 1954, die im Berner Wankdorfstadion im Endspiel gegen Ungarn Fußballweltmeister wurde, standen Spielerlegenden wie Fritz Walter (»Hallo, Chef!«) und Helmut Rahn.

9 **b** Der moderne Fünfkampf ist ein an einem Tag ausgetragener Mehrkampf für Frauen und Männer, mit folgenden Disziplinen: Schießen (Luftpistole), Fechten (Degen), Schwimmen (Männer 300 m, Frauen 200 m), Springreiten (15 Sprünge) und Geländelauf (Männer 4000 m, Frauen 2000 m).

10 **a** Die vier wichtigsten Tennisturniere der Welt werden in folgender Reihenfolge ausgetragen: Australian Open (Melbourne), French Open (Paris), All England Championships (Wimbledon) und US-Open (Flushing Meados, USA).

11 **d** Das Auswechseln der Spieler ist eine Kunst und zeichnet einen guten Trainer aus, der damit – vor allem natürlich, wenn der eingewechselte Spieler sofort ein Tor macht – sein »goldenes Händchen« beweist.

12 **c** Der Flamenco ist der für die spanische Folklore bedeutsamste Tanzstil. Er stammt aus Andalusien und wurde seit dem Anfang des 19. Jahrhunderts zunächst durch südspanische Zigeuner bekannt.

13 **b** Dient beim Tennis der Beschleunigung des Spielabschlusses beim Stand von 6:6 und ist das Spiel zum 7:6. Im Gegensatz zur Grundregel wird hier der Satzgewinn mit einem Spiel (und nicht zwei Spielen) Vorsprung gewonnen.

14 **d** Ein Segelschiff von einem schräg von hinten einfallenden Wind wegdrehen – die dabei ausgeführte Drehung ist eine »Halse«.

15 **a** Der Penalty ist vergleichbar dem Elfmeter beim Fußball, u.a. aber mit dem Unterschied, dass der Penalty vom Anspielpunkt in der Mitte des Spielfelds ausgeführt wird.

16 **d** Bezeichnet drei einzeln nacheinander auszuführende Sprünge beim Springreiten, die als ein Hindernis gewertet werden.

17 **c** Als Bolide werden auch ganz bestimmte Formen von Meteoren bezeichnet.

18 **d** Nach einer Regeländerung (Verkürzung der Sätze) wechselt das Aufschlagrecht nach 2 Angaben (früher 5).

19 **b** Kartenspiele sind in Europa seit dem 14. Jahrhundert verbreitet.

20 **a** Ringen gab es schon bei den alten Ägyptern (um 2000 v. Chr.). Im Gegensatz zum griechisch-römischen Stil sind beim Freistil Griffe am ganzen Körper erlaubt, so auch Attacken an und mit den Beinen.

21 **c** »Libero«, wörtlich übersetzt: der »freie Mann«, d.h. ein Abwehrspieler ohne feste Zuordnung zu einem Gegenspieler, mit wichtigen Funktionen für den Spielaufbau. Ein legendärer Libero war Franz Beckenbauer. 1999 wurde die Position des Libero auch im Volleyball eingeführt.

22 **d** Das Wort »Biathlon« leitet sich aus dem Griechischen ab und heißt wörtlich übersetzt »Doppelwettkampf«. Beim Schießen ziehen Fehlschüsse Strafzeiten (1 min) oder Strafrunden (150 m) nach sich.

23 **b** »Turnvater« Jahn lebte von 1778 bis 1852. In der Berliner Hasenheide errichtete er 1811 einen Turnplatz.

24 **a** Popow war u.a. Olympiasieger 1992 und 1996 und Weltmeister 1994 über 50 m und 100 m Freistil.

25 **c** Beim Doppel betragen die Maße des Feldes 23,77 m x 10,97 m.

26 **b** Der Madison Square Garden fasst 20 000 Sitzplätze und liegt inmitten von Manhattan.

27 **d** Die Nordische Kombination wird an zwei aufeinander folgenden Tagen durchgeführt.

28 **a** Andere Schlagtechniken beim Boxen sind u.a. die Gerade, der Haken und der berühmte Schwinger.

29 **c** Rugby ist nach der gleichnamigen mittelenglischen Stadt benannt, in der diese Sportart 1823 entstand.

30 **d** Der Rundkurs ist in der Regel zwischen 800 und 5000 m lang.

20. Essen und Trinken (Seite 247 ff.)

1 **a** Maronen sind Esskastanien.

2 **c** »Al dente« bedeutet, dass die Pasta (egal, ob Spaghetti oder eine andere Pastasorte) noch bissfest ist.

3 **d** Nur Trauben aus dem Champagne-Gebiet (Frankreich) und eine besondere Weinherstellung geben die Legitimation für Champagner.

4 **c** Barolo ist ein bekannter italienischer Wein aus dem Piemont.

5 **b** Ökotrophologie ist die Haushalt- und Ernährungskunde.

6 **d** Nach dem Goldschmied F. Oechsle (1774–1852) benannte Einheit.

7 **a** Safran wird aus den getrockneten Narben des Krokus gewonnen.

8 **c** Um Gemüse oder auch Obst nicht roh und kalt, aber doch noch sehr knackig zubereitet essen zu können, wird es kurz mit heißem Wasser übergossen (blanchiert).

9 **d** Das Getränk Kir stammt aus der Hauptstadt Burgunds (Dijon) und ist nach seinem Erfinder, dem Bürgermeister Dijons, benannt.

10 **b** Kaiserschmarren ist eine traditionelle österreichische Mehlspeise.

11 **c** Cidre ist eine Art prickelnder Apfelwein und in der Normandie ebenso zu Hause wie in Südengland, wo er »cider« heißt

12 **b** Neapel gilt als Geburtsstadt.

13 **c** Feiner Zucker wird als Raffinade bezeichnet.

14 **b** Sojaquark ist die Ausgangsbasis für Tofu, eine Art Fleischersatz für Vegetarier.

15 **b** Ein Napfkuchen, eine Art Rührkuchen.

16 **b** Echte Salami enthält ursprünglich Eselsfleisch.

17 **b** Die Destillation ist das Mittel der Wahl um Flüssigkeitsgemische zu trennen. Voraussetzung: Die Siedepunkte der zu trennenden Flüssigkeiten sind verschieden, es bilden sich keine azeotropen Gemische und die Stoffe zersetzen sich nicht bei der erforderlichen Temperatur.

18 **c** Der Gin erhält seinen besonderen Geschmack durch die Wacholderbeere.

19 **c** Die zuerst in der Gegend von Korinth angebauten Weinbeeren sind die kernlosen, kleinen violettschwarzen Korinthen.

20 **b** Ein kleine Vor-Gruß aus der Küche zum Amüsement des Essensgastes (»Gaumenkitzler«).

21 **d** Als Digestif wird der Verdauungsschnaps nach dem Essen bezeichnet.

22 **c** Ein Maismehlbrei, beliebte Beilage in Verona.

23 **a** Eine auflaufartige, leichte Mehlspeise, die größtenteils aus Eiweißschaum besteht.

24 **b** Ricotta ist ein italienischer Frischweichkäse, der im Gegensatz zum Quark nicht säuerlich, sondern mild und milchig schmeckt.

25 **b** Nur die Estragonblätter werden zum Würzen verwendet.

26 **a** Trüffel sind unterirdisch wachsende Pilze, die mit Hilfe von Schweinen (»Trüffelschweine«) aufgespürt werden.

27 **c** Balsamico ist eine Art aromatisierter Weinessig.

28 **d** Zimt wird aus der Rinde gewonnen.

29 **b** Langusten sind scherenlose Krebstiere.

30 **d** Pökeln ist ein Konservierungsverfahren, bei dem Fleisch in eine 15–20%ige Salzlake eingelegt wird.

21. Mode (Seite 253 ff.)

1 **c** Gianni Versace wurde am 15.7.1997 in Miami ermordet. Versace wurde durch seine extrem phantasievollen und avantgardistischen Kreationen berühmt, bei denen er sich u.a. durch vergangene Kunstepochen inspirieren ließ – Barock, Renaissance, sogar bis zurück zum alten Rom.

2 **d** Andrea Fischer, Politikerin (Bündnis 90/Die Grünen), war von 1998–2001 Bundesgesundheitsministerin, die anderen drei sind berühmte Top-Models.

3 **b** Die ersten Blue Jeans wurden um 1850 von dem gebürtigen Deutschen L. Strauss (1829–1902) in Kalifornien hergestellt – ursprünglich für Goldgräber! Später traten sie ihren Siegeszug um die ganze Welt an.

4 **a** Wurde bereits in den 60er Jahren kreiert, tauchte dann wieder in den 80er Jahren auf.

5 **a** Schien an die Berufskleidung der Zimmerleute angelehnt.

6 **d** Der Begriff wurde 1868 für die Pariser Modesalons geprägt.

7 **c** Die französische Modeschöpferin Coco Chanel (1883–1971) entwarf das »kleine Schwarze« in den 20er Jahren, später, in den 50ern, wurde sie mit dem Chanelkostüm weltberühmt.

8 **b** Karl Lagerfeld übernahm die Kollektion des Hauses Chanel im Jahr 1983.

9 **a** Der Erfinder war Louis Réard (in Paris).

10 **c** Wurde gegen Ende des 18. Jahrhunderts in Florenz erfunden. Nicht zu verwechseln mit dem gleichnamigen, ebenfalls aus Florenz stammenden Gebäckstück.

11 **b** Der Rosenheimer Schneidermeister Johann Klepper entwarf nach dem 1. Weltkrieg einen Mantel aus gummiertem Makobatist, der seinen Träger besonders gegen Regen, Wind und Kälte schützt. Der Mantel hat inzwischen Kultstatus erlangt, weltweit wurden bis heute ca. 7 Millionen Exemplare dieses Regenmantels mit dem typischen »Rillo«, der gefalteten Rückenlüftung, verkauft.

12 **b** Der berühmte, bis zum Knie reichende, mit Falten versehene Schottenrock aus karierter Wolle signalisiert in Muster und Farben die Zugehörigkeit zu einem Clan.

13 **a** Beim Faltenrock werden die Kellerfalte, die Quetschfalte oder das Plissee unterschieden.

14 **d** Der Slipper wurde ca. 1947 erfunden.

15 **b** Daisy fehlt bei keinem der öffentlichen Auftritte des Münchener Szenematadors mit der Sonnenbrille und den gelackten schwarzen Haaren.

16 **a** Ursprünglich kommt der Kaftan aus der Türkei.

17 **b** Nach dem Schnittmuster dieses ursprünglich aus einem Stück angefertigten Wildlederschuh ohne Absatz werden heutzutage z. B. manche Hausschuhe angefertigt.

18 **c** Kam in den 70er Jahren auf, eine gefütterte, mit Trägern versehene, eng anliegende Skihose.

19 **b** Ein Kleidungsstück der Beduinen.

20 **b** Gianni Versace (1946–1997, siehe auch Frage 1) dokumentierte mit diesem Satz eine Grundhaltung, die ihm viele Variationsmöglichkeiten eines etwas glamourösen, ausgefallenen Stils erlaubte.

21 **c** Auch »Futteralkleid« genannt, war ab 1918 en vogue, wurde in den 60er Jahren als »Jackie Onassis-Kleid« bekannt und erlebte gegen Ende der 90er Jahre eine Renaissance.

22 **d** Der amerikanische Designer Calvin Klein (* 1942) spielt gern mit dem Thema Androgynie, eben auch mit dem Parfum »one«, frei nach dem Motto: »Alles ist möglich, nichts ist festgelegt«.

23 **b** Die Fernsehserie »Miami Vice« transportierte nicht nur die Mode der 80er Jahre, sondern zeigte auch auf besondere Weise das Lebensgefühl dieser Dekade des »American way of life« mit ihren Wünschen und Träumen.

24 **d** Karl Lagerfeld, der deutsche Coutourier mit Zopf und Fächer (* 1938), begann seine Karriere bereits als 16-Jähriger in Frankreich.

25 **a** Luciano Benetton löste mit seinen Werbekampagnen (»United Colors of Benneton«), die u.a. Fotos von ölverschmierten Vögeln oder sterbenden Aids-Patienten zeigten, erhebliche Kontroversen aus.

26 **c** Dieser Herrenanzug für offizielle Anlässe wurde nach dem Politiker Gustav Stresemann (1878–1929) benannt.

27 **b** Die englische Modedesignerin Mary Quant (* 1934) gilt mit André Courrèges (* 1923) als Schöpferin des Minirocks.

28 **d** Brokat, abgeleitet vom italienischen »broccare« = »durchwirken«: In einen reich gemusterten Seidenstoff sind Gold-, Silber oder Lurexfäden eingewebt. Er wird speziell für Abendkleider, aber auch für Möbelstoffe verwendet.

29 **d** Ursprünglich ein Herrenschuh, ist der Pumps seit Beginn des 20. Jahrhunderts ein beliebter Damenschuh mit unterschiedlicher Absatzhöhe.

30 **c** Kombination von Pullover und einer in Material und/oder Muster dazu passender Strickjacke.

22. Bedeutende Persönlichkeiten (Seite 259 ff.)

1 **c** Er erforschte von 1799–1804 intensiv den südamerikanischen Kontinent. Bruder von Wilhelm von Humboldt (1767–1835), Gelehrter und Politiker, befreundet mit Goethe und Schiller, gründete 1809 die seit 1949 nach ihm benannte Universität Unter den Linden, Berlin.

2 **a** Der Allgemeine Deutsche Arbeiterverein gilt als Keimzelle der Sozialdemokratie.

3 **d** Er entdeckte den statischen Auftrieb, das nach ihm benannte Archimedische Prinzip.

4 **b** Nach dem Ende der Apartheid war er von 1994–1999 Staats- und Regierungschef der Republik Südafrika.

5 **d** Papst Paul III. genehmigte 1540 die Gründung des Ordens der Gesellschaft Jesu (Jesuiten).

6 **c** Er war ein Anhänger des »verismo« genannten naturalistischen Stils. Weltberühmt ist seine Oper »Der Bajazzo«.

7 **c** Weit über die Grenzen Wuppertals hinaus mit ihrem Wuppertaler Tanztheater bekannt.

8 **b** Robert Falcon Scott erreichte erst vier Wochen nach ihm am 18.1.1912 den Südpol.

9 **a** Er zählte zu den bedeutendsten Expressionisten, schrieb auch expressionistische Dramen.

10 **b** Entwickelte 1939 das erste Raketenflugzeug He 176, sowie das erste Turbinen-Luft-Strahltriebwerk He 178.

11 **c** Die seit 1988 herrschende Militärjunta unter Saw Maung stellte die populäre Oppositionspolitikerin unter Hausarrest.

12 **c** Nobel erfand 1867 den Sprengstoff Dynamit, der seinen immensen Reichtum begründete.

13 **b** Böll war ein ausgewiesener Kritiker der westdeutschen Wohlstandsideologie. Zu seinen bekanntesten Werken zählen »Ansichten eines Clowns«, »Die verlorene Ehre der Katharina Blum«.

14 **a** 1524 sandte ihn König Manuel von Portugal als Vizekönig nach Indien.

15 **a** Nach ihr wurde der Curie-Punkt benannt, an dem ferromagnetische Materialien ihre Eigenschaft verlieren.

16 **d** Von ihm heißt es, er habe das gesamte verfügbare Wissen seiner Zeit beherrscht.

17 **c** Er beteiligte sich mit Fidel Castro am Aufstand gegen die Batista-Herrschaft in Kuba.

18 **b** Als Anhänger eines »einfachen Lebens« thematisierte er seine ostpreußische Heimat.

19 **a** Sie ist auch bekannt durch ihre Liaison mit dem griechischen Reeder Onassis.

20 **d** Der Weltpostverein setzt sich für eine Vereinheitlichung der zwischenstaatlichen Postbeziehungen ein.

21 **b** Er erhielt 1957 den Nobelpreis für Literatur.

22 **d** Es heißt, kein anderer Einzelner habe das Denken dieses Jahrhunderts so stark beeinflusst wie er. Die Analyse diente bei Freud der Aufdeckung von Auslösern von Fehlentwicklungen. Daraus entstand eines seiner wichtigsten Werke: die Traumdeutung.

23 **a** »Und sie bewegt sich doch«, sagte Galilei, nachdem die Kirche in einem Prozess den Widerruf seiner Thesen erzwang. Er entdeckte u.a. die vier größten Jupitermonde: Io, Europa, Ganymed und Kallisto (Galileische Monde).

24 **c** 1882 entdeckte er das Tuberkulosebakterium, 1883 den Choleraerreger.

25 **b** Er propagierte die Handspinnerei, um sein Land von der britischen Textilindustrie unabhängig zu machen.

26 **b** Er erhielt den Nobelpreis für die Spaltung von Urankernen bei Neutronenbestrahlung.

27 **d** Zusammen mit Karl Liebknecht wurde sie 1919 von Freikorpssoldaten in Berlin ermordet.

28 **a** Orff ist bekannt für seine Entwicklung einer neuen Musikpädagogik.

29 **c** In seiner factory produzierte er avantgardistische Filme in Kollektivarbeit.

30 **c** Er hat heute den berühmten Lehrstuhl von Isaac Newton an der Cambridge-University inne.

31 **b** 1964 lehnte er den Nobelpreis für Literatur ab. Die französische Schriftstellerin Simone de Beauvoir war seine Gefährtin.

32 **d** Wegen des verblüffenden »Insiderwissens« in »Der Pate« wurden ihm Verbindungen zur Mafia nachgesagt.

33 **a** Er begründete die Erkenntnis, dass die Planetenbahnen in elliptischer Weise verlaufen. Er gab als erster die Erklärung dafür ab, dass die Planetenbewegung durch eine von der Sonne verursachte Kraft hervorgerufen werden.

34 **c** Begründer der Ethologie als Bindeglied zwischen Human- und Tierpsychologie.

35 **b** Alexander Fleming ist der Entdecker des Penicillins (1929). Der Schöpfer des Agenten Ihrer Majestät 007 heißt Ian Fleming.

36 **b** In »Emile oder die Erziehung« plädiert er für eine kindgemäße und freie Erziehung. In Rousseaus Schriften wird zum ersten Mal ein Protest gegen die »Aufklärung« formuliert: »Zurück zur Natur«.

37 **d** Er ist vor allem für seine mutige Ost- und Deutschlandpolitik (»Entspannungspolitik«) bekannt, für die er 1971 den Friedensnobelpreis erhielt.

38 **a** Er stand für eine pragmatisch-aufgeklärte, auf Arbeit, Ordnung und Sparsamkeit ausgerichtete Lebenseinstellung.

39 **c** Sie war die Frau von Robert Schumann (1810–1856) und galt als virtuoseste Konzertpianistin ihrer Zeit.

40 **d** Für die Nutzung der x- oder Röntgenstrahlen als Hilfsmittel zur Erkennung krankhafter Veränderungen im Organismus.

41 **b** Mit ihrem Bruder Hans war sie Mitglied in der Widerstandsgruppe »Weiße Rose«.

42 **a** War maßgeblich an der sozialdemokratischen Wochenzeitschrift »Vorwärts« beteiligt.

43 **d** Ausgehend von Sigmund Freud entwickelte er eigene Lehren: vom kollektiven Unbewussten, vom Archetypus, von der Individuation.

44 **c** Die geographischen Vorstellungen des 14. und 15. Jahrhunderts sind stark von ihm beeinflusst.

45 **b** Seine Niederdruckdampfmaschine (1768) beschleunigte wesentlich die industrielle Revolution. Er erfand den Fliehkraftregler, ein mechanischer Drehzahlregler.

46 **a** Sie schuf ausdrucksvolle Zeichnungen und grafische Folgen, bestimmt von warmem Mitgefühl für das Leben der Menschen aus dem Proletariat.

47 **c** Sein Hauptwerk »Eine Untersuchung über Natur und Wesen des Reichtums der Nationen« (1776) gilt als Grundlage des Wirtschaftsliberalismus (Laissez-faire). Wesentliche Elemente seiner Lehre fanden Eingang in die soziale Marktwirtschaft.

48 **d** Er war Vertreter des Trotzkismus.

49 **b** Als Begründer der Quantentheorie hat er maßgeblich die moderne Physik geprägt.

50 **a** Sie hat in ihren Romanen die Einsamkeit des modernen Menschen thematisiert.

51 **d** Er entwickelte eine umfassende eigene Theorie der Gesellschaft und Geschichte. Er war der Begründer des Marxismus. »Das Kapital« ist das wichtigste seiner Werke, von dem der zweite und dritte Band von Friedrich Engels (1828–1895) herausgegeben wurde.

52 **b** 1967 wurde ihm wegen Wehrdienstverweigerung der Weltmeistertitel aberkannt.

53 **a** Mit ironischen Fragen versuchte er seine Zuhörer auf das Wesentliche des Seins hinzuführen. Nachdem er zum Tode verurteilt wurde, lehnte er die Flucht aus dem Gefängnis ab und nahm den Schierlingsbecher. Sokrates hat keine Schriften hinterlassen. Seine philosophischen Gespräche wurden von Platon aufgezeichnet.

54 **c** Mit bürgerlichem Namen hieß sie Gabrielle Chasnel. »Chanel-Kostüm« ist mittlerweile zu einem klassischen Begriff in der Modewelt geworden.

55 **d** In »Der zerbrochene Krug« behandelt er auf ironische Weise die ihn immer wieder bewegende Frage nach dem Wesen der Gerechtigkeit. In seiner Darstellungskunst gebrauchte er mit gefühlsstarkem Einsatz seiner Zeit weit voraus greifende psychologische Mittel zu einem beherrschenden Realismus. 1811 schied er zusammen mit Henriette Vogel am Wannsee in Berlin freiwillig aus dem Leben.

56 **c** »Was wir beobachten, ist nicht die Natur selbst, sondern die Natur, die unserer Fragemethode ausgesetzt ist.«

57 **a** Zuse schuf 1941 mit dem Z3 den ersten arbeitsfähigen programmgesteuerten elektromechanischen Digitalrechner der Welt.

58 **b** Sein eigentlicher Name ist Charles-Édouard Jeanneret. Er fand neue Formen des Stahlbetons, die ihm bis dahin ungekannte Grundrisslösungen ermöglichten. Eines seiner Hauptwerke ist die Wallfahrtskirche bein Ronchamp (1953 erbaut).

59 **d** Amerikanischer Atomphysiker, Professor in Berkeley. Aus moralischen Gründen sprach er sich gegen den Bau der Wasserstoffbombe aus.

60 **d** Er konstruierte 1905 mit der J1 das erste Ganzmetallflugzeug der Welt mit freitragenden Flügeln. Zu seinen Konstruktionen zählt auch das Flugzeug: Ju 52 (»Tante Ju«).

61 **c** Die nach ihm benannten Hertzschen Wellen bilden eine der Grundlagen der Funktechnik.

62 **d** 1783 fand bei Paris der erste unbemannte, von Menschen ausgeführte freie Flug des Luftfahrzeugs Montgolfiere statt.

63 **b** Seine Grundversion des Telefons wird im Prinzip noch heute verwendet.

64 **a** Das nach ihm benannte Verfahren der Daguerreotypie gilt als eine der Grundlagen der Fotografie.

65 **d** Morse entwickelte 1837 den ersten gebrauchsfähigen elektromagnetischen Schreibtelegraphen. Nach ihm wurde das Morsealphabet benannt.

66 **a** Er entwickelte 1876 mit dem Ottomotor den Prototyp des heutigen Verbrennungsmotors.

67 **b** Nach Volta ist die Einheit der elektrischen Spannung »Volt« benannt.

68 **d** Jules Verne gilt als Vater der Science-Fiction-Literatur.

69 **b** Colt (1814–1862) erfand 1835 den nach ihm benannten neuartigen Revolver, den Colt.

70 **b** Als Bundeswirtschaftsminister von 1949–1963 setzte er die soziale Marktwirtschaft in der Bundesrepublik Deutschland durch. Er gilt als »Vater des Wirtschaftswunders« der deutschen Nachkriegszeit. 1963–66 führte er als Bundeskanzler eine Regierungskoalition aus CDU/CSU und FDP.

71 **b** Abs war seit 1938 im Vorstand der Deutschen Bank und bis 1974 Vorsitzender im Verwaltungsrat der Kreditanstalt für Wiederaufbau.

72 **a** Baden-Württembergischer Ministerpräsident von 1978–1991, dann erfolgreicher Geschäftsführer von Jenaoptik, ehemalige Carl-Zeiss-Werke, in Jena.

73 **d** Als Ruhrbischof seit 1988 im Kardinalsrang setzte er sich besonders für die Arbeiter ein.

74 **b** Er predigte die Auffassung, dass sich aus dem Erfolg des Menschen der Grad seiner Erwählung schließen lasse. Dem von Calvin beeinflussten Protestantismus (Calvinismus) folgte die überall in Europa entstehende reformierte Kirche.

75 **c** Er entwickelte eine Wirtschaftstheorie, in der er den dynamischen Unternehmern als innovativen wirtschaftlichen Kräften eine maßgebliche Rolle zuschrieb.

76 **a** Seit 1959 Staats- und Regierungschef Kubas.

77 **d** Er gründete 1930 in Hongkong die Kommunistische Partei. Im Vietnamkrieg kämpfte er gegen die USA und die von ihr gestützte Republik Südvietnam. Er war unter kommunistischem Vorzeichen die treibende Kraft der Wiedervereinigung Vietnams.

78 **b** Rabin erhielt 1994 zusammen mit Jasir Arafat und Simon Peres den Friedensnobelpreis. 1995 wurde er von einem jüdisch-religiösen Fanatiker ermordet.

79 **b** 1985–1990 war er als Außenminister der UdSSR unter Gorbatschow Gestalter der Öffnungspolitik. Nach seinem Austritt aus der KPdSU, wurde er 1992 Staats- und Regierungschef Georgiens.

80 **d** Im Berliner Museum für Vor- und Frühgeschichte ist ein großer Teil der Funde seiner Troja-Ausgrabungen zu sehen.

81 **b** Nachdem ihm das Bombenattentat auf Hitler am 20.7.1944 misslang, wurde er von einem Standgericht am selben Tag verurteilt und erschossen.

82 **d** 1983 erhielt er für seine Bemühungen um eine Demokratisierung Polens den Friedensnobelpreis.

83 **b** Amerikanischer Gründer der Microsoft Corporation. Er befasste sich mit der Entwicklung von Computersprachen (Basic-Programmiersprache für die MITS Altair-Company, MS-DOS, Windows).

84 **b** Friedmann ist Verfechter des Monetarismus, der besagt, die Politik solle sich aus Wirtschaftsabläufen heraushalten.

85 **a** Vertreter des Positivismus. Nach Mill sollte der befriedigende Ausgleich zwischen Individuum und Gemeinschaft Aufgabe sittlicher Neugestaltung der Gesellschaft sein.

86 **b** Der wortgewaltige Berliner Domprediger gilt als bedeutendster evangelischer Theologe des 19. Jahrhunderts. Er war Mitbegründer der Berliner Universität und dort Professor seit 1810.

87 **b** Ehrlich gilt als Begründer der Chemotherapie, 1908 erhielt er für die Bekämpfung der Syphilis den Nobelpreis für Medizin.

88 **b** Der deutsch-amerikanische Architekt gründete 1919 in Weimar das Bauhaus. Gropius war einer der ersten Vertreter industriellen Bauens und funktionalistischer Gestaltung. (PANAM-Building in New York, Wohnbauten im Berliner Hansaviertel, Rosenthal Porzellanfabrik in Selb).

89 **d** Begründer der modernen Zahlentheorie, gilt als einer der großen Mathematiker des 19. Jahrhunderts.

90 **d** Großer Meister der englischen Landschaftsmalerei. In seiner Auseinandersetzung mit Farbe und Licht wurde Turner zum Vorläufer der Impressionisten. Er gilt als einer der bedeutendsten Farbtheoretiker seiner Zeit.

91 **d** Barnard führte 1967 in Kapstadt die erste Herzverpflanzung beim Menschen durch.

92 **a** Schweizer Bildungsreformer mit Weitenwirkung, gilt auch als geistiger Vater der modernen Volksschule.

93 **a** Entwickelte 1976 in Silicon Valley den ersten Tischcomputer, einer der drei »Apple«-Gründer.

94 **a** Der berühmte Roman über Alice im Wunderland zeichnet sich durch beziehungsreiche Sprachspiele aus.

95 **b** Büchner gilt als Vorläufer von Naturalismus und Expressionismus.

96 **d** Degas war französischer Maler, der zusammen mit den Impressionisten ausstellte, sich aber von ihnen durch zeichnerische Klarheit unterschied. Er malte vor allem Tänzerinnen, weibliche Akte bei der Toilette, Rennplätze und Innenraumszenen.

97 **c** 1818 schrieb Mary Shelley ihren berühmten Roman »Frankenstein oder der moderne Prometheus«.

98 **d** Maler mytisch-allegorischer Werke, bekanntestes: »Die Geburt der Venus« um 1485.

99 **b** Drehte Filme wie »Manche mögen's heiß« und »1,2,3«.

100 **d** Amerikanischer Protestsänger, verband das Volkslied mit dem Blues.

23. Entdeckungen, Erfindungen, Ereignisse (Seite 279 ff.)

1 **a** Der Homo sapiens, auch als Jetztmensch bekannt, erschien nach 50 000 v. Chr. und ist seit 30 000 v. Chr. nach dem Aussterben der Neandertaler unser einziger Vorfahre.

2 **b** Es sind die Babylonier gewesen, die wegen der damals bekannten 7 »Planeten« (Merkur, Mars, Venus, Jupiter, Saturn, aber auch Sonne und Mond) die siebentägige Woche einführten, wobei jedem Tag ein Planet und ein Gott zugeordnet waren. Die Einteilung besteht auch heute noch.

3 **d** Der Ebers-Papyrus wurde 1837 von dem deutschen Archäologen G. M. Ebers gefunden. Er beschreibt detailliert um die 700 Rezepte und Zaubermittel gegen verschiedenste Krankheiten, u.a. auch Morbus Parkinson oder Haarausfall. Im Gegensatz zu den noch älteren sumerischen Tontafeln (2300 Jahre v. Chr.), die 15 Rezepturen für unbestimmte Erkrankungen beinhalten, enthält der Ebers-Papyrus genaue Beschreibungen der jeweiligen Krankheiten, bei denen die Mittel angewendet werden sollen.

4 **b** Der griechische Philosoph Pythagoras von Samos postulierte als erster, die

Erde sei eine Kugel und nannte die Menschen, die auf der anderen Seite der Welt lebten, die »Antipoden« (griech.: »den Füßen gegenüber«). Aristoteles war dann der erste, der die Gründe für diese Vermutung zusammentrug und dadurch auch seine gebildeten Zeitgenossen davon überzeugen konnte.

5 **c** Die chinesische Mauer wurde im Jahr 214 v. Chr. mit einer Anfangslänge von 2450 km errichtet und bis ins 6. Jahrhundert n. Chr. weitergebaut. Die Gesamtlänge beträgt 6250 km.

6 **a** Der ägyptische Astronom Sosiges wurde 46 v. Chr. von Julius Caesar beauftragt, den damals gültigen ägyptischen Kalender für Rom zu überarbeiten. Sosiges führte das Schaltjahr ein und schuf einen Kalender, der besser als der ägyptische war und als »julianischer Kalender« mit einer kleinen Berichtigung immer noch gültig ist.

7 **b** Das Papier wurde nach chinesischer Überlieferung vom chinesischen Hofbeamten Tsai-Lun um 105 n. Chr. entwickelt. Da es Ähnlichkeiten mit dem Papyrus hatte, wurde der Name in Europa beibehalten, als es um 1320 eingeführt wurde.

8 **c** Porzellan wurde bereits vom 7. Jahrhundert n. Chr. an in China hergestellt. Eine richtige Produktion fand ab dem 13. Jahrhundert statt. Einzelstücke gelangten schon damals nach Europa, und das Material wurde »Chinaware« benannt. Im 16. Jahrhundert, als die so genannte Chinaware in größerer Menge nach Europa kam, starteten in Italien (Venedig) die ersten Versuche, das Material nachzuahmen.

9 **a** 1071 wurde einer byzantinischen Prinzessin zu ihrer Hochzeit mit einem venezianischen Dogen Gabeln als Teil ihrer Aussteuer gebracht. Wegen der Vorteile in puncto Reinlichkeit fand der venezianische Adel Gefallen daran, und von da an galt es als vornehm, mit Gabeln zu speisen.

10 **d** 1316 publizierte Mondino de' Luzzi, Professor der medizinischen Akademie in Bologna, das erste richtige Buch der Medizingeschichte. Es befasste sich ausschließlich mit Anatomie.

11 **a** Die ersten Augengläser, die 1249 von dem englischen Gelehrten Roger Bacon erwähnt wurden, hatten konvexe Linsen und konnten nur die Weitsichtigkeit korrigieren. Es brauchte noch 200 Jahre, bis der deutsche Kardinal Nikolaus von Kues Linsen so schliff, dass sie in der Mitte dünner waren als am Rand, damit die Kurzsichtigkeit korrigiert werden konnte.

12 **c** Gutenberg druckte 300 Exemplare einer wunderschönen Bibel in gotischer Schrift mit 1282 Seiten. Die heute noch erhaltenen Exemplare sind die teuersten Bücher der Welt.

13 **a** Kolumbus stach am 3.8.1492 mit einer Besatzung aus Sträflingen und 3 Karavellen in See. Er war auf der Suche nach einem neuen Weg nach Indien. Am 12.10.1492 wurde dann eine Insel der Bahamagruppe gesichtet. Kolumbus blieb bis an sein Lebensende der Überzeugung, Indien erreicht zu haben.

14 **c** Der deutsche Mechaniker Peter Henlein baute 1504 mittels einer kleinen Zugfeder eine Uhr, die so klein war, dass man sie in die Tasche stecken konnte.

15 **d** Der portugiesische Seefahrer Fernando Magellan segelte 1519 mit 5 Schiffen um die Welt. Er selber starb 1521 in einem Kampf mit Eingeborenen einer philippinischen Insel, wo die Schiffe Halt gemacht hatten. Die Expedition fuhr dann weiter und erreichte 1522 mit einem einzigen übrig gebliebenen Schiff wieder die spanische Küste.

16 **a** Zacharias Janssen, ein holländischer Brillenmacher, kam 1590 auf die Idee, dass 2 Linsen stärker vergrößern müssten als nur eine, und baute eine Röhre, die an jedem Ende eine konvexe Linse hatte. Die Vergrößerung war tatsächlich besser und die Röhre gilt als erstes Mikroskop.

17 **c** Im Jahr 1674 gelang es Leeuwenhoeck, durch eine sehr kleine, selbst geschliffene Linse, winzigste Lebewesen zu sichten. Nach jahrelanger Beobachtung beschrieb er 1683 die spezifischen Formen, darunter Bakterien, Einzeller und Rädertierchen.

18 **a** Isaac Newton publizierte 1687 sein Hauptwerk »Philosophiae naturalis principia mathematica«, in dem er u.a. seine 3 Axiome der Mechanik und sein bereits 1665 gefundenes Gravitationsgesetz formulierte. Die Erkenntnis über die Gravitation hatte ihn getroffen, als ihm in seinem Garten in Woolsthorpe ein Apfel auf den Kopf fiel.

19 **b** Leibniz konstruierte 1693 die erste Rechenmaschine, die alle 4 Rechenoperationen (durch wiederholtes Subtrahieren bzw. Addieren) ausführen konnte. Die Rechenmaschine von Pascal (1642) konnte nur Addition und Subtraktion durchführen.

20 **c** Um 1700 wies Leibniz darauf hin, dass auch das Binärsystem, das mit den einzigen Symbolen 1 und 0 auf der Basiszahl 2 fußt, sinnvoll sein kann. Die modernen Computer arbeiten mit diesem System.

21 **d** Der Schriftsteller Diderot startete ein riesiges Projekt, um den gesamten Wissensstoff für die breite Öffentlichkeit in alphabetisch geordneten Bändern zusammenzufassen. Er beschäftigte über 160 Mitarbeiter, darunter Rousseau, Voltaire, Montesquieu, schrieb aber vieles selber und publizierte 1751 den ersten Band seiner Enzyklopädie. Damit war das große Gemeinschaftswerk der französischen Aufklärung entstanden.

22 **a** Der Blitzableiter wurde von Benjamin Franklin 1752 erfunden, nachdem er beim Gewitter einen Drachen steigen ließ, dessen Spitze aus Metall mit einem Seidenfaden verbunden war, an dem ein Schlüssel gebunden war. Er fand, dass die »himmlische Elektrizität« durch die Spitze gefangen und durch den Faden bis zum Schlüssel weitergeleitet werden konnte.

23 **b** Priestley wohnte neben einer Brauerei und durfte die dort anfallenden Gase für seine Experimente benutzen. Als er Kohlendioxid in Wasser löste, stellte er fest, dass dieses dem Wasser einen angenehmen prickelnden Geschmack gab.

24 **c** Bruce fand zuerst die Stelle, wo der Nil, mit 6400 km der längste Fluss der Welt, aus der Vereinigung von Blauem (aus Südosten kommend) und Weißem (aus Südwesten kommend) Nil entsteht. Dann folgte er dem Blauen Nil und fand 1770 seine Quelle: der Tanasee im Nordwesten des heutigen Äthiopien.

25 **d** Die Brüder Montgolfier stellten fest, dass heiße Luft sich ausdehnt und folglich leichter als kalte Luft gleichen Volumens sein muss. Sie bereiteten einen großen Leinenballon mit einem Durchmesser von 11 Metern und ließen ihn am 5.6.1783 auf dem Marktplatz ihrer Heimatstadt mit Heißluft hochsteigen.

26 **a** Jenner hatte beobachtet, dass nicht nur jeder, der die Pocken einmal erfolgreich überstanden hatte, diese Krankheit nicht wieder bekommen konnte, sondern auch die Milchmädchen, die an den weitaus ungefährlicheren Kuhpocken erkrankten, immun gegen die Menschenpocken waren. So impfte er einen Jungen mit dem Inhalt einer Pustel eines Milchmädchens. Der Junge wurde gegen Menschenpocken immun.

27 **c** Der Stein von Rosette stellt einen Meilenstein der Ägyptologie dar. Er trägt eine griechische Inschrift, die in 2 unterschiedliche ägyptische Schriften übersetzt ist. Dank dieser Tafel gelang es Champollion 1822, die ägyptische Schrift zu entziffern.

28 **d** Volta war der Ansicht, dass Elektrizität aus Metallen stammen konnte, wenn man verschiedene Metalle miteinander in Kontakt bringt. So baute er eine Säule aus vielen Metallscheiben, von denen jede aus zwei aneinander gelöteten Kupfer- und Zinkplatten bestand. Die Scheiben waren durch in Salzlösung getränkte Pappscheiben getrennt und mit einer Brücke zwischen oberster und unterster Scheibe versehen. So entstand die erste Batterie.

29 **c** Das Chloroform wurde 1831 von dem amerikanischen Chemiker Guthrie entdeckt. Der Stoff gewann sofort große Bedeutung in der Anästhesie. Heutzutage wird eine Allgemeinnarkose mit anderen Gasen (Halotan, Lachgas, Enfluran, Isofluran etc.) durchgeführt, die weniger toxisch als Chloroform sind.

30 **b** Das Morsealphabet wurde 1838 von dem amerikanischen Künstler Samuel Finley Breese Morse entwickelt und 1844 geändert.

31 **d** Der französische Künstler Daguerre entwickelte 1837 eine Technik, an versilberten Kupferplatten eine lichtempfindliche Schicht aus Silbersalzen zu erzeugen, die in der Lage war, die Helligkeitswerte einer Szene festzuhalten. Die nichtbelichteten Salze wurden dann mit einer Natriumthiosulfat-Lösung herausgelöst.

32 **b** Howe entwickelte die erste Nähmaschine, die genauso wie die heutigen Maschinen nach dem Zweifadensystem arbeitete. Um ihre Nützlichkeit zu beweisen, machte Howe ein Wettnähen mit fünf Frauen, die noch per Hand nähten, und gewann mühelos.

33 **a** Semmelweis ließ ab 1847 die Ärzte der gynäkologischen Abteilung seines Wiener Krankenhauses sich die Hände mit Kalziumchlorid-Lösung desinfizieren. Daraufhin ging das Kindbettfieber drastisch zurück. Seine Kollegen zeigten sich jedoch uneinsichtig und es dauerte 20 Jahre, bevor die Ärzte die Notwendigkeit dieser Maßnahme einsehen konnten.

34 **c** Der amerikanische Erfinder Elisha Graves Otis konstruierte 1852 den ersten mechanischen Aufzug. Dieser Aufzug besaß eine Sicherheitsvorrichtung, deren Funktionstüchtigkeit Otis selbst demonstrierte. Damit war der Weg für den Bau von Hochhäusern offen.

35 **c** Palmieri entwickelte 1855 ein Gerät, das selbst kleine Beben anzeigen konnte. Es bestand aus waagerechten Röhren, die nach oben gebogen und teilweise mit Quecksilber gefüllt und an denen kleine Schwimmer angebracht waren. Das Quecksilber bewegte sich beim Beben hin und her, und anhand der Schwimmer konnte man auf einer Skala die Intensität ablesen.

36 **d** Pasteur entwickelte eine Prozedur zur Haltbarmachung von Lebensmitteln durch schonendes Erhitzen bei 50 °C. Die heute noch benutzte Prozedur (z.B. für Milch) wurde ursprünglich für die Haltbarmachung französischen Weins entwickelt, da dieser oft beim Altern sauer wurde.

37 **a** Darwin veröffentlichte 1858 sein Buch »Die Entstehung der Arten«, in dem er seine Evolutionstheorie erörtert, wonach die Evolution durch natürliche Auslese stattgefunden hat.

38 **b** Carré baute ein Gerät, das ähnlich wie ein moderner Kühlschrank nach dem

Prinzip der Temperatursenkung bei der Verdampfung von Gasen (oder auch Wasser) funktionierte.

39 **d** Mendel, der Botaniker und Augustinenprior war, führte im Brünner Klostergarten umfangreiche Versuche mit Kreuzungen von verschiedenen Gartenerbsensorten durch. Er konnte damit die Vererbung von Eigenschaften studieren und leitete aus den Versuchsergebnissen seine 3 Mendelschen Gesetze ab, welche auch heute noch die Grundlage der Genetik bilden.

40 **a** Das Möbiussche Band, das sich der deutsche Mathematiker August Ferdinand Möbius ausgedacht hat, bestand aus einem Papierstreifen, der nach einer Halbdrehung an den Enden ringförmig zusammengefügt war. Das Besondere an dem Band: solange man seine Enden nicht wieder auseinander bringt, besitzt es nur eine Seite und eine Kante.

41 **b** Der schwedische Erfinder Alfred Nobel, der einen Bruder bei einer Explosion in der väterlichen Sprengstofffabrik verloren hatte, suchte nach Möglichkeiten, das damals übliche Nitroglyzerin ungefährlich zu machen. Er kam 1866 zufällig darauf, dass mit Nitroglyzerin getränkte Kieselgur zwar die gleiche Sprengkraft wie zuvor hatte, jedoch nur mit Hilfe eines Zünders zur Explosion gebracht werden konnte. Das Schießpulver wurde übrigens von den Chinesen erfunden.

42 **a** Der Norwegische Chemiker Cato Guldberg und sein Schwager Peter Waage stellten 1867 ein Gesetz über den Verlauf umkehrbarer chemischer Reaktionen auf. Dieses Gesetz spielt eine Rolle bei der Berechnung von Reaktionsgleichgewichten, Löslichkeitsprodukten und der Bestimmung von pH-Werten.

43 **d** Hansen kam durch epidemiologische Studien zu dem Schluss, dass Lepra eine Infektionskrankheit sein müsse, obwohl sein Vorgesetzter sie für eine Erbkrankheit hielt. So isolierte er 1873 den Lepraerreger. Deshalb nennt man Lepra auch heute noch Hansesche Krankheit.

44 **b** Alexander Graham Bell, ein amerikanischer Erfinder, entwickelte 1876 ein Gerät, womit Schallwellen in elektrische Spannungsschwankungen umgewandelt werden konnten und anschließend beim Empfänger wieder in Sprechsignale umgewandelt wurden. Er ließ das Telefon patentieren, später wurde diese Erfindung von Edison verbessert.

45 **c** Otto baute den Viertaktmotor, der viel wirtschaftlicher als die Verbrennungsmaschine von Lenoir (1860) arbeitete und sich schnell durchsetzte.
Die Verbrennungskraftmaschinen funktionieren auch heute noch nach diesem Prinzip.

46 **d** In dem gleichen Jahr, in dem er die Sprechmuschel des Telefons von Bell stark verbesserte, konstruierte Edison ein Gerät, mit dem durch eine Nadel, die mit einer Membran verbunden war, Schwingungen auf eine mit Stanniol beschichtete Walze aufgezeichnet wurden, so dass sie später wieder abgespielt werden konnten. So entstand der Phonograph, Vorläufer der modernen HiFi-Technik.

47 **a** Die erste Glühbirne wurde 1854 von dem Mechaniker H. Goebel mit einem Bambuskohlenfaden konstruiert und war wirtschaftlich uninteressant. Edison verwendete dagegen einen verkohlten Baumwollfaden, der in einem gläsernen Vakuumkolben angebracht wurde, damit er unter elektrischem Strom glühen, aber nicht schmelzen oder verbrennen konnte. Seine erste Glühbirne glühte ununterbrochen 40 Stunden.

48 **c** Der amerikanische Erfinder Hermann Hollerith entwickelte 1880 eine elektrische Rechenmaschine mit Lochkarten, die Datenerfassung bei der Volkszählung erlaubte. Danach gründete er eine Firma, die alle Arten von informationsverarbeitenden Maschinen herstellte. Aus seiner Firma entwickelte sich die International Business Machines Corporation, die heute noch existiert (IBM).

49 **a** Koch isolierte den Erreger der TBC. Der Erreger wird heute auch noch Koch-Bazillus genannt.

50 **d** Die so genannte »Kunstseide«, die der französische Chemiker Louis-Marie-Hillaire Bernigaud de Chardonnet 1883 erfand, wurde aus Nitrozelluloselösung hergestellt und war die erste Kunstfaser. Er nannte sie »Rayon« (französisch = Lichtstrahl), da sie wie Seide glänzte. 1976 wurde die Bezeichnung »Rayon« durch den Namen »Viskose« ersetzt.

51 **c** Waterman baute einen Federhalter, der einen Tank für Tinte besaß, sodass man schreiben konnte, ohne die Feder ständig in das Tintenfass tauchen zu müssen.

52 **b** Der deutsche Maschinenbauingenieur Carl Friedrich Benz baute das erste Automobil mit Viertakt-Benzinmotor. Es besaß 3 Räder (eins vorne, zwei hinten) und konnte bis 15 km/h Geschwindigkeit erreichen.

53 **b** Breuer hatte sich schon seit 1884 mit Hypnose als Behandlung von Hysterie befasst. Freud gab die Hypnose auf zugunsten der freien Assoziation. 1895 veröffentlichten die beiden Autoren das Buch »Studien über die Hysterie«, mit dem sie die Psychoanalyse als Behandlungsmethode für Neurosen begründeten.

54 **c** Röntgen entdeckte die X-Strahlen 1895 und erhielt 1901 den ersten Nobelpreis für Physik. Seine Entdeckung stellt die Grundlage der Radiologie dar.

55 **a** Diesel baute 1897 einen Motor, bei dem sich der Kraftstoff an der durch Kompression erhitzten Verbrennungsluft entzündete. Der Motor arbeitete mit billigem Kraftstoff, war aber größer und schwerer als der Viertaktmotor und wurde deshalb zuerst nur in schweren Transportfahrzeugen eingebaut.

56 **c** Landsteiner machte Experimente mit Blut und Blutplasma verschiedener Patienten und erkannte, dass es vier verschiedene Blutgruppen geben muss: A, B, AB, 0. Seine Erkenntnisse erlaubten ungefährlichere Bluttransfusionen, doch solange das Rhesus-System nicht aufgeschlüsselt wurde, gab es dabei hin und wieder tödliche Zwischenfälle.

57 **d** Marconi installierte am 12.12.1901 einen Sender an der Südostspitze Englands. Dabei benutzte er eine Antenne, die er von Ballons in eine möglichst große Höhe tragen ließ. Seine Radiowellen wurden bis Neufundland empfangen.

58 **a** Die Brüder Wright bauten 1903 das erste Flugzeug, das mit zwei kleinen Motoren ausgestattet war und bewegliche Flügelspitzen besaß, mit denen der Pilot das Flugzeug steuern konnte. Beim ersten Flugversuch blieben die Gebrüder nur 12 Sekunden lang in der Luft und legten eine Strecke von 53 Metern zurück.

59 **c** Der deutsche Physiker Albert Einstein stellte 1905 die spezielle Relativitätstheorie auf, nach der sich Körper mit wachsender Geschwindigkeit zusammenziehen und an Masse zunehmen. Sie ist eine Theorie der Relativität, weil der Begriff »Geschwindigkeit« nur eine Bedeutung in Bezug auf einen Beobachter hat und es keine »absolute Bewegung«, keinen »absoluten Raum« und keine »absolute Zeit« gibt.

60 **c** Binet entwickelte Intelligenztests, die den IQ bestimmen sollten. Dabei ließ er die Aufgaben von Schulkindern lösen: Wenn 70 % der Kinder eines bestimmten Alters einen Test bestanden, dann entsprach er dem Intelligenzniveau jener Altersgruppe. Damit wurde das Intelligenzalter ermittelt, das durch das reale Alter geteilt und mit 100 multipliziert den so genannten IQ ergibt.

61 **d** Pawlow konnte beweisen, dass der angeborene Speichelreflex des Hundes bei der Fütterung konditioniert werden konnte. Er ließ bei der Fütterung immer eine Glocke ertönen; später produzierte der Hund allein schon beim Glockenton Speichel: Er hatte gelernt, den Ton in Zusammenhang mit der bevorstehenden Fütterung zu setzen.

62 **a** Ford hatte im Jahr 1908 die Idee, den Fertigungsprozess seiner Automobile in kleine Schritte zu zerlegen, die jeweils von einem Arbeiter ausgeführt werden konnten, während ein Fließband die Teile nacheinander zu verschiedenen Arbeitern beförderte. Damit konnte man viel effizienter produzieren und die

Kosten sanken so, dass auch der Durchschnittsbürger sich ein Auto leisten konnte.

63 **c** Der Nordpol wurde angeblich 1909 von dem Amerikaner Robert Edwin Peary, der Südpol 1911 von dem Norweger Roald Amundsen erreicht. Es wird jedoch vermutet, dass Peary ein Betrüger war.

64 **b** Die Physikerin und Chemikerin Marie Curie, die 1903 zusammen mit ihrem Mann und Becquerel den Nobelpreis für Physik für ihre Arbeit auf dem Gebiet der Radioaktivität erhielt, bekam 1911 den Nobelpreis für Chemie alleine. Ihr Ehemann, der Physiker Pierre Curie, war bereits 1906 gestorben.

65 **c** Hermann Rorschach entwickelte 1921 einen psychologischen Test mit Tintenklecksabbildungen, welche die Patienten interpretieren sollten. Damit war ein diagnostisches Instrument gefunden worden, das eine psychopathologische Diagnose erlaubte, ohne dass man dem Patienten gezielte Fragen stellen musste.

66 **d** Das Grab war bereits kurz nach dem Tod des Pharaos ausgeplündert worden, die Täter konnten jedoch gefasst und gezwungen werden, die Beute zurückzugeben. Offenbar wurde die Rückgabe der Schätze geheim gehalten, so dass es keine weiteren Plünderungen gegeben hat.

67 **b** Fleming entdeckte 1928 zufällig, dass eine Substanz aus Schimmelpilzen das Wachstum von Bakterien hemmen konnte. Da es sich bei dem Schimmelpilz um Penicillinum notatum handelte, nannte er die Substanz »Penicillin«. Das Penicillin ist heute immer noch ein unverzichtbares Antibiotikum.

68 **b** Der britische Physiker John Douglas Cockcroft und sein irischer Kollege Ernst Thomas Walton entwickelten 1929 den ersten Apparat, mit dem Protonen durch sehr hohe elektrische Spannung so beschleunigt werden konnten, dass sie energiereicher als die natürlich vorkommenden Alphateilchen wurden. 1932 lösten sie damit die erste künstliche Kernreaktion aus.

69 **a** Pluto wurde 1930 im Lowell-Observatorium entdeckt, nachdem jahrelang nach einem »Planet X« gesucht wurde, der durch sein Schwerefeld die Umlaufbahn von Uranus störte. Die Existenz vom Planet »X« wurde postuliert, da der Uranus sich nicht ganz so bewegte, wie es zu erwarten gewesen wäre und auch der 1846 entdeckte Neptun diese Störungen der Bahn nicht erklären konnte. Übrigens erklärt der Pluto die veränderte Umlaufbahn Uranus ebenfalls nicht, da er dafür zu klein ist.

70 **c** Nachdem Langewin 1917 den Sonar gebaut hatte, ein Instrument, das durch Senden und Wiederauffangen von Ultraschall im Wasser Gegenstände (z.B. U-Boote) orten konnte, erfand Watson-Watt nach dem gleichen Prinzip ein

Gerät, das mit Radiowellen funktionierte und deshalb zum Orten von Gegenständen in der Luft (z.B. Flugzeuge) geeignet war. Das Gerät wurde »radio detection and ranging«, abgekürzt Radar, genannt. Es konnte Flugzeuge bis 60 km Entfernung orten und dabei deren Entfernung angeben.

71 **a** Die Brüder Biró erfanden 1938 einen Tintenbehälter, der an seiner Spitze von einer kleinen Kugel verschlossen war, die über Papier gerollt Tinte übertrug. Der Prototyp wurde verbessert, es wurde geeignete, zähflüssige Tinte dafür entwickelt und der Kugelschreiber begann seinen Siegeszug.

72 **c** Die erste Atombombe wurde am 16. Juli 1945 auf einem Gelände 100 km nordwestlich der Stadt Alamogordo in New Mexiko getestet. Ihre Sprengkraft war 4-mal so groß, wie zuerst angenommen.

73 **c** Die so genannte Radiocarbonmethode basiert auf dem Zerfall der in dem zu datierenden Material enthaltenen radioaktiven Isotopen C-14. Da C-14 in geringen Mengen in allen Lebewesen enthalten ist und nach dem Tod nicht mehr aufgenommen werden kann, kann man aus der Menge der Isotope, die in einer Probe (z.B. aus einer ägyptischen Mumie) noch erhalten sind, das Alter der Probe bestimmen.

74 **d** Ausgehend von der damals gebräuchlichen Taucherkugel baute Piccard 1953 ein Gerät, das sich unabhängig vom Schiff in jeder beliebigen Tiefe im Ozean bewegen konnte. Das Gerät hatte Eisenkugeln als Ballast, die zum Aufstieg abgeworfen wurden. Ein Ballon mit Flüssigkeit, die leichter als Wasser war, diente als Antrieb. Es wurde »Bathyscaph« genannt (griechisch: »Schiff der Tiefe«) und konnte eine Tauchtiefe von 3150 Metern erreichen.

75 **a** Watson und Crick stellten ein Modell der Struktur der DNS vor, wonach die DNS aus zwei Nukleotid-Strängen besteht, die über die Basen der Nukleotide zu einer Doppelhelix verbunden sind. Dabei verbinden sich die Purin- mit den Pyrimidinbasen, und zwar so, dass Adenin mit Thymin, Guanin mit Cytosin paart. Die Information der beiden Einzelstränge ist identisch, da der eine Strang praktisch das »Negativ« des anderen darstellt.

76 **c** Salk fand 1954 einen Weg, die Erreger der Kinderlähmung (Poliomyelitis) so weit abzutöten, dass sie keine Krankheit mehr auslösen konnten, aber immer noch in der Lage waren, die Ausbildung von Antikörpern anzuregen. Dieser Impfstoff, den er zuerst an bereits erkrankten Kindern testete, war eine Lösung, die als Spritze verabreicht wurde.

77 **b** Die erste wirklich erfolgreiche Nierentransplantation – die Niere stammte von dem eineiigen Zwilling des Patienten – fand 1954 in Boston statt. Der Zwilling, der die transplantierte Niere empfing, lebte weitere acht Jahre. 1950 hatte bereits eine erfolgreiche Transplantation in Chicago stattgefunden, die

Patientin lebte jedoch nicht lange mit der fremden Niere. Dadurch bestätigte sich, was schon längst vermutet wurde: Nur bei genetisch weitgehend identischen Individuen ist eine Transplantation möglich, ohne dass es zu einer Abstoßungsreaktion kommt.

78 **d** Am 4. Oktober 1957 wurde erstmals ein Satellit in eine Umlaufbahn gebracht. Sein Name war »Sputnik 1« (das russische Wort für Satellit). Er wurde von der Sowjetunion geschossen.

79 **a** 1875 wurde in Paris ein internationaler Vertrag (Meterkonvention) zwischen 17 Staaten geschlossen, um die Sicherung einer weltweiten Einheitlichkeit der Einheit von Meter und Kilogramm zu gewährleisten. Ab 1889 wurde dann für die Festlegung des Meters der Abstand zweier eingeritzter Linien auf einem Platin-Iridium-Stab festgelegt, der sich in Sèvres bei Paris befindet. Heute (Stand 1996) gehören 48 Länder der Meterkonvention an und das Meter wird über die Geschwindigkeit des Lichtes im Vakuum definiert.

80 **b** Der sowjetische Kosmonaut Gagarin wurde als erster Mensch in das Weltall geschickt, nachdem Tierexperimente mit Hunden gezeigt hatten, dass Lebewesen eine solche Weltraumfahrt unbeschädigt bestehen konnten. Er umkreiste die Erde 89 Minuten lang und kam danach problemlos zurück.

81 **a** Am 16. Juni 1963 startete die Sowjetunion Wostok 6. An Bord befand sich Walentina Wladimirowna Tereschkowa. Sie war die erste Frau, die in den Weltraum geschickt wurde, und kehrte nach 48 Erdumkreisungen und fast 3 Tagen im All wohlbehalten auf die Erde zurück.

82 **d** Die erste erfolgreiche Herztransplantation wurde am 3. Dezember 1967 von dem südafrikanischen Chirurg Barnard durchgeführt. Auch wenn die Operation erfolgreich war, lebte der Patient danach nur 18 Tage, da er postoperativ eine schwere Infektion bekam.

83 **b** Am 20. Juli 1969 erfolgte die erste Mondlandung der Geschichte der Menschheit. Die Kosmonauten landeten mit der Mondlandefähre des Raumschiffes Apollo 11 auf der Mondoberfläche, wo sie 21 Stunden und 37 Minuten verweilten.

84 **a** Bei der ersten Mondlandung der Geschichte mit dem Raumschiff Apollo 11 betrat Neil Armstrong als erster Mensch den Mondboden mit den Worten: »Das ist ein kleiner Schritt für einen Menschen, doch ein riesiger Sprung für die Menschheit«.

85 **b** Da bekanntlich Schwarze Löcher nur Materie aufnehmen, aber keine abgeben können, müsste sich im Laufe der Zeit das Universum zu einer Ansammlung Schwarzer Löcher entwickeln. Hawking stellte 1970 eine Theorie auf, wonach Schwarze Löcher eine höhere Temperatur als ihre Umgebung haben und deshalb verdampfen können.

86 **a** Am 14. Juli 1789 erstürmten über 900 französische Handwerker, Kaufleute und Bürger sowie Soldaten das verhasste Staatsgefängnis von Paris. Die Erstürmung der Bastille setzte das Signal zum Ausbruch der Revolution in ganz Frankreich, die sich unter dem Banner »Freiheit, Gleichheit, Brüderlichkeit« vollzog.

87 **b** In Sarajevo (Bosnien) wurde am 28.6.1914 der österreichische Thronfolger, Herzog Franz Ferdinand, zusammen mit seiner Frau, Herzogin Sophie von Hohenberg, von dem bosnischen Studenten Gavrilo Princip ermordet. Es handelte sich um einen politischen Mord. Dieses Attentat löste den 1. Weltkrieg aus.

88 **c** Am 1.9.1939 um 4.45 Uhr marschierten deutsche Truppen ohne Kriegserklärung in Polen ein. Als Alibi für den deutschen Überfall diente Hitler ein von SS-Männern inszenierter »polnischer Angriff« auf zwei Zollstationen in Schlesien und den Sender Gleiwitz. Großbritannien und Frankreich forderten ultimativ den Rückzug der deutschen Truppen aus Polen und erklärten nach Ablauf der Frist dem Deutschen Reich den Krieg. Italien dagegen blieb zuerst neutral.

89 **d** Am 30. Januar 1933 wurde Adolf Hitler, der Führer der NSDAP, zum Reichskanzler ernannt. Am 28. Februar wurde die Welle des offenen Terrors gegen Andersdenkende, die durch die Machtergreifung der Nationalsozialisten entstand, gesetzlich untermauert durch den Reichspräsidenten Paul von Hindenburg. Am 23. März trat dann das »Ermächtigungsgesetz« in Kraft, das Hitler praktisch uneingeschränkte Macht verlieh.

90 **a** Seit Anfang der 60er Jahre traten in verschiedenen Ländern Unruhen unter Studenten auf. Es fanden politische Aktionen an den Hochschulen statt, die sich zuerst nur gegen schlechte Studienbedingungen, dann aber auch gegen politische und soziale Verhältnisse richteten. Im Mai 1968 gelang den Studenten vor allem in Frankreich, andere Bevölkerungsgruppen zu solidarisieren. Es fanden Demonstrationen, Streiks und Fabrikbesetzungen statt, die wegen der z.T. brutalen Vorgehensweise der Regierung bürgerkriegsähnliche Ausmaße annahmen und zu einer Staatskrise führten.

91 **b** Am 7. November 1917 (25. Oktober nach russischer Zeitrechnung) stürzten die Bolschewiken die provisorische russische Regierung, die sich nach der Februarrevolution gebildet hatte. Am nächsten Tag übernahmen die Sowjets offiziell die Macht und Wladimir Iljitsch Lenin wurde zum Regierungschef gewählt.

92 **b** Der Ost-West-Konflikt, der seine Höhepunkte in der Berliner Blockade und dem Koreakrieg erreichte, wurde nach und nach durch Entspannungspolitik abgelöst und fand sein Ende nach dem Mauerfall in Berlin 1989, mit der Auflösung des Warschauer Paktes 1991.

93 **a** Die Allgemeine Erklärung der Menschenrechte wurde als erster Schritt zum universellen Schutz der Menschenrechte am 10.12.1948 von der UN verabschiedet, da nach dem 2. Weltkrieg massive Verletzungen der Menschenrechte in totalitären Staaten offensichtlich wurden. Es handelt sich um eine völkerrechtlich unverbindliche Empfehlung, die einen Katalog von bürgerlichen und sozialen Rechten enthält.

94 **a** Am 4.7.1776 nahmen die 13 nordamerikanischen Kolonien die von Thomas Jefferson verfasste Unabhängigkeitserklärung an. Dieses Dokument begründete seitens der Kolonien die Trennung vom Mutterland Großbritannien und stellt den Höhepunkt der amerikanischen Unabhängigkeitsbewegung dar, die 1773 mit der sog. Boston-Tea-Party begann.

95 **c** Der Dreißigjährige Krieg, ein europäischer Religions- und Staatenkonflikt, wurde 1618–1648 auf deutschem Boden ausgetragen. Teile davon waren der Böhmisch-Pfälzische Krieg (1618–1623), der Niedersächsisch-Dänische Krieg (1625–1629), der Schwedische Krieg (1630–1635) und der Schwedisch-Französische Krieg (1635–1648), Nach zahlreichen Verhandlungen kam es am 24. Oktober 1648 endlich zum Westfälischen Frieden.

96 **d** Am 31.10.1517 veröffentlichte der Augustiner-Eremiten-Mönch Martin Luther 95 Thesen »Zur Aufklärung über die Kraft des Ablasses«, in denen er sich gegen die Praxis und den Missbrauch des Ablasswesens aussprach. Luthers Ansichten lösten die Reformation aus.

97 **c** Der englische König Johann ohne Land (1167–1216), zusammen mit Vertretern aufständischer Barone und der Kirche schlossen 1215 die »Magna Charta libertatum«. Das Dokument garantierte in 61 Artikeln den Baronen ihre lebensrechtlichen Privilegien.

98 **b** Nachdem Papst Urban II zum Schutz des Heiligen Grabes in Jerusalem zum Kreuzzug gegen die Seldschuken am 21.11.1095 aufgerufen hatte, erfolgte 1096 der erste Kreuzzug. Den Kreuzfahrern wurde der Ablass ihrer Sünden und der Schutz ihrer Habe während ihrer Abwesenheit versprochen. Die Begeisterung dafür war so groß, daß 350 000 Ritter in mehreren Heeren aufbrachen. 40 000 erreichten schließlich nach vielen Kämpfen das Heilige Land. Der Kreuzzug endete 1099 mit der Eroberung Jerusalems.

99 **d** Der Sohn des römischen Kaisers Vespasian, der Feldherr Titus, eroberte in September 70 n. Chr. Jerusalem und ließ die Stadt und den Tempel zerstören.

Die Bewohner kamen zum großen Teil dabei um, viele der Überlebenden wurden gefangen und nach Rom gebracht, nur wenige konnten fliehen oder auswandern. Damit war der im Jahr 66 ausgebrochene Krieg gegen die Fremdherrschaft beendet.

100 **b** Julius Caesar wurde an den Iden des März (15. März) während einer Senatssitzung in Rom erdolcht. Die Führer der Verschwörung, an der rund 60 Republikaner teilnahmen, waren Marcus Iunius Brutus, Gaius Cassius Longinus, Decimo Brutus und Gaius Trebonius.